既有公共建筑综合性能提升改造路线图研究

王　俊　李晓萍　尹　波　主编

中国建筑工业出版社

《既有公共建筑综合性能提升改造路线图研究》

主　编：王　俊　李晓萍　尹　波

编委会：杨彩霞　李以通　陈乐端　魏　兴　叶　凌
张成昱　周建民　于长雨　程绍革　丁　勇
狄彦强　周海珠　成雄蕾　王　娜　路金波
李柏桐　孙雅辉　谢骆乐

总 序

当前，我国城市发展逐步由大规模建设转向建设与管理并重发展阶段，既有建筑改造与城市更新已然成为重塑城市活力、推动城市建设绿色发展的重要途径。截至 2016 年 12 月，我国既有建筑面积约 630 亿 m^2，其中既有公共建筑面积达 115 亿 m^2。受建筑建设时期技术水平与经济条件等因素制约，一定数量的既有公共建筑已进入功能退化期，对其进行不合理的拆除将造成社会资源的极大浪费。近年来，我国在城市更新保护、既有建筑加固改造等方面发布了一系列政策，进一步推动了既有建筑改造工作。2014 年 3 月，中共中央、国务院发布《国家新型城镇化规划（2014 ~ 2020 年）》提出改造提升中心城区功能，推动新型城市建设，按照改造更新与保护修复并重的要求，健全旧城改造机制，优化提升旧城功能。2016 年 2 月，中共中央、国务院发布《关于进一步加强城市规划建设管理工作的若干意见》，要求有序实施城市修补和有机更新，解决老城区环境品质下降、空间秩序混乱等问题，通过维护加固老建筑等措施，恢复老城区功能和活力。

与既有居住建筑相比，既有公共建筑在建筑形式、结构体系以及能源利用系统等方面具有多样性和复杂性，建设年代较早的既有公共建筑普遍存在综合防灾能力低、室内环境质量差、使用功能有待提升等方面的问题，这对既有公共建筑改造提出了更高的要求，从节能改造、绿色改造逐步上升至基于更高目标的“能效、环境、安全”综合性能提升为导向的综合改造。既有公共建筑综合性能包括建筑安全、建筑环境和建筑能效等方面的建筑整体性能，综合性能改造必须摸清不同类型既有公共建筑现状，明晰既有公共建筑综合性能水平，制定既有公共建筑综合性能改造目标与路线图，构建既有公共建筑改造技术体系，从政策研究、技术开发和示范应用等多个层面提供支撑。

在此背景下，科学技术部于 2016 年正式立项“十三五”国家重点研发计划项目“既有公共建筑综合性能提升与改造关键技术”（项目编号：2016YFC0700700）。该项目面向既有公共建筑改造的实际需求，结合社会经济、设计理念和技术水平发展的新形势，基于更高目标，依次按照“路线与标准”“性能提升关键技术”“监测与运营”“集成与示范”四个递进层面，重点从既有公共建筑综合性能提升与改造实施路线与标准体系，建筑能效、环境、防灾等综合性能提升与监测运营管理等方面开展关键技术研究，形成技术集成体系并进行工程示范。

通过项目的实施，预期实现既有公共建筑综合性能提升与改造的关键技术突破和产品创新，为下一步开展既有公共建筑规模化综合改造提供科技引领和技术支撑，进一步增强我国既有公共建筑综合性能提升与改造的产业核心竞争力，推动其规模化发展。

为促进项目成果的交流、扩散和落地应用，项目组组织编撰既有公共建筑综合性能提升与改造关键技术系列丛书，内容涵盖政策研究、技术集成、案例汇编等方面，并根据项目实施进度陆续出版。相信本系列丛书的出版将会进一步推动我国既有公共建筑改造事业的健康发展，为我国建筑业高质量发展作出应有贡献。

“既有公共建筑综合性能提升与改造关键技术”项目负责人　王俊

前　言

党的十九大对新时代建筑业发展提出了更高要求，落实新发展理念、推动建筑业高质量发展是传统产业实现跨越发展的重要引擎。高质量发展是高速增长的换代升级，提升既有建筑质量与综合性能是加快建筑业高质量发展的重要举措。我国既有公共建筑量大面广，具有地区差别大、类型差异大、时间跨度大、影响因素多、涉及范围广的客观属性。实施既有公共建筑综合性能提升改造需要立足当前性能现状，面向现实改造需求，着眼未来发展趋势。如何综合多方因素，系统、科学地推动综合性能提升改造工作开展，需要进行深入探讨并从顶层设计角度规划好改造中长期发展目标与实施推广路线图，既为改造工作提供前瞻性、系统化的顶层路径设计和战略指导，又为其提供落地性、实用化的重点任务和具体举措。

本书编制组遵循“安全优先、能耗约束、性能提升”的思路，通过“自上而下”对能耗上限的约束要求，结合“自下而上”不同部分建筑规模和能耗强度的预测分析，综合运用成本效益分析等方法，确立了在 2021 ~ 2030 年间，我国既有公共建筑节能和环境两项综合性能提升改造 5 亿 m^2，其中安全、节能、环境三项综合性能提升改造 1.5 亿 m^2 的中长期发展目标。在推广路径上，从时间维度上划分试点阶段和推广阶段逐步实施；从地域维度上，划分重点推进地区、积极推进地区、鼓励推进地区，制定差异化的推进路径；从类型维度上，分别针对办公类、商业类、公益类建筑制定改造目标和改造重点，最终形成多维度的综合改造路线图。同时，为保障改造路线图落地实施，建立了与路线图相匹配的分阶段、多元优化组合的市场推进模式。最后，从政策建设、规划统筹、标准完善、技术创新、市场推动、产业发展及公众参与七个维度提出路线图实施重点工作及相关建议，以期更好地推动既有公共建筑综合性能提升改造工作顺利开展。

既有公共建筑综合性能提升改造是既有建筑改造的关键组成部分，亦是建筑业绿色化发展、高质量发展背景下的重要环节，凝聚着技术与文化精华，寄托着生态文明建设理念。制定既有公共建筑综合性能提升改造目标规划与实施路线图，对推进改造工作大面积开展具有深远意义。

本书出版受“十三五”国家重点研发计划课题“既有公共建筑改造实施路线、标准体系与重点标准研究”（2016YFC0700701）资助，同时得到了清华大学建筑节能研究中心、中国建筑节能协会、同济大学、重庆大学等单位的积极支持和帮助，特此鸣谢。

目　录

第一章
既有公共建筑基本现状

第一节　我国建筑领域发展概况

建筑领域发展与国民经济和人民生活水平密切相关。我国建筑业总体发展历程可分为五个阶段：形成和成长阶段（1949 ~ 1957 年）、停滞和徘徊阶段（1958 ~ 1976 年）、恢复阶段（1977 ~ 1983 年）、发展阶段（1984 ~ 2001 年）以及高速发展阶段（2002 年至今），其阶段性可由建筑业产值占国民生产总值比重来体现，图 1.1-1 展示了 1991 年至 2018 年间这一比重的演进趋势。在形成和成长阶段，该比值由 1949 年的 1.1% 上升至 1957 年的 4.3%；进入停滞和徘徊阶段，该比值下降至 1961 年的 2.2%；随着改革开放的深入，这一比重逐步上升至 1983 年的 4.6%；在发展阶段，国家对建筑业实施法制建设、管理体制改革等举措，这一比重逐步增长至 1995 年的 9.6%；在高速发展阶段，伴随中国加入世界贸易组织（WTO），投资环境得到改善，基础建设蓬勃发展，建筑业产值占国民经济总产值比例以年均 5% 左右的增速持续增长，并在 2009 年首次突破 20%，达到 22.08%，近年来，这一比值保持在 26% 的水平稳步发展[1][2]。

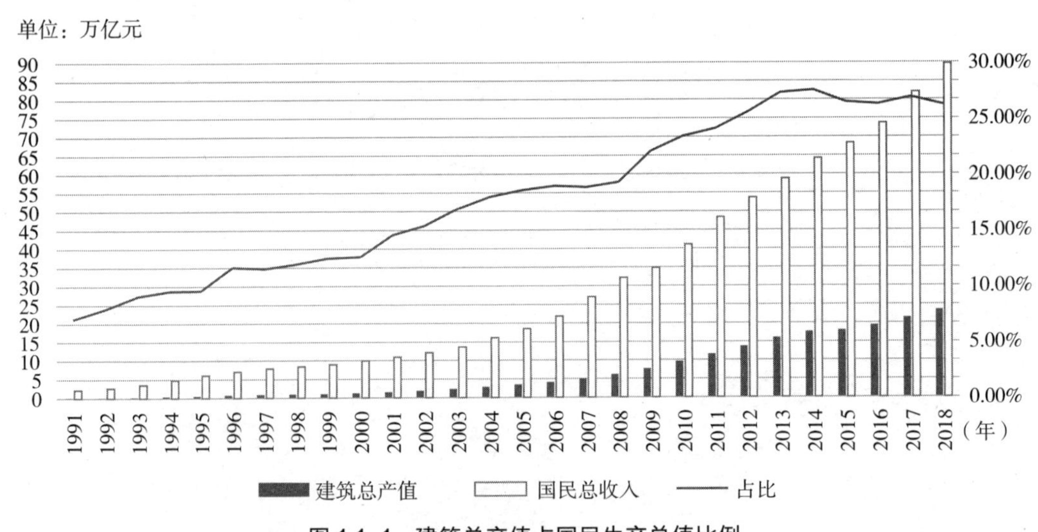

图 1.1-1　建筑总产值占国民生产总值比例

伴随我国经济发展及国民生活水平的提升，建筑面积总量基本呈现出与建筑行业相似的发展趋势。国家统计年鉴数据显示，1970 年至今，建筑面积总量呈现持续增长趋势，其中，1970 年至 2000 年增速较缓，2001 年至 2015 年间，随着中国加入世界贸易组织，加之建设领域制度与市场环境的耦合影响，建筑面积总量增速提升，每年均以约 5% 的增速增长，截至 2015 年我国建筑总面积达到约 613 亿 m^2 [1][3]。图 1.1-2 展示了 1991 年至 2015 年我国建筑面积总量变化趋势。

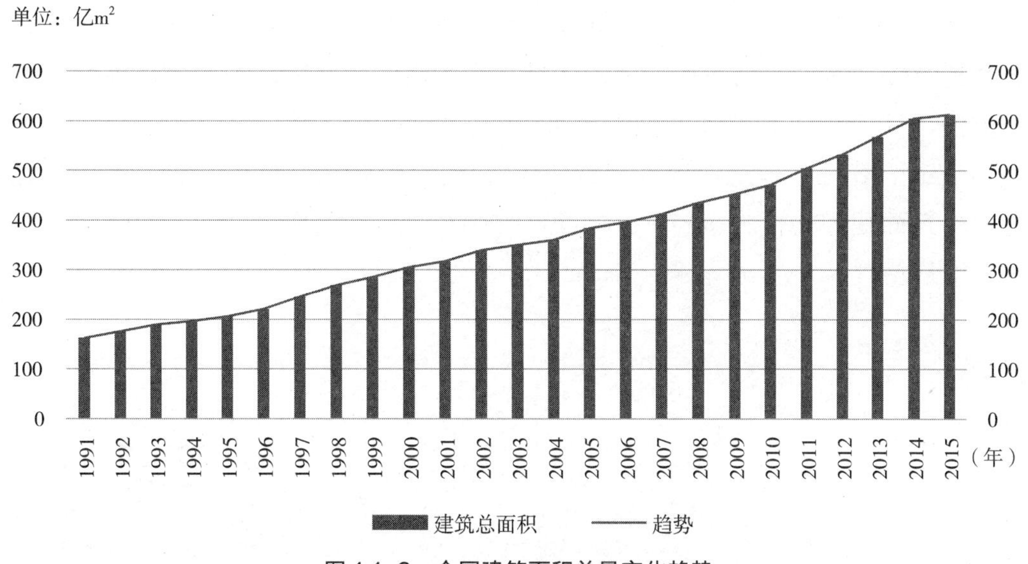

图 1.1-2　全国建筑面积总量变化趋势

纵观建筑业发展情况不难发现，近年来，我国建筑业处于快速发展态势，然而，在发展过程中仍存在工业化程度低、建筑工程质量问题频发以及建造过程能源和资源消耗量大、环境污染严重、建筑寿命短等问题。伴随我国逐步开展建筑高质量发展进程，在生态文明建设的大背景下，建筑业正逐步探索转型升级之路，推动建筑绿色化发展，促使存量建筑性能提升将成为工作重点。

第二节　我国既有公共建筑面积总量及分布

公共建筑是商业、科教、旅游、交通等公共活动的承载基础。随着经济的快速发展和城镇化进程的不断推进，我国对于公共建筑的使用需求也在持续增长。对于既有公共建筑面积总量，我国官方没有公布相关统计数据，《中国统计年鉴》《中国城乡建筑统计年鉴》《中国建筑业统计年鉴》等相关统计年鉴，分别涉及部分建筑面积统计信息，但总体上存在时间序列数据不完整，统计口径不统一以及部分指标数据缺乏等问题。如2006年以前《中国统计年鉴》中有非居住建筑面积数据，但2007年以后就不再公布非居住建筑面积。《中国建筑业统计年鉴》从2001年开始，公布了镇、乡村的公共建筑面积，但又缺乏城市的公共建筑面积数据。在城镇公共建筑面积的计算中，还要考虑非居住建筑面积实际上包含了工业建筑等生产型建筑的面积。

中国建筑节能协会[4]引入公共建筑与工业建筑平均容积率的概念，将城镇公共建筑竣工面积累加值作为驱动变量，利用模糊神经网络模拟等数理统计分析方法，计算得到我国既有公共建筑面积。如图1.2-1所示，截至2015年底，我国城镇既有公共建筑面积存量约为113亿m^2。从发展趋势上看，我国既有公共建筑面积增长极为迅速，2001年至2015年间，总量规模增长两倍多，年平均增长超过了4亿m^2。

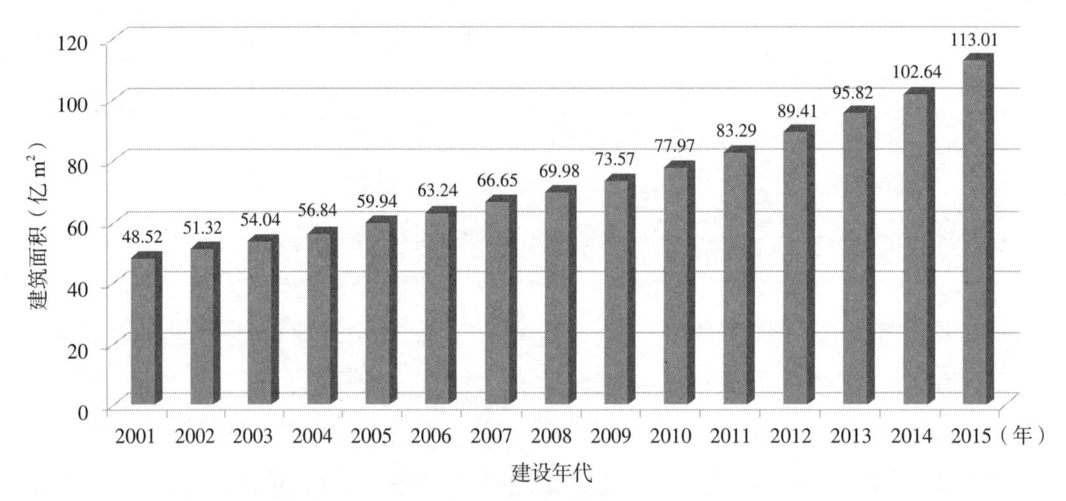

图1.2-1 既有公共建筑面积统计

随着我国建设领域技术的不断发展以及建造相关标准体系的更迭，建设于不同阶段的公共建筑整体性能差异较大。以标准颁布的时间节点作为公共建筑建设阶段划分的时间节点，对不同阶段的既有公共建筑进行建筑存量普查。

既有建筑安全、节能、环境三个性能方面相关的设计、鉴定等标准颁布时间有一定的规律性，依据颁布时间规律，可确定划分建设阶段时间点。实际调研结果显示，2000年之前建设的既有公共建筑由于年代久远，其建筑安全、节能、环境性能相对较差，并且建筑安全性能在该阶段的既有公共建筑的整体性能中占据重要因素，因此，以建筑安全相关标准颁布时序为依据划分2000年之前的既有公共建筑建设阶段。将建设于2000年以前的既有公共建筑分为四个阶段：1949 年以前、1950 ~ 1973 年、1974 ~ 1988 年、1989 ~ 2000 年。建设于 2000 年以后的既有公共建筑主要以节能标准划分时间节点，划分为两个阶段：2000 ~ 2005 年、2006 ~ 2015 年。

为了确定不同建设阶段的既有公共建筑面积，需要根据目前研究成果以及相关统计数据进行梳理。以建筑业统计年鉴（2000 ~ 2015 年）中的统计数据为基础，结合既有公共建筑存量普查结果，可知我国 2000 年之前的既有公共建筑存量为 42.15 亿 m^2，占全部既有公共建筑存量的 37.30%，其中 1949 年之前建设的公共建筑面积占比约为 1.87%，1950 ~ 1973 年建设的公共建筑面积占比约为 7.45%，1974 ~ 1988 年建设的公共建筑面积占比约为 13.06%，1989 ~ 2000 年建设的公共建筑面积占比约为 14.92%。2000 ~ 2005 年的既有公共建筑存量为 16.72 亿 m^2，占比 14.80%；2006 ~ 2015 年既有公共建筑存量为 54.13 亿 m^2，占比约 47.90%。全国不同建设阶段既有公共建筑面积占比如图 1.2-2 所示。

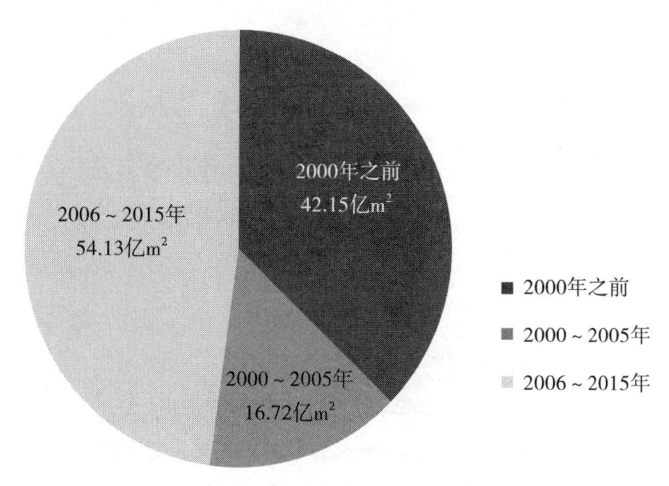

图 1.2-2　全国分阶段既有公共建筑面积占比统计图

对每个阶段建设的既有公共建筑面积进行调研，数据统计分析显示：新中国成立之前的既有公共建筑总体数量很少，且多数经历过专项改造或历史风貌建筑保护改造；1974 ~ 2005 年，随着改革开放的推进，公共建筑建设速度明显加快，部分建筑已经进入功能退化期，其建筑安全、节能性能不满足相关要求；2006 ~ 2015 年建设的既有公共建筑整体性能相对较好，除特殊情况外无需进行相关改造。

既有公共建筑类型包括办公、商场、酒店、医院、学校、公共场馆等多种建筑类型，其建筑规模总量、性能水平和特征由于建设年代、设计标准、使用主体、产权形式等不同而存在很大差异。为了明确不同类型公共建筑的发展趋势和特征，总结不同类型公共建筑的差异性与多样性，对不同类型公共建筑的面积分布情况进行调研摸底。

不同类型公共建筑在产权归属、功能用途等方面具有一定的相似性，因此，依据建筑产权形式、建筑主体行为特征、建筑主要功能用途三方面因素对我国既有公共建筑类型进行统一归类划分。主要划分为办公类、商场类、公益类三大类别，其中办公类包括政府办公楼、商场办公楼等，商场类包括饭店、商场、公寓等，公益类包括学校、医院、场馆等。参照建筑业统计年鉴中 2000 ~ 2015 年间的办公用房、商场及居民服务用房、文化教育用房、医疗用房及科研用房不同类型公共建筑面积数据，估算我国不同类型公共建筑面积存量。不同类型公共建筑存量及占比情况如图 1.2-3 所示，可以看出，办公类、商场类和公益类既有公共建筑存量相差不大，占比都在 1/3 左右。

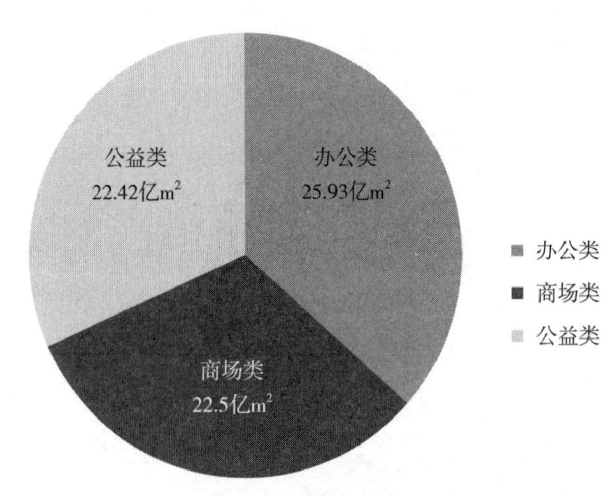

图 1.2-3　不同类型的公共建筑面积数据及分布比例

第三节　我国既有建筑改造历程

与发达国家相比，我国既有建筑改造发展相对较晚。回溯我国既有建筑改造历程，总体经历了抗震加固专项改造、危房专项改造、节能专项改造、绿色化改造四个发展阶段。

1.3.1　以抗震加固改造为主的既有建筑专项改造

20 世纪 70 年代，我国河北、云南、四川等地发生了多起地震，给人民的生命财产造成极大的危害，由此，建筑的抗震设计要求被提上日程。1978 年，城乡建设环境保护部（现住房和城乡建设部）抗震办公室组织编制的《工业与民用建筑抗震加固技术措施》与《工业与民用建筑抗震加固设计规程》相继出台；并于 1979 年发布了《关于抗震加固的几项规定（试行）》，1982 年发布《关于抗震加固技术管理暂行办法》，明确提出要加强工程抗震加固技术管理，确保抗震加固质量，提高抗震加固经济效益。

汶川地震后，住房和城乡建设部于 2009 年组织各地开展建筑抗震鉴定和加固工作，结合我国不同建造年代的既有建筑条件、地震烈度区划图和相关设计规范，融入最新加固技术研究成果，颁布实施了《建筑抗震加固技术规程》。2010 年发布了《建筑抗震鉴定与加固技术规程》，对灾区设防烈度进行了调整，增加了有关山区场地、框架结构填充墙设置、砌体结构楼梯间、抗震结构施工要求的强制性条文。2011 年发布了《建筑抗震加固建设标准》，对建筑抗震鉴定、建筑抗震加固设计、建筑抗震加固施工及建筑抗震加固工程计价进行了新的规定。

2016 年 11 月 21 日，住房和城乡建设部印发《城乡建设抗震防灾“十三五”规划》，要求提升公共建筑综合抗震能力，推动对人员密集型公共建筑抗震能力普查和加固改造工作，推动开展文化遗产建筑及历史建筑抗震保护性鉴定加固工作；提升既有住房抗震能力，通过棚户区改造、抗震加固等，加快对抗震能力严重不足住房的拆除和改造。

1.3.2　以危房改造为主的既有建筑专项改造

1989 年，建设部颁发《城市危险房屋管理规定》，旨在加强城市危险房屋管理，保障居住和使用安全，促进房屋有效利用。从 2008 年起，中央正式启动农村危房改造试点工作，并于 2009 年开始全面实施农村危房改造工程。2010 年住房和城乡建设部会同发改委、财政部，按照中央关于加大农村危房改造支持力度的要求，在基本保持现有试点范围、补助对象、建设标准等不变的情况下，继续推进农村危房改造工作。

2011 年，住房和城乡建设部为加强农村危房改造工程质量监管，提高改造后农房的抗震能力，制定《农村危房改造抗震安全基本要求（试行）》。为切实做好农村危房改造工作，2015 年住房和城乡建设部联合国家发改委和财政部发布农村危房改造工作通知，要求强化农房抗震要求，加快地震高烈度设防地区农房抗震改造工作。

2018 年，为进一步规范农村危房改造工程建设与验收、保障农村危房改造基本安全，住房和城乡建设部印发了《农村危房改造基本安全技术导则》，为农村危房改造基本安全划出底线，针对不同结构类型农房，制定既能保证安全又不盲目提高建设标准的地方标准。住房和城乡建设部、财政部制定《农村危房改造脱贫攻坚三年行动方案》，要求倾斜支持“三区三州”等深度贫困地区，探索支持农村贫困群体危房改造长效机制，逐步建立农村贫困群体住房保障制度，确保2020年前完成现有200万户建档立卡贫困户存量危房改造任务。

2019年，《关于解决“两不愁三保障”突出问题的指导意见》要求全面加强危房改造工作，保障贫困人口住房安全，对于现居住在C级和D级危房中的贫困户，通过进行危房改造或采取其他有效措施，保障其住房改造安全。《关于决战决胜脱贫攻坚》进一步做好农村危房改造工作的通知明确要求做好农房抗震改造试点工作。

2009～2017年，中央累计安排2622.52亿元补助资金、支持了2827.49万贫困农户改造危房，数千万贫困农民住上了安全房。2019年中央安排的432万户农村危房改造任务也已全部完工，农村危房改造进展顺利，取得了显著成效。

1.3.3 以节能改造为主的既有建筑专项改造

1986年，国务院发布《节约能源管理暂行条例》，标志着我国节能改造工作正式开展，1987～2000年是建筑节能改造的试点示范与推广阶段。1995年，《建设部建筑节能“九五”计划和2010年规划》旨在改善城乡建设建筑热环境，提高建筑居住舒适性、节约能源、改善环境。从建筑能耗、围护结构、供暖系统改造设计、施工和经济性问题入手，明确了北方既有建筑节能改造的技术和路线。“十五”期间，全国节能政策和市场机制逐步建立完善，同时保温材料、节能产品设备研发、建筑新材料等相关建筑行业也得到快速发展。我国既有建筑改造由北方严寒、寒冷地区节能改造开始，逐步向南方发展。

住房和城乡建设部于2012年10月29日发布行业标准《既有居住建筑节能改造技术规程》JGJ/T 129—2012，于2012年12月5日发布《夏热冬冷地区既有居住建筑节能改造技术导则（试行）》，于2013年8月8日发布国家标准《供热系统节能改造技术规范》，于2017年7月20日印发《公共建筑节能改造节能量核定导则》。国家、行业节能改造相关标准规范的颁布和实施为我国既有建筑的节能改造奠定了坚实基础。

“十一五”期间，北方采暖地区既有居住建筑供热计量及节能改造面积达1.5亿m^2，其中，供热计量收费实现节约1600万吨标准煤。“十二五”期间，北方采暖地区共计完成既有居住建筑供热计量及节能改造面积9.9亿m^2，节能改造惠及1500万户居民，老旧住宅舒适度明显改善，年可节约650万吨标准煤。

1.3.4　以绿色化改造为主的既有建筑改造

随着我国宏观层面开始逐步关注气候变化问题，强调建筑低碳化发展路径，围绕节能节水改造、功能性提升改造、环境改善等方面的绿色化改造工作也逐步开展。2015 年中央城市工作会议提出优化存量的重点任务，推进城市既有建筑节能及绿色化改造，北方地区城市全面推进既有建筑节能改造。2015 年 12 月 3 日，住房和城乡建设部发布国家标准《既有建筑绿色改造评价标准》GB/T 51141—2015，为既有建筑的绿色化改造提供了标准支撑。2017 年 11 月 28 日，住房和城乡建设部发布行业标准《既有社区绿色化改造技术标准》JGJ/T 425—2017，规划既有社区绿色化改造工作。

“十二五”期间，我国启动了国家科技支撑计划项目“既有建筑绿色化改造关键技术研究与工程示范”，进一步研究可用于既有建筑绿色化改造的成套技术并进行工程示范，为大面积推进既有建筑的绿色化改造提供技术支撑。从 2008 年我国绿色化改造活动启动，截至 2012 年 12 月，全国已经完成绿色化改造 742 项，总建筑面积达到 7581 万 m^2。截至 2015 年底，全国累计有 4071 个项目通过绿色化改造获得绿色建筑评价标识，建筑面积超过 4.7 亿 m^2。截至 2018 年，广东共完成 15 个批次绿色化改造工作，共 201 个项目通过国家、省、市级评审获得标识，绿色化改造面积达到 1955 万 m^2。

进入“十三五”时期，我国启动了国家重点研发计划项目“既有公共建筑综合性能提升与改造关键技术”，在既有建筑绿色化改造的基础上，开展了涵盖安全性能、能效性能、环境性能在内的既有公共建筑综合性能提升与改造技术探索。项目基于“顶层设计、能耗约束、性能提升”的改造原则，重点针对既有公共建筑综合性能提升改造实施路线、标准体系及重点标准、关键技术、运营与监测等方面展开技术攻关与工程示范，实现基于“更高目标”的既有公共建筑综合性能提升与改造，有效提升既有公共建筑能效水平，综合改善室内物理环境品质，大幅提升建筑综合防灾抗灾能力，为既有公共建筑规模化综合改造提供科技引领和技术支撑。

第四节　国外既有建筑改造发展经验

欧美等发达国家对既有建筑改造的研究和实践始于 20 世纪，发达国家的城市化进程发展较快，城市新建建筑数量逐年减少并趋于平稳，城市建设的重点转向既有建筑改造方面。很多国际组织相继出台既有建筑改造相关宪章、规定，推动对既有建筑的保护和改造利用。目前，发达国家已具备了较为完善的政策法规体系，在标准制定与技术创新、经济激励政策、合同能源管理、法律法规体系、能效标识、政府监管等方面具有显著特点。以下分别就不同发达国家的既有建筑改造相关政策以及典型案例进行介绍。

1.4.1 德国既有建筑改造经验

经过多年的既有建筑改造实践，德国既有建筑改造积累了大量经验。德国之所以能在既有建筑能改造方面取得举世瞩目的成效，与其建立了健全的制度框架有直接关系。德国联邦政府通过各种形式来实现对建筑节能改造的扶持与鼓励，不仅提供各种津贴、补贴以及基金，在资金上大力支持既有建筑改造，同时建立层次丰富的法律法规体系为既有建筑改造工作的顺利开展保驾护航。

（1）德国既有建筑改造政策

德国为既有建筑的节能改造制定了专门的政策法规，包括联邦政府制定的居住建筑节能技术法规、州政府制定的管理办法以及联邦政府、州政府制定的改造后租金方面的法律规定等部分。1976 年，德国政府通过了第一部建筑节能法规《建筑节能法》（Building Energy Conservation Law），1977 年又通过了《建筑保温规范》（Building Insulation Specification）来规范建筑物热损失，随后 1982 年和 1985 年对其进行了两次修正；1981 年《供暖成本条例》（Heating Cost Regulations）出台。2002 年，德国节能历史上最重要的一部综合节能法规《能源节约法》（Energy Conservation Law，简称“EnEV”）正式生效，用以取代《建筑保温规范》和《供暖成本条例》；随后 2004 年、2005 年、2007 年、2009 年以及 2014 年对“EnEV”进行了几次修正，并沿用至今[5]。德国除了不断完善本国的建筑节能法规，还以欧盟一体化进程为契机，将德国的节能理念推向欧盟的其他国家，促进欧盟建筑节能法规的制定。2002 年，欧盟颁布了《欧盟建筑物综合能效指令》（EU Building Comprehensive Energy Efficiency Directive），要求对房屋必须进行能效认证。在建造、销售或者是出租建筑物时，必须向建筑物业主、购房客或者租户出具该建筑物相应的能效证书。

柏林市政府建设厅早在 1993 年专门针对东柏林地区预制板建筑物的维修与节能改造公布了补贴标准，为既有建筑节能改造提供了财政支持的范本。政府为旧房建筑改造设立了专项基金，如复兴信贷银行（KFW）基金，主要为住宅建设、环境保护、社会福利和发展中国家及经济转型国家的社会建设等提供优惠贷款服务。银行也为建筑节能改造增量部分设置高达100%的贷款比例，并且贷款最高年限为30年，每个住户单元贷款不超过5万欧元，以经济上的优惠促进建筑改造工程的执行。

（2）德国既有建筑改造实践

奥斯特维克（Osterwieck）是位于德国东部萨克森·安哈尔特州的一座历史城市，城市中保留有大量的德国传统木结构历史建筑。为了满足当前社会发展的需要，多座历史建筑都进行了现代化改造，在对建筑进行保护的基础上进行内部综合改造，以提高建筑安全性能、降低运行能耗等，进而满足整体使用要求。

“多彩农场”建于1579年，主体建筑为三层木结构承重体系，墙体填充材料为植物荆条与泥土，窗户老旧（图1.4-1）。该建筑具有很重要的历史意义，当地政府对其采取了文物保护措施，同时进行了建筑安全、建筑能效、建筑环境等方面的综合提升改造[6]。

图1.4-1 “多彩农场”外部

安全性能提升方面：首先是建筑外立面窗户改造。在每一个窗户上方都增加了一条20cm高的岩棉挡火梁作为防火构造，以满足建筑防火安全性要求。其次对外墙及架空屋面进行改造，清除消防通道内原有外墙、架空楼板外表面的装饰层或找平层，然后再进行改造施工工作。在进行外改造施工时为确保消防通道的最小尺寸，将消防通道的宽度和高度设置为均不小于4m。对于消防通道内外墙和架空楼板底部的保温材料以及不封闭楼梯间两侧和外廊内侧墙面，均采用燃烧性能为A级的保温材料，确保建筑消防安全，保证火灾发生时疏散通道内通行安全。

能效提升方面：为了保护历史建筑的外貌，针对墙体的保温改造，整体采用内保温形式，使用岩棉板、黏土墙等多种保温材料形式（图1.4-2）。主要做法是将面层材料进行处理，用胶粘剂将岩棉板固定在基层墙体上，并用锚栓加固，在岩棉板的外表面抹玻纤网增强聚合物砂浆薄抹面层，饰面层用涂料做室内装饰。黏土保温层的具体做法是在基层墙体之上抹一定厚度的黏土聚合物，加强围护结构的保温隔热性能。屋面保温层设置在阁楼层，其地板面铺设保温材料，并设置检修通道，阁楼空间不作为使用空间。外窗采用双层窗，外层一侧为该建筑的原门窗，经过翻新处理之后继续保留，内侧与内墙面平齐设置塑钢窗，中空双层玻璃，内开内倒开启方式。在保证建筑历史性外立面的前提下，满足节能要求。同时更换所有的电气系统，提高机电系统能效。

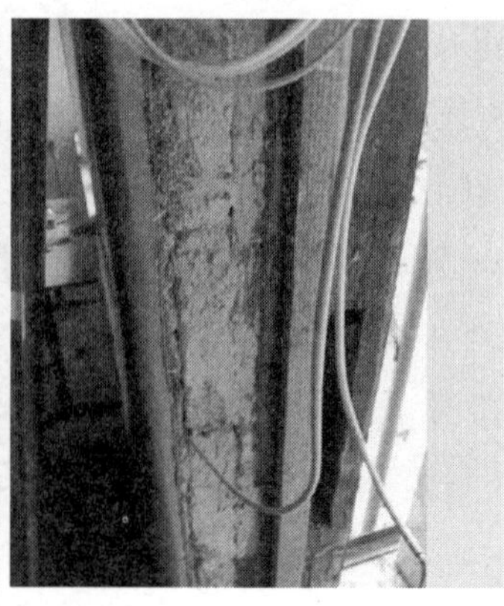

图 1.4-2 外墙内保温构造

环境性能提升方面：采用低温地面辐射采暖模式，在室内设置智能取暖壁挂炉，建筑内部形成热水循环系统，并且将墙面铺满循环管道，通过升级改造供暖系统，室内采暖效果得到提升。同时加设带热交换的新风系统，使用新风系统和热回收设备，为室内提供新鲜空气，在冬季采暖时，可以回收利用 85% 的热量，为室内提供良好的热舒适环境。外窗设置外遮阳板，避免光线直射，同时又不影响室内光的使用。在建筑围护结构中加设噪声隔离措施，封闭现有阳台并设计新的阳台，整体提升建筑的声、光、热环境。

此项目经过改造之后，按照设计之初的目标完全能够达到当前最新版《能源节约法》的能耗标准。整个保护性改造过程持续四到五年，改造后作为公寓楼对外出租使用，为历史性既有建筑的改造提供了很好的范例。

1.4.2 英国既有建筑改造经验

英国政府推行可持续发展尤其是节能减排的做法很有特色。其推行既有建筑改造的主要特点有：健全法律法规制度，强化对企业约束和激励，狠抓建筑改造和新能源开发。通过政府和非政府组织的推动，节能环保、综合改造的观念正深入人心，并且惠及大众民生。

（1）英国既有建筑改造政策

英国在既有建筑改造方面不仅遵守《联合国气候变化框架公约的京都议定书》（Kyoto Protocol to the United Nations Framework Convention on Climate Change）、《节能指令》（Energy Saving Directive）、《建筑节能性能指令》（Building Energy Efficiency Performance Directive）、《建筑产品指令》（Building Product Directive）

等国际公约和欧盟 2002 年发布的《建筑能效指令》（Building Energy Efficiency Directive），还制定了本国一系列法规条令，保障既有建筑改造工作的规范实施。

2013 年，英国政府制定了“绿色新政”贷款制度，以鼓励和支持市民通过实施全面的节能措施进行能源改造。“绿色新政”贷款制度的目的是提升房屋能源效率，减少碳排放。如将贷款额与建筑用电量挂钩并提供更长的投资回报期，这一融资方式不受未来建筑物出售的影响，以鼓励更多的投资。

（2）英国既有建筑改造实践

英国建筑研究院办公楼是一幢多层建筑，建于 20 世纪 90 年代末。该建筑在改造中充分利用可再生能源和循环使用的建筑材料，使室内冬暖夏凉，成为一座既节能环保又有益于健康的办公建筑（图 1.4-3）。

图 1.4-3　英国建筑研究院办公楼

安全性能提升方面：通过对原有建筑结构进行科学系统计算，对结构应力脆弱的部位进行加固，在建筑内部加配钢筋及混凝土浇筑，加强建筑结构的整体抗震性能。在建筑底部安装隔震垫，使整个结构的变形都集中在底部，整个结构处于平动状态和弹性状态，既能隔震，又不影响结构的承载力，减轻地震灾害及次生灾害。

安全改造过程中 90% 的现浇混凝土使用了再生骨料（从旧建筑物回收或使用再生材料），水泥混合料中添加了粒状炉渣，并使用了对环境亲和的油漆，实现资源节约。

能效提升方面：为了减少建筑采暖和制冷负荷，在建筑围护结构方面采用了先进、节能的控制系统，室内工作人员根据需求可控制照明、通风或采暖装置。为确保最理想的舒适度，使用者可调节自己办公区域内的窗户通风系统、外遮阳、照明等设备。智能控制系统对窗户通风系统的控制除有开启及关闭功能之外，还有对窗户开启大小的控制功能；同时设有手动与自动控制钮，既可开关灯具、开 / 关通风窗和遮阳系统，又可使这些系统进入计算机控制状态，智能化集成管理，有效实现资源节约。

在建筑物正立面设置有智能型太阳能集成采光系统，太阳能光伏电池板和太阳能集热板产生的能源直接输入建筑物中，供给办公楼内部大部分的照明和采暖热源使用。阴雨天，智能型太阳能集成采光系统又可将贮存的能量更大限度地使用在室内照明系统，实现能效提升目标。

环境性能提升方面：建筑内部采用了通透式夹层天棚板，以便于自然通风；

建筑物外墙正面和背面的格子窗，使建筑物内部形成贯穿的自然通风，并连通太阳能风道，充分利用太阳能风道内产生的烟囱效应，改善室内的空气品质。

图 1.4-4 办公楼建筑外遮阳系统

屋顶采用新型的生态隔离材料，既允许阳光进入室内，又可以起到保温防热的作用，并通过置于地板内的采暖和制冷管道系统调节室温，提高室内热舒适性能。建筑物外置百叶窗，由管理系统完全自动控制，使用者也可自行调节；最大程度地减少眩光和夏季太阳得热，同时具有良好的户外视野和室内光环境（图 1.4-4）。

该办公楼在改造之后，建筑综合性能得到很大改善，照明耗电量在全球平均比例为 19% 的基础上减少至 14%，建筑管理系统自动开启补充室内更多通风量，同时改造后的冷凝式锅炉比普通锅炉能效提升 30%，使得室内舒适度大幅度提升。该工程完工后被授予英国建筑技术专家协会的优秀技术奖、混凝土协会奖以及英国建筑师协会奖。

1.4.3 美国既有建筑改造经验

美国的既有建筑改造工作开始较早，尤其是近些年来在新型建筑节能材料的研究、开发与应用，建筑节能法规的制定、实施，节能产品的认证和管理等方面做了大量工作，不但改善了室内环境，提高了建筑舒适度，而且节省了宝贵的能源，取得了可观的经济效益。

（1）美国既有建筑改造政策

美国在既有建筑改造政策制定方面的工作主要分为建筑结构加固指南、节能改造法规和经济激励政策等三部分。针对既有建筑结构加固、抗震改造方面，美国颁布了《既有结构加固与修复指南》（Guide for Strengthening and Repairing Existing Structures），该指南为执行结构修复、强化和其他加固程序提供指导，以纠正现有结构的问题；另外颁布了《既有建筑结构状况评估指南》（Guideline for Structural Condition Assessment of Existing Buildings）、《既有建筑抗震评价与改造》（Seismic Evaluation and Retrofit of Existing Buildings）等标准规范[7]。美国各个州县针对危旧建筑也通过了一系列法律，如《解决不安全的建筑物和建筑的执行标准》（Address Unsafe Buildings and the Enforcement of Building Standards），其中详细介绍了不安全建筑安全性能提升的相关技术标准；这个执行标准分为危险建筑或构筑物和修缮、拆除危房两个部分。

在法律法规制定方面，美国早在1976年颁布了《既有建筑节能法》，此后先后制定了1978年的《节能政策法》和《能源税法》、1988年的《国家能源管理改进法》、1991年的《总统行政命令12759号》等，实现了建筑节能从规范性要求到强制性要求的转变[8]。2004年7月底美国国会正式通过了《2005年能源政策法》[9]，对《能源政策》进行了修订，这是美国实施建筑节能和既有建筑节能改造的主要法律依据[10]。

在经济激励政策方面，美国致力于依法促进既有建筑节能改造的市场发展，将激励政策纳入法律法规体系，保证激励政策的有效性。详细规定建筑节能现金补贴、税收减免和贷款优惠等经济激励措施，《美国复苏与再投资法案》规定对于既有建筑节能改造激励资金的实施，应通过专项补助计划分配给州政府和地方政府，再通过退税等方式发放给个人，确保改造激励资金的有效落实。为促进既有建筑改造的规范性，美国以建筑能效标识制度引导市场供给主体进行良性竞争，最突出的政策为“能源之星”计划，其特色在于让赞助商来承担地方或国家的项目管理。由于美国国土面积较大，各州在国家指导性政策指导下，针对各自区域特性制定适合本州的公共建筑节能标准，并对建筑的节能设计、改造给予税收上的优惠。

（2）美国既有建筑改造实践

匹兹堡资源保护顾问中心建于19世纪中期，坐落在匹兹堡老区南部，是集结构形式改造、消防改造、绿色办公环境改造、能源节约和能源回收等多项综合改造技术于一身的美国既有公共建筑改造的典型案例之一（图1.4-5）。

图1.4-5　匹兹堡资源保护顾问中心外景

安全性能提升方面：改变原有的砖砌结构形式，办公室的承重结构采用模数钢桁架和钢立柱结构，结构体系的部件可以互换，安装时不用焊接，只要将钢架配套的螺栓、螺钉装配即可。施工时采用随运随吊的方法，无需占用材料堆放场地，不产生废料，施工期内对环境没有污染，又减少拆除建筑物的废料的产生。

通过增设消防设施、严格控制用火用电、安装监控防火装置等管理措施来提高其防火能力。在墙体表面涂抹阻燃涂料来提高其耐火极限，外围护结构采用燃烧性能为B1、B2级的保温材料，每层设置水平隔离带，隔离带采用燃烧性能为A级的保温材料。在每个窗口上部设置0.3m宽燃烧性能为A级的保温材料作为窗口防火隔离带，有效防止室内发生火灾时火势沿窗口向外蔓延。对于采用燃烧性能为B1、B2级保温材料的外保温系统，均采用无空腔构造，首层保温层外加不小于15mm、其他层不小于55mm的防火保护层构造，对减少火灾发生和火灾发生时延缓燃烧速度、保障充足的救援时间有重要作用。

能效提升方面：该中心围护结构的保温材料采用了加气混凝土和密实的纤维板。楼板和平屋顶结构使用了农副产品制成的板材，即用麦草定向编束并挤密制成的结构保温板。

改造后建筑物的电源部分是由一个2.2kW的光电系统供给，该光电电池板排列在走廊、阳台及屋顶上。微气候数据采集站用来采集风力和热工数据，以监测每天的太阳能收集情况。太阳能供给建筑物用电，在阴雨天或太阳能源不足时才使用电力系统补充，充分节约用能。由于门窗占据了围护结构的绝大部分面积，对门窗的保温隔热要求特别高，因此，加层建筑的门窗外侧，设有固定的毛玻璃遮阳设施，阻挡一部分热量的进入，门窗玻璃均采用中空或低辐射率（Low-E）玻璃，减少建筑得热。

环境性能提升方面：在建筑物内部中厅设计有宽敞的采光井，充分利用自然光线的反射和折射，使室内光线充足，不必使用照明光源。而室内人员与外窗的距离最远不超过6.5m，双向采光使内部的每一层空间都清晰明亮。建筑内部还采用玻璃隔断和开敞式办公室，室内光线通透，又是节约能源之举。室内光线和温度可通过百叶窗调节，使流动空气可直接从周边的可调式窗户、屋顶平台、二楼阳台和地面花园的通风口进入，又通过中厅采光井和其他可调式天窗流出，形成自然通风的无动力新风系统，增强室内的舒适度。

改建后的建筑物配备了按程序自动调节的恒温阀。会议室采用热辐射地板供暖及与空调系统配套的热回收装置。通过地板下的可调式散热器使新风进入建筑物的大部分区域，为会议室及整幢建筑提供新鲜空气，保障建筑室内的热舒适性和室内空气品质。

项目改造完成后，冬季采暖期的能耗从大约20L燃料油/（$m^2 \cdot a$）降低至仅为3L燃料油/（$m^2 \cdot a$），节能达到85%。同时，室内的居住舒适度大幅度提升，成为美国既有建筑改造的范例，为既有建筑的改造探索了一条综合技术革新之路。

1.4.4 日本既有建筑改造经验

（1）日本既有建筑改造政策

经过多年的既有建筑改造实践，日本在既有建筑改造方面通过完善强化一系列法规措施、制定详尽细化的节能政策、规定各行业明确的减排目标、加大建筑节能的工作力度等手段，大力推动既有建筑改造项目的开展，不仅节省国内能源使用，同时促进节能目标的实现。

日本既有建筑改造注重以国家立法机关和政府通过法律和法规等形式积极推动，并加以经济补助等辅助，确保既有建筑改造工作持续进行。日本在既有建筑改造方面重点关注提升建筑能效和抗震性能。作为地震高发地区，为了尽快恢复震后建筑物的安全性能，日本制定了《震后损害评估与修复指南》，该指南将震后建筑物的修复分为两个阶段。第一个阶段为快速检查阶段，即核查建筑的安全性，建筑是否受余震影响。第二个阶段为定量损坏评估阶段。如果需要修复，在技术和经济上对损坏的建筑物规定采取合理的解决方案以应对将来的地震灾害，包括修复、加固和重建等。另外，日本的建筑灾害预防协会颁布了现有钢筋混凝土现浇建筑结构抗震评估准则以指导既有建筑安全改造工作。

在建筑节能体制建设方面，日本是最完善的国家之一，从中央到地方建立了一套完备的能源管理机构和咨询机构体系，专门研究节能问题[11]。为了提高建筑物的能源消费性能，日本设立了一系列节能措施，规定了能源消费性能标准，提高能源消费性计划的认定制度。日本政府早在1979年就颁布了《关于能源合理化使用的法律》(以下简称《节能法》)，对建筑物的节能提出具体要求。节能法主要针对公共建筑及工业建筑，并将公共建筑按使用功能不同划分为不同类型，分别制定相应的节能标准。通过制定相应的节能标准，对改造后建筑的能效从建筑本身的热工性能和建筑设备系统能源利用效率两方面判断。根据社会发展需要，日本分别于1998年、2002年、2005年三次对《节能法》进行修订。2008年，为了响应德国海利根达姆峰会提出的《"美丽星球50"》计划，日本对《节能法》进行再次修订，强化民生方面的节能政策，不断提高节能要求。

2007年6月，日本内阁会议制定的《21世纪环境立国战略》指出：为了克服地球变暖等环境危机，实现"可持续社会"的目标，必须致力推进"低碳社会""循环型社会"和"与自然和谐共生的社会"的建设，强调低碳经济革命，将发展低碳经济作为促进日本经济发展的增长点。2008年，日本对《东京都环境确保条例》进行了根本性的修改。同年5月、6月和7月，日本国会和内阁会议又分别通过了《能源合理利用法》《推进地球温暖化对策法》和《构建低碳社会行动计划》。2009年4月，日本环境省颁布了名为《绿色经济与社会变革》的政策草案。2010年，由日本经济产业省修订的最新版《日本战略能源计划》明确地将"扩展引入可再生能源"和"提高核能生产"作为实现国家能源战略的具体方法之一。随后的 2011 年，日本经济产业省制定了“节能技术战略 2011”，对节能技术研发和推广战略进行调整。

为促进既有建筑改造工作并提升建筑的整体性能，日本针对既有建筑增改建过程中的节能改造工程、无障碍改造工程、抗震改造工程等制定了国家改造工程补助相关制度。同时在融资、补助、税费、容积率等方面对建筑节能工作给予鼓励和支持。2008 年开始，日本政府还先后制定了“可持续性建筑等先导事业”“现有建筑物节能化推进事业等发展计划”等，同时配备了相关预算来进行扶持。

（2）日本既有建筑改造实践

位于神奈川县横滨市的日本东京燃气有限公司办公楼建于 1885 年，于 2010 年以零能耗建筑（ZEB：Zero Energy Building）为目标开始进行改造，采用先进的绿色主动节能技术配合原有的被动式设计，秉承“生命期节能办公”的理念，利用抗震加固、自然采光、自然通风和 CGS 等策略降低能耗，使建筑与环境共生（图 1.4-6）。

图 1.4-6　日本东京燃气有限公司办公楼外景

安全性能提升方面：考虑到内外部装修的变形要求，以及现有结构的老化和损伤程度，加固设计时将该大楼在最大速度 70cm/s 的地震波作用下，层间位移角目标值确定在不大于 1/150 ~ 1/100 的范围。考虑选择基底隔震或制振控制的方法，并对其进行了对比性研究。基底隔震的好处是加固工作可以集中在基底，即建筑内外部装修和使用都可以不变，建筑外部形象也不会遭到重大影响。对建筑墙体辅以轻型墙面材料的钢筋混凝土结构，这种结构的建筑既安全抗震，又节省能源。同时在外围使用了新研制的高强度 16 积层橡胶，建筑物的中央部分使用了天然橡胶系统的积层橡胶，当在烈度为 6 度的地震发生时，就可将建筑物的受力减少一半。

对于制振控制的方法，分别用粘滞型阻尼器和极软钢（超低屈服点）阻尼器进行分析，从性能和成本效率的角度来看，钢阻尼器能提高已有的抗剪承载力和平衡能力，因此，钢阻尼器被认为是一个合理的方案。考虑到建筑设计和可施工性，加固方案最后归纳为小变形下能确保不失稳的双钢管吸能支撑体系构成的制振控制方案。双钢管体系包括一个抵抗轴力、可以吸收能量的低屈服点内钢管和一个可以防止屈曲的加劲外钢管。加固改造后，大楼在最大速度 70cm/s 的地震波作用下，层间位移角值不大于 1/100，达到了目标值的要求。

能效提升方面：在原建筑的北侧和顶部设有贯通建筑的全玻璃中庭，使建筑在冬季能够获得足够的日照；玻璃幕墙采用高透光低辐射热的 Low-E 双层玻璃，具有较好的保温隔热性能；南立面带状玻璃上设有水平遮阳构件，位于窗户上部距离窗顶 1.25m，楼板向南侧挑出 0.6m，为窗户的上部提供自遮阳，以减少夏季太阳光的直射，节省空调能耗。空调系统采用控制水温、变风量、变流量技术以及多次循环热回收技术；在办公楼 2 层设置地板送风系统，具备节省能耗、提高灵活性和舒适度等特点。建筑还采用了太阳能利用以及燃气热电联供技术：屋顶南面和西面设置太阳能光伏板，通过将太阳能发电、燃气热电联供系统和蓄电池相结合，保证电力使用综合控制系统的稳定。在改造中使用可再生建筑材料和自然材料，譬如“生态核”中庭的竖向构架，采用原木复合而成，墙壁上的红砖采用当地琵琶湖的淤泥制成，入口门厅地面和室外踏步利用施工废弃的混凝土制成。

环境性能提升方面：改造时大楼仍然在使用，因此该大楼改造共分三段施工。将原建筑南立面的水平遮阳构件向外延伸 1.2m，向内延伸 1.2m，既可以阻挡从构件下部直接射入的光线，又能反射从构件上部直射的光线；室内顶棚采用反射材料，并向中心倾斜，目的在于充分利用日光并使室内照度更加均匀。利用智能照明控制系统，改造时加大对自然采光的利用，增设人体感应器的开关控制，光感器可以检测室内的反射光，进一步提升节能效果。采用工作岗位式照明，通过改造进一步提升分区照度控制的技术手段。

通过利用中庭热空气上升的拔风效应，使室外空气从底层进入，经过中庭与各层办公楼相通的廊道，通过屋顶的风塔和高层的气窗排出，在夜间通过开启中庭和南向窗户促进夜间通风，改善室内空气环境。

经过一系列改造，东京燃气有限公司办公楼的保温隔热性能明显提升，建筑室内热舒适度与之前相比也有了质的变化，室内平均最高温度达到 17.12℃，平均最低温度也有 6.52℃，室内温度波动性仅有 0.6℃，居住舒适度大大提升。同时，改造后建筑物能源消耗量明显下降，达到了较好的节能减排效果。

第五节　我国既有公共建筑改造发展方向分析

1.5.1　我国既有公共建筑改造存在问题

我国既有公共建筑体量大、类型多、发展迅速。但是由于建造标准和年代不同，目前既有公共建筑普遍存在能耗高、室内环境差、综合防灾性能低等情况。虽然经历了抗震改造、危房改造、节能改造、绿色化改造过程，但是整体改造发展过程中还存在诸多问题[12]。

（1）不同既有公共建筑类型之间的改造数量差距较大

目前改造类型较多的是办公建筑和文化教育建筑，且改造的办公建筑中也是政府办公建筑占比较高，这主要是因为由于政府强制推动作用，政府办公建筑和文化教育建筑改造实施难度相对较低。而商场、宾馆和医疗卫生建筑虽然节能潜力较大，但由于改造主体和实际功能的限制，实施难度相对较大，因此改造数量相对较少[13]。

（2）既有公共建筑改造经验欠缺并且改造模式相对单一

与欧美发达国家相比，我国既有公共建筑改造工作起步较晚，缺乏丰富的改造经验和改造模式。既有公共建筑改造工作的推动涉及的范围比较广，在政策上、经济上、技术水平上、投融资形式上，都需要进行深入的研究，改造过程相对比较复杂[14]。我国需要不断积累既有公共建筑改造经验，同时还要探究出适合我国既有公共建筑的改造模式，以推进改造工作持续发展。

（3）既有公共建筑改造持续性不足并且投融资模式推广性较差

在我国既有公共建筑改造过程中，缺乏社会自发的作用，大部分以政府财政激励引导为主，随着政府投入资金的减少，后续改造力度持续性不足。既有公共建筑改造市场缺乏主动调节作用，欠缺合理的经济激励政策，整体改造市场活跃度较低，没有形成良性市场循环[15]。应该引导改造市场而不是控制改造市场，将政府强制型转变为经济引导型。对于既有公共建筑改造项目，应该使政府投资转变为扩宽融资渠道，改变融资方案，从而解决既有公共建筑改造投融资难的问题。

（4）既有公共建筑改造多为专项改造，缺乏整体性能的考量

从既有公共建筑改造内容来看，目前既有公共建筑多涉及节能改造、安全改造等专项改造，政府也多关注通过节能改造减少能耗，实现国家节能减排战

略目标，对于建筑抗震加固、防火防灾的安全改造以及建筑环境性能的提升等综合改造内容相对较少[16]。由于缺乏典型改造案例的示范作用，既有公共建筑仅通过节能、安全改造并不能实现建筑的高质量全面发展。

1.5.2 我国既有公共建筑改造发展方向

目前我国针对既有建筑改造已建立了涵盖设计、施工、检测、评价等各个环节的标准规范，现有改造标准多侧重于安全改造、节能改造和绿色化改造，不能很好地满足不同类型既有公建综合性能提升改造的发展要求[7]。从欧美发达国家的改造实践可以看出，既有建筑改造方式应逐渐转变为基于安全、能效、环境等性能的建筑整体性能提升改造。

随着人们生活水平的日益提高，对室内外环境、建筑的防火、防灾性能要求越来越严格，既有公共建筑性能提升改造工作也将更加重要。既有公共建筑综合性能改造不是针对建筑某一个方面进行改造，而是全方位的改造，不仅要体现节能性，还要体现安全性、舒适性和环保性。它打破传统的既有公共建筑改造模式，从“低安全性、低舒适度、高能耗”向“高安全性、高舒适度、低能耗”转变[17]。改造内容也逐步从最初的节能专项改造向绿色化以及更高目标——“能效、环境、防灾”综合性能提升改造方面转变。

由于既有公共建筑建设年代、结构体系以及建筑使用功能方面的差异性及所在地区的差别性，针对既有公共建筑的改造不能采取“一刀切”的政策和技术措施，还应结合我国新型城镇化等国家战略需求，综合考虑地域、功能和技术适宜性等因素，提出具有地区差别性、类型差异性、技术针对性的多维度既有公共建筑改造中长期发展目标、实施路线及分阶段重点任务，以从顶层设计指导我国基于更高目标的既有公共建筑综合性能提升改造工作[18]。

既有建筑综合性能提升需要从能效、环境、防灾等多维度、分类别、分层次构建我国既有公共建筑改造标准体系，围绕既有公共建筑节能改造、室内环境改善、加固改造以及运营管理等要素，编制行业相关重点标准，突出能效、环境、安全的综合性能提升[19]，为我国既有公共建筑综合性能提升改造提供标准引领。

既有公共建筑综合性能提升改造需要从全生命期的产业链角度进行引导和布局，分步实施，促进建筑产业和建筑企业的转型升级[20]。既有公共建筑综合性能提升改造将成为我国建筑业可持续发展的一项重要举措，同时对促进建筑业转型升级、推进新型城镇化建设具有重要意义。

第二章
既有公共建筑综合性能提升改造工作基础及面临形势

第一节 工作基础

2.1.1 技术标准体系

早在20世纪70年代，由于我国发生多起地震，尤其是唐山大地震后我国开始重视抗震鉴定与加固工作，编制了相应的抗震加固标准；改革开放后，由于能源紧缺，建筑能耗增加，80年代我国开始开展居住建筑节能设计工作，于1986年发布了第一部居住建筑节能设计标准。2000年以后，我国进入经济建设的快速发展期，城市建设步伐加快，人们生活水平不断提高，对室内环境质量的要求也越来越高，出现了资源消耗高、环境影响大等问题，除对前期编制的抗震加固和居住建筑节能相关标准进行修订完善，还先后发布了《公共建筑节能设计标准》GB 50189—2005、《室内空气质量标准》GB/T 18883—2002、《民用建筑工程室内环境污染控制规范》GB 50325—2010等建筑节能和室内环境相关标准，进一步健全标准体系。目前，我国现有既有建筑改造相关国家和行业标准共60余项。

（1）结构安全相关标准体系

结构安全是建筑使用功能的基本保障，我国既有建筑安全改造工作启动较早。20世纪60～70年代先后发生的邢台地震、河间地震、海城地震和唐山地震，带来了巨大的生命和财产损失。为加强防震减灾能力建设，于1977年正式成立了国家建设部抗震办公室，并相继颁布了《工业与民用建筑抗震鉴定标准》TJ 23—77、《工业建筑抗震加固参考图集》GC-01和《民用建筑抗震加固参考图集》GC-02等标准化文件，抗震鉴定与加固工作已成为防震减灾的重要组成部分，也标志着我国抗震鉴定工作从初期的局部地区试点工作向全国推进。

1980年后，抗震加固技术列入国家抗震重点科研项目，我国对抗震加固技术的研究不断深入，在科学试验的基础上，于1985年编制了《工业与民用建筑抗震加固技术措施》。1988～1992年之间，我国进入抗震加固发展的高峰时期，抗震加固结合房屋的维修、改造成为主流。1988年由中国建筑科学研究院、同济大学和机械电子部设计研究总院会同国内有关科研、设计和高等院校等单位，对《工业与民用建筑抗震鉴定标准》TJ 23—77进行修订，直到1995年和1998年正式颁布了《建筑抗震鉴定标准》GB 50023—95与《建筑抗震加固技术规程》JGJ 116—98，它们分别被称为95标准与98规程。在此期间，一些更先进的抗震加固技术逐渐成熟，如基础隔震、消能减震加固技术，并开始应用于大型重要公共建筑的抗震加固中。同时，为有效利用既有房屋，正确判断房屋结构危险程度，及时治理危险房屋，1999 年发布了行业标准《危险房屋鉴定标准》JGJ 125—1999，并于 2004 年和 2016 年进行了两次修订。

但从 2001 年到 2008 年汶川地震发生前，我国抗震加固的工作进展比较缓慢。直到汶川地震造成了巨大人员伤亡和财产损失，才引起了政府部门、学术界、工程界和广大人民群众的极大关注，再次证明了抗震加固的必要性。震后，住房和城乡建设部对 95 标准与 98 规程进行了紧急修订，修订过程中总结了国内外历次大地震，特别是汶川地震的经验教训，并分别于 2009 年 7 月 1 日、8 月 1 日正式实施。09 版标准颁布后，以全国中小学安全工程为标志，掀起了新一轮抗震鉴定与加固的高潮，进一步推动了我国抗震加固技术的进步。

不同结构类型建筑的各项安全性能指标存在较大差距，对应的加固改造方案、方法也存在较大的不同，因此，我国针对不同结构制定了相应的专项标准，如《古建筑木结构维护与加固技术规范》GB 50165—92、《钢结构现场检测技术标准》GB/T 50261—2010、《高耸与复杂钢结构检测与鉴定标准》GB 51008—2016 等。按照标准的适用阶段划分为检测鉴定、改造加固、维护修缮三大类，既有公共建筑安全性能主要相关标准梳理见表 2.1-1。

安全性能主要相关标准梳理　　表 2.1-1

阶段	标准类别	标准名称
检测鉴定	国家标准	《建筑抗震鉴定标准》GB 50023—2009
		《地震现场工作　第二部分：建筑物安全鉴定》GB/T 18208.2—2001
		《建筑结构检测技术标准》GB/T 50344—2004
		《民用建筑可靠性鉴定标准》GB 50292—2015
		《高耸与复杂钢结构检测与鉴定标准》GB 51008—2016
		《钢结构现场检测技术标准》GB/T 50261—2010
		《砌体工程现场检测技术标准》GB/T 50315—2011
		《既有混凝土结构耐久性评定标准》GB/T 51355—2019
	行业标准	《危险房屋鉴定标准》JGJ 125—2016
	协会标准	《火灾后建筑结构鉴定标准》CECS 252：2009
改造加固	国家标准	《工程结构加固材料安全性鉴定技术规范》GB 50728—2011
		《混凝土结构加固设计规范》GB 50367—2013
		《砌体结构加固设计规范》GB 50702—2011
	协会标准	《钢结构加固技术规范》CECS 77—1996

续表

阶段	标准类别	标准名称
改造加固	行业标准	《地震灾后建筑鉴定与加固技术指南》JGJ 132—2008
		《建筑抗震加固技术规程》JGJ 116—2009
		《既有建筑地基基础加固技术规范》JGJ 123—2012
	地方标准	上海市《现有建筑抗震鉴定与加固规程》DBJ 08-81—2015
		北京市《建筑抗震加固技术规程》DB 11/689—2016
		江苏省《中小学校舍抗震加固工程施工质量验收规程》DGJ 32/TJ 156—2013
		江苏省《既有建筑隔震加固技术规程》DGJ 32/TJ 215—2016
		江苏省《既有医疗建筑抗震鉴定与加固技术规程》DGJ 32/TJ 209—2016
维护修缮	国家标准	《古建筑木结构维护与加固技术规范》GB 50165—92

（2）建筑节能相关标准体系

我国的建筑节能工作是从20世纪80年代初伴随着中国实行改革开放政策开始的，建筑节能标准是我国建筑节能工作开展的主要技术依据和有效手段，至今我国建筑节能实现了在1980～1981年建筑能耗基础上节能30%、50%、65%的三步走目标，现阶段建筑节能65%的设计标准已经全面普及。为贯彻有关节约资源和保护环境的法规和政策，进一步降低能耗，一些省市如北京、天津、山东、河北等已开始实行新建居住建筑75%建筑节能标准[21]。在此期间，我国还积极推动近零能耗建筑试点工作，建设了河北省秦皇岛在水一方、黑龙江哈尔滨溪树庭院、河北省建筑科技研发中心科研办公楼等一批超低能耗建筑。同时还制定了近零能耗建筑标准，明确了室内环境参数和建筑能耗指标的约束性控制指标，有效推动了我国建筑室内环境舒适性和节能目标的提高。总体来讲，我国建筑节能工作可以划分为“1986～1995年的起步阶段”“1995～2005年的健全阶段”“2005～2015年的完善阶段”“2015年至今的提升阶段”四个阶段。

1986～1995年，是建筑节能标准的起步阶段。1986年，我国颁布了第一部建筑节能标准——《民用建筑节能设计标准（采暖居住建筑部分）》JGJ 26—1986，仅针对严寒和寒冷地区的居住建筑，节能率目标为30%。此标准建立了我国建筑节能设计标准编制的基本思路及方法，即将1980～1981年各地通用住宅设计作为居住建筑的“基础建筑”。

1995～2005年，是建筑节能标准的逐步健全阶段。为追赶国际发达国家建筑节能的脚步，我国于1995年完成了《民用建筑节能设计标准（采暖居住建筑部分）》JGJ 26—1986的修编，提出目标节能率50%。之后，随着建筑节能工作的快速开展，我国建筑节能标准逐步健全，完成了《民用建筑节能设计标准（采暖居住建筑部分）》JGJ 26—1995 的修订，制定了《夏热冬冷地区居住建筑节能设计标准》JGJ 134—2001、《夏热冬暖地区居住建筑节能设计标准》JGJ 75—2003、《既有采暖居住建筑节能改造技术规程》JGJ 129—2000 等多部相关标准。特别是 2004 年中央经济工作会议后，围绕大力发展节能省地型住宅和公共建筑的要求，建筑节能标准化得到了更为迅速、全面、深入的发展。

2005 ~ 2015 年，是建筑节能标准的不断完善阶段。《公共建筑节能设计标准》GB 50189—2005 是我国第一部针对公共建筑的节能设计标准，其发布标志着我国建筑节能工作在公共建筑领域全面铺开，该标准提出了"与 20 世纪 80 年代初设计建成的公共建筑相比，在保证相同的室内热环境舒适健康参数条件下，全年采暖、通风、空气调节和照明的总能耗应减少 50%"的节能目标。2009 年，住房和城乡建设部发布了行业标准《公共建筑节能改造技术规范》JGJ 176—2009，将公共建筑纳入节能改造范畴，进一步推进建筑节能工作，提高既有公共建筑的能源利用效率。2012 年，《既有采暖居住建筑节能改造技术规程》JGJ 129—2012 完成修订并发布实施，将适用范围扩大到夏热冬冷地区和夏热冬暖地区；2015 年，《公共建筑节能设计标准》GB 50189—2015 完成修订并发布实施，通过对不同气候区的差异化性能和措施的约束，在保证相近投资回收期的前提下，全国各地区公共建筑节能水平整体提高一个台阶；同时补充了对新技术的规定、更新了设备性能参数，并增加了对给排水、电气和可再生能源利用的定性要求，大力推进了公共建筑的节能工作。这一阶段，还编制发布了一系列与建筑节能施工验收、检测等相关的工程标准和产品标准，如《建筑节能工程施工质量验收规范》GB 50411—2007、《公共建筑节能检测标准》JGJ/T 177—2009，基本实现了建筑节能标准对民用建筑领域的全面覆盖。

2015 年至今，是建筑节能标准的提升阶段。我国与德国、美国、加拿大等多个国家在建筑节能领域开展技术交流与合作，建设了一批超低能耗及近零能耗示范项目。在此基础上，2015 年，住房和城乡建设部发布了《被动式超低能耗绿色建筑技术导则（试行）（居住建筑）》，明确了我国被动式超低能耗绿色建筑的定义，并进一步提高节能率，如严寒和寒冷地区建筑节能率达到 90% 以上，为全国被动式超低能耗绿色建筑的建设提供指导。2019 年，住房和城乡建设部颁布了国家标准《近零能耗建筑技术标准》GB/T 51350—2019，进一步提升建筑节能水平，标准中界定了我国超低能耗建筑、近零能耗建筑、零能耗建筑等相关概念，以国家建筑节能设计标准《公共建筑节能设计标准》GB 50189—2015、《严寒和寒冷地区居住建筑节能设计标准》JGJ 26—2010、《夏热冬冷地区居住建筑节能设计标准》JGJ 134—2016、《夏热冬暖地区居住建筑节能设计标准》JGJ 75—2012 为基准，提出严寒和寒冷地区近零能耗居住建筑能耗降低 70% ~ 75% 以上，不再需要传统的供热方式；夏热冬暖和夏热冬冷地区近零能耗居住建筑能耗降低 60% 以上；不同气候区近零能耗公共建筑能耗平均降低 60% 以上。通过标准的引领，进一步降低建筑用能需求，提高能源利用效率，推动可再生能源建筑应用，引导建筑逐步实现零能耗。

我国公共建筑节能标准的发展概况见表 2.1-2[21]。

建筑节能相关标准梳理　　表 2.1-2

序号	标准类别	标准名称
1	国家标准	《建筑节能工程施工质量验收规范》GB 50411—2007
2	国家标准	《民用建筑热工设计规范》GB 50176—2016
3	国家标准	《公共建筑节能设计标准》GB 50189—2015
4	国家标准	《近零能耗建筑技术标准》GB/T 51350—2019
5	行业标准	《公共建筑节能改造技术规范》JGJ 176—2009
6	行业标准	《公共建筑节能检测标准》JGJ/T 177—2009

（3）室内环境相关标准体系

人一生中 70% ~ 90% 的时间都在室内度过，建筑室内环境状况与人们的身心健康息息相关。室内环境包括声环境、光环境、热环境、室内空气品质等。整体来讲，我国针对建筑声环境的相关标准起步较早，20 世纪 80 年代发布实施了《建筑隔声测量规范》GBJ 75—84、《厅堂混响时间测量规范》GBJ 76—84 和《民用建筑隔声设计规范》GBJ 118—88，为提升我国室内声环境质量提供了技术指导。20 世纪 90 年代初，国家发布了第一部照明设计标准《工业企业照明设计标准》GB 50034—92。随着经济发展和社会进步，一方面对室内外环境有特殊要求的建筑数量越来越多，另一方面由于生活质量提高和节能的要求，建筑声、光、热技术的重要性逐渐体现出来。2000 年以后，国家相继发布了《室内空气质量标准》GB/T 18883—2002、《民用建筑隔声设计规范》GB 50118—2010、《建筑照明设计标准》GB 50034—2013、《建筑采光设计标准》GB/T 50033—2013 等标准，进一步规范建筑的环境设计。到目前为止，建筑声环境、光环境、热环境和室内空气品质方面已经有了数十本标准，形成了较完善的标准体系。环境性能相关标准梳理见表 2.1-3。

环境性能相关标准梳理　　表 2.1-3

序号	环境性能	标准类别	标准名称
1	声环境	行业标准	《体育场馆声学设计及测量规程》JGJ/T 131—2012
2		国家标准	《建筑隔声评价标准》GB/T 50121—2005
3		国家标准	《剧场、电影院和多用途厅堂建筑声学设计规范》GB/T 50356—2005
4		国家标准	《民用建筑隔声设计规范》GB 50118—2010
5	光环境	国家标准	《建筑照明设计标准》GB 50034—2013
6		行业标准	《体育场馆照明设计及检测标准》JGJ 153—2016
7		国家标准	《建筑采光设计标准》GB/T 50033—2013
8		行业标准	《导光管采光系统技术规程》JGJ/T 374—2015
9	热环境	国家标准	《民用建筑供暖通风与空气调节设计规范》GB 50736—2012
10	室内空气品质	国家标准	《室内空气中可吸入颗粒物卫生标准》GB/T 17095—1997
11		国家标准	《室内空气质量标准》GB/T 18883—2002
12		国家标准	《民用建筑工程室内环境污染控制规范》GB 50325—2010

（4）综合改造相关标准体系

2013 年，住房和城乡建设部先后发布的《绿色建筑行动方案》和《“十二五”绿色建筑和绿色生态城区发展规划》，以及中共中央、国务院发布的《国家新型城镇化规划（2014 ~ 2020 年）》等政策文件均提出了既有建筑节能改造的规划和要求。绿色建筑和建筑节能相关法规和政策文件的发布实施间接推动了我国既有建筑绿色改造工作的进展。在“十二五”期间，国家先后启动了“既有建筑绿色化改造关键技术研究与示范项目”“公共机构绿色节能关键技术研究与示范项目”，在既有建筑绿色化改造领域进行研究探索。在此期间，国家和地方也开展了绿色改造相关的标准编制，主要有国家标准《既有建筑绿色改造评价标准》GB/T 51141—2015、协会标准《既有建筑评定与改造技术规范》T/CECS 497—2017、上海市地方标准《既有工业建筑民用化改造绿色技术规程》DG/TJ 08-2210—2016 等，推动既有建筑的改造逐步由单项改造转向综合改造。《既有建筑绿色改造评价标准》GB/T 51141—2015 侧重既有建筑改造的节能性和绿色性，评价指标的选取是以建筑改造后符合绿色建筑要求为目标，标准的颁布对转变城乡建设发展模式、促进绿色建筑发展，具有重要的意义和作用。《既有建筑评定与改造技术规范》T/CECS 497—2017 适用于既有建筑及其附属构筑物的检查修复、检测评定和加固改造，性能和功能评定方面包括抵抗偶然作用能力的评定，安全性、适用性和耐久性的评定，建筑的功能与环境品质的评定，改造方面主要包括修复修缮、加固改造、提升功能改造等内容，为既有建筑评定和改造提供了技术依据，弥补了国内既有建筑评定与改造行业规范、标准的空白。相对于新建建筑，针对既有建筑评定与改造的标准发展相对滞后，标准数量较少。并且现行标准规范重点是针对绿色节能方面，缺少既有建筑的防灾能力、耐久性能提升等内容，同时，多以技术手段措施为评价依据，缺少对实际应用效果的评价。随着既有建筑由专项改造向综合改造转变，以性能提升为重点的综合改造相关基础性标准亟须编制。

2.1.2 市场推进机制

当前我国宏观经济仍然存在下行压力且产能过剩，以自主创新培育新的经济增长点发展又尚需时间，随着我国老龄化问题日益严重，进行既有建筑改造已经迫在眉睫。既有建筑改造已经成为下一步国家发展战略工程。政府以自主创新全面推进既有建筑综合改造。“十二五”期间，杭州市结合背街小巷改造、平改坡、三改一拆、道路整治、历史建筑保护等进行城市有机更新，同步实施既有建筑改造 2320 万 m^2。其他城市也纷纷开展既有公共建筑改造项目，如天津中新生态城城市管理服务中心、上海市申都大厦等典型项目，针对原有建筑结构安全性能差、围护结构热工性能不足以及室内热舒适性差等问题进行了综合改造。既有建筑综合改造不仅可以给传统产业升级、经济调整和企业自主创新留出时间和空间，更可以在短期内促进经济稳定增长，最终实现四个方面的成效：一是培育我国经济新增长点，缓解甚至消除经济下行压力，迅速化解产能过剩，增加就业；二是缓解我国环境问题，预防并消除以破坏环境为代价的经济增长，实现真正意义上的“绿水青山”；三是解决老龄化问题，奠定社区养老的基础；四是增加社会财富存量的同时彰显国家治理能力。

（1）节能降耗市场改造推进机制

当前我国推行的既有建筑改造主要是以节能降耗为目的的改造模式，主要可分为以下四类：

一是政府主导推进机制

政府主导，牵头联合相关企业与改造方业主签订合约达成战略改造意向，在改造过程中提供相关补贴，并强制部分不达标准的建筑业主进行节能改造。政府主导推进机制主要分为：

1）鼓励性经济政策激励

在国家建筑节能改造的大环境下，我国正不断努力探索既有建筑节能改造工作经验，政府从经济政策上对既有公共建筑改造给予大力支持，主要经济激励政策分为税收优惠、财政补贴、技术补贴等。针对不同的产权、不同建筑类型、不同改造方式，采取全额支付、补贴、贷款贴息等多种方式的财政支持政策。其中以北京、重庆为首的一些城市和地区既有建筑节能改造工作比较突出，在国内起到了带头示范作用[22]。政府经济政策的大力支持，极大调动了各方参与改造的积极性，对既有公共建筑改造有极强推进作用。

2）强制性法律法规约束

除了鼓励性经济政策扶持外，政府同时也出台强制性法律法规进行强力约束，保障既有公共建筑改造的基本推行。在绿色改造领域逐步建立和完善相应的法律法规，提升市场公平性，保障改造服务企业的合法权益，对于不达标准的建筑采取强制性措施，对其进行改造或退场。在“十二五”期间，按照国务院印发《“十二五”节能减排综合性工作方案》的统一部署，财政部、住房和城乡建设部针对既有公共建筑能耗高的问题出台各项法律法规推进节能降耗及相关改造。要求对确实不适宜继续使用的建筑，通过更新改造加以持续利用。按照尊重历史文化的原则，做好既有建筑特色形象的维护，传承城市历史文脉。

二是合同能源管理模式（Energe Performance Contracting，简称 EPC），相关利益主体主要是节能服务公司与改造方业主。进一步可将 EPC 模式细分

1）传统 EPC 模式

传统 EPC 模式是改造公司通过与改造业主方签订节能服务合同，为其提供包括能源审计、项目设计、项目融资、设备采购、工程施工、设备安装调试、人员培训、节能量确认和保证等一整套的节能服务，并从建筑节能改造后获得的节能效益中收回投资和取得利润的一种商业运作模式。在合同履约期，节能服务公司与相关改造业主方共享节能效益，在改造公司收回投资并获得合理的利润后，合同结束，全部节能效益和节能设备归改造业主方所有。EPC 模式作为已经成熟的改造模式，在多个项目上已投入施行，节能效果及相应经济效益明显[23]。

2）融资租赁型 EPC 模式

部分经济发展落后地区，融资比较困难，业主节能意识不足，改造积极性较低。政府虽然通过提供相关政策鼓励业主进行节能改造，但帮助相对有限，改造方业主受限于经济水平，难以支付昂贵的节能设备费用。融资租赁型 EPC 模式下，融资公司投资购买节能服务公司的节能设备和服务，并租赁给用户使用，根据协议定期向用户收取租赁费用。节能服务公司负责对用户的能源系统和室内环境进行改造，并在合同期内对节能量进行测量验证，担保节能效果。项目合同结束后，节能设备由融资公司无偿移交给用户使用，以后所产生的节能收益全归用户所有，用户可通过租赁的方式使用节能设备实现节能改造效果。

融资租赁模式应用于节能改造的案例有限，但相关运作模式提供了新的改造思路，改造更新其实就是实施节能减排，是国家所积极倡导的方向。合同能源管理是实施更新改造的有效模式，由于能源服务公司常常面临着很大的资金来源问题，融资租赁的引入将极大地解决节能服务公司最核心的融资问题，是合同能源管理模式的一个重要创新[23]。

3）能源费用托管型 EPC 模式

在能源费用托管型 EPC 模式中，改造方业主与节能服务公司签订合同，委托节能服务公司出资进行能源系统的节能改造和运行管理，并按照双方约定将使用该能源系统的能源费用交给节能服务公司管理，系统节约的能源费用归节能服务公司所有。项目合同结束后，节能公司改造的节能设备无偿移交给用户使用，以后所产生的节能收益归用户所有。这一模式的提出和应用，为建筑节能改造向为专业化、规范化进一步发展奠定了良好基础。

三是基础建设 BOT 模式

基于基础建设提出的 BOT（Build-Operate-Transfer，简称“BOT”）模式，目前多用于电厂、高速公路、城市轨道交通等基础建设领域。BOT 模式的核心是有效解决资金投入不足问题，实现基础设施建设资金筹措渠道的多元化。当前，我国既有建筑节能改造与基础设施建设有着相似的投融资环境，政府需要大力鼓励社会闲置资金投入，以实现节能改造资金筹措的多元化。因此，基于大型公共建筑、大型企业建筑已有模式率先提出“BOT+EMC”融资模式，该种模式的相关利益主体包括政府节能服务公司以及建筑业主。针对这一模式衍生出一些模式变种：

1）传统 BOT 模式

BOT 意为“建设—经营—转让”，实质上是基础设施投资、建设和经营的一种方式，以政府和私人机构之间达成协议为前提，由政府向私人机构颁布特许，允许其在一定时期内筹集资金建设某一基础设施，并管理和经营该设施及其相应的产品与服务。

我国第一个 BOT 基础设施项目是 1984 年由香港合和实业公司和中国发展投资公司等作为承包商在深圳建设的沙头角 B 电厂。之后，我国广东、福建、四川、上海、湖北、广西等地也出现了一批 BOT 项目，如广深珠高速公路、重庆地铁、地洽高速公路、上海延安东路隧道复线、武汉地铁、北海油田开发等。采用 BOT 模式可以解决政府资金短缺的问题，通过引入私营企业极大提高项目建设效率及质量，有利于吸引外资，引进国外先进技术和管理方法，进一步推动地方经济发展。

2）BOOT 模式

BOOT，意为“建设—拥有—经营—转让”，是私人合伙或某国际财团融资建设基础产业项目，项目建成后，投资人在规定的期限内拥有建设项目所有权并进行经营，期满后将项目移交给政府。BOOT 项目多是应用于大型的基础设施建设，且多为海外基建项目，如印尼巨港 150MW 电站项目。因项目环境复杂，这一模式有效保证了投资人与建设者双方的基础权益[24]。

四是项目总承包模式

1）“交钥匙总承包”模式

交钥匙总承包模式是指工程总承包企业按照合同约定，承担工程项目的设计、采购、施工、试运行服务等工作，并对承包工程的资料、安全、工期、造价全面负责。其范围包括：项目前期的投资机会研究、项目发展策划、建设方案及可行性研究、经济评价；工程勘察、总体规划方案和工程设计；工程采购和施工；项目准备和生产运营组织；项目维护及管理的策划与实施等。这种模式是目前应用较多的两种项目总承包模式之一，模式较为成熟。

2）“设计—施工总承包”模式

设计—施工总承包，是指工程总承包企业按照合同约定，承担工程项目设计和施工，全面负责承包工程的质量、安全、工期和造价。在该种模式下，发包人（业主）主要负责建设工程涉及的建筑材料、建筑设备等采购工作。

这种模式是目前使用较多的另一种总承包模式，如上海金沙江大酒店装修工程即使用这一模式，这一模式在很大程度上缩短了建设周期[25]。

（2）金融市场支持推进机制

在已有的节能降耗推广模式基础上，国家还推进了相关绿色金融模式以支持建筑改造等绿色项目顺利开展，更好地为我国绿色发展贡献力量。主要金融支持模式有两种：

1）绿色信贷支持机制

绿色信贷常被称为可持续融资或环境融资。可持续融资是银行通过其融资政策为可持续商业项目提供贷款机会，并通过收费服务产生社会影响力。绿色信贷业务的特殊性是指绿色信贷政策需要公众的监督，政府和银行不仅应该将相关环境和社会影响的信息公开，并且应该提供信息披露、必要经费公布和公平公正的机制等各种条件。“绿色信贷”的推出，提高了企业贷款的门槛，在信贷活动中，把符合环境检测标准、污染治理效果和生态保护作为信贷审批的重要前提。商业银行通过差异化定价引导资金流向有利于环保的产业、企业，不仅有效促进可持续发展，同时增强了银行控制风险的能力，创造条件积极推行绿色信贷，也有利于摆脱过去长期困扰的贷款“呆账”“死账”的阴影，从而提升商业银行的经营绩效。

2016 年 8 月，中国人民银行、国家发改委、财政部等七部门共同发布了《关于构建绿色金融体系的指导意见》，明确提出构建覆盖银行、证券、保险、金融等各领域的绿色金融体系。2016 年 10 月，国家发改委批复了龙湖地产旗下公司发行的 40.4 亿元绿色企业债券，所筹资金均用于节能环保效果显著的绿色建筑二星级标识项目，这也是首个在中国国内成功发行绿色债券的房地产项目。

此外，中国人民银行于 2015 年 12 月发布的《绿色债券支持项目目录》已将绿色建筑包含进去；银监会 2015 年发布的《能效信贷指引》也将建筑节能纳入绿色信贷重点支持的范围。应该说，绿色建筑领域已成为中国绿色金融的重点支持领域，既有公共建筑改造完全符合申请要求。

2）绿色债券

绿色债券是指将所得资金专门用于资助符合规定条件的绿色项目或为这些项目进行再融资的债券工具。相比于普通债券，绿色债券主要在四个方面具有特殊性：债券募集资金的用途、绿色项目的评估与选择程序、募集资金的跟踪管理以及要求出具相关年度报告等。

绿色金融债在 2016 ~ 2018 年共计发行 102 只（其中政策性金融债 11 只），三年发行总规模为 4033.2 亿元。统计显示，绿色金融债券募集资金投在生态保护及气候变化、清洁能源、清洁交通、资源节能与循环利用、污染防治及节能六项选择中较为均匀，投向最多的为生态保护和适应气候变化，有 74 只绿色金融债投向于此；最少的为污染防治，有 54 只债券 [26]。建筑节能改造十分符合绿色债券的发行条件，因此，在建筑节能改造项目中发行绿色债券是值得我们探索的新型机制。

（3）适老化改造推进机制

在已有经济及节能领域的推动模式外，针对老年人的生活需要，对现有建筑环境进行改造性研究，对日渐增长的老年人群体具有重要意义。

从 21 世纪我国进入老龄化社会以来，老年人的数量就以每年 800 万的速度递增，康养设施的短缺问题也日益凸显，远远不能满足老年人的需求。社会经济技术的进步与人自身年龄的逐步增长导致人们的生活方式不断变化，随着时间的流逝，与人们密切相关的原有建筑环境的功能逐渐老化落伍，已经不能充分满足人们变化着的生活需求。而拆除重建或另寻他处又过于浪费且不必要。所以，通过对原有建筑环境的再设计，将相关内容更新改造使其重新适用于人们的生活，是一种既简单有效又生态环保的方法。

我国也是近年开始才将目光放在老龄社区建筑改造方面，针对这一现象，改造推广模式尚未形成体系，大多是针对这一现象的探索研究。有研究提出 [27]，随着城市的发展，许多旧厂区处于闲置状态，亟待盘活。加之城市用地紧张的状况，为将原有搁置的旧厂区改造为老龄化康养社区提供了契机。首先对环境无污染、结构完好、使用年限尚未到达年限、地理位置优越的老旧厂区进行更新改造，提升其潜在使用价值和经济价值，将其整体改造为更宜居、更利于管理的大型老龄化康养社区。

目前，我国关于旧厂区改造为康养设施的理论研究比较少，特别针对具体的技术方法和改造方式没有完整的理论知识和相关规范。因此，这将成为后续再改造探索的一大方向。

与传统的合同能源管理相比，从 EPC 模式直接跨度到新型 BOT 模式或是更进一步对老龄化社区的改造推广目前还不成熟。因此，可以尝试一些将两者甚至其他新型模式相结合的市场化模式，进行相关推广及探索。无论是 EPC 还是新型 BOT 模式，都只是一种手段，都是为了推进既有公共建筑综合改造，保障各相关方利益，进而使得各相关方积极参与，保证改造工作快速推广，做到有意义的全国范围公共建筑综合性能提升，提高人民生活满意度。

2.1.3　我国既有公共建筑改造历程

20 世纪 60 ~ 70 年代多地发生地震后，我国开始既有建筑抗震鉴定与加固技术的试验研究、标准编制与工程实践工作，并开展全国抗震性能普查工作，重点对京津两市及唐山地区的部分房屋进行抗震加固。80 年代后期到 90 年代初，人民改造意愿较高，是抗震加固工作开展的高峰期，抗震加固工作开展的同时，建筑维修和使用条件改善也一并进行。在此期间，我国也开始了建筑节能工作，80 年代初国家确立了“能源开发与节约并重，把节约放在首位”的节能方针，1986 年国务院发布《节约能源管理条例》，1998 年施行《节约能源法》，逐步完善法规、标准规范和管理体系，将建筑节能工作提到重要议事日程，但在这个阶段主要是以居住建筑节能为主。2000 年之后，公共建筑面积增长迅速，平均面积年增速约为 6.23%，既有公共建筑存量快速增加。直到 2006 年建设部颁布了由中国建筑标准设计研究院和北京市建筑节能专业委员会主编的《既有建筑节能改造（一）》GJBT 931 标准图集，节能改造工作进入攻坚期，既有公共建筑节能改造也得到进一步重视。随着绿色建筑的全面发展，2010 年以后既有公共建筑改造逐渐由节能改造聚焦于绿色化改造方面，既有公共建筑改造工作进一步推进。总体来讲，“十一五”之前我国主要开展了部分重要建筑的抗震加固工作和既有居住建筑节能改造工作，“十一五”之后才开始了既有公共建筑改造工作，其改造目标制定及工作推进具有时序性、阶段性的显著特征。

（1）20 世纪 60 年代后期至 2005 年，既有公共建筑改造方面以抗震加固工作为主

20 世纪 60 年代后期到 2005 年，针对既有公共建筑改造，主要是进行抗震加固，未涉及节能改造。自 1966 年的邢台地震到 1976 年唐山地震，这一阶段主要是探索抗震与加固的基本技术与管理方法。唐山地震后到 1989 年《建筑抗震设计规范》GB/J 11—89 实施前，研发夹板墙、钢构套、翼墙等多种抗震加固技术，建立了抗震鉴定与加固的基本管理体系，在此期间，国家投入了 44 亿元完成了近 3 亿 m^2 建筑物的加固任务。80 年代后期到 90 年代初，抗震加固除考虑安全外，同维修、大修、改造、加层、加阳台、扩大使用面积等使用功能改造相结合，一方面使抗震更加经济，另一方面改善了建筑功能和使用条件，使抗震加固受到广大群众的欢迎。90 年代后期，重点对一些大型重要公共建筑进行了抗震加固。2000 年之后抗震加固的工作进展相对缓慢，2004 年国务院发布《关于加强防震减灾工作的通知》（国发〔2004〕25 号），提出“到 2020 年我国基本具备综合抗御 6 级左右地震的能力，大、中城市及经济发达地区的防震减灾能力，将力争达到中等发达国家水平”，扩大了抗震鉴定与加固范围，进一步推动抗震加固工作综合发展。

（2）“十一五”（2006 ~ 2010 年）期间，既有公共建筑改造起始阶段

“十一五”期间是既有公共建筑改造的起始阶段，节能改造和抗震加固并行。2007 年，国务院印发《关于印发节能减排综合性工作方案的通知》（国发〔2007〕15）要求“加强节能运行管理与改造，并实施政府办公建筑和大型公共建筑节能监管体系建设”。实践方面，全国多个省市开展了国家机关办公建筑和大型公共建筑能耗统计、能源审计、能效公示工作；在“十一五”末设立了节能改造示范城市，如天津市、重庆市、深圳市等，确立了每个城市完成 400 万 m^2 的改造目标，以示范城市为试点进行先行先试。但从全国范围内来看，公共建筑节能改造工作相比居住建筑节能改造起步晚、进展缓慢。在此期间，安全改造工作仍以抗震加固为主，2007 年国家地震局发布《国家防震减灾规划（2006 ~ 2020 年）》，要求到 2010 年，大城市及城市群率先达到基本抗御 6.0 级地震的目标要求，这一目标的提出，意味着我国抗震防灾水平的提高。汶川地震后，2009 年颁发的《国务院办公厅关于印发全国中小学校舍安全工程实施方案的通知》（国办发〔2009〕34 号），提出“全国范围内中小学开展校舍安全加固工作等”，中央投入 280 亿元，对地震重点监视防御区、7 度以上地震高烈度区、洪涝灾害易发地区、山体滑坡和泥石流等地质灾害易发地区的各级城乡中小学存在安全隐患的校舍进行了抗震加固。但这一阶段对于既有公共建筑室内

环境改造，未在相关政策文件中明确提及，室内环境改造主要是伴随节能改造和抗震加固进行的。

（3）“十二五”（2011 ~ 2015 年）期间，既有公共建筑节能改造快速发展阶段

“十二五”期间，我国既有公共建筑改造得到进一步重视，由节能改造逐步向绿色化改造转变。2011 年 8 月 31 日国务院办公厅发布《关于印发“十二五”节能减排综合性工作方案的通知》（国发〔2011〕26 号），提出节能改造目标，同年，财政部、住房和城乡建设部发布了《关于进一步推进公共建筑节能工作的通知》（财建〔2011〕207 号），指出开展公共建筑节能改造的重要意义。2013 年 1 月，发改委和住房和城乡建设部发布《绿色建筑行动方案》，要求“在‘十二五’期间，完成公共建筑改造 6000 万 m^2，公共机构办公建筑改造 6000 万 m^2”。在具体节能改造实践中，公共建筑的节能改造范围扩大，并鼓励采用合同能源管理模式进行改造。将既有建筑改造与旧城区综合改造、市容市貌、抗震加固等城市改造相结合。在具体推动中，“十二五”期间全国多个省市均开展了既有公共建筑改造工作，住房和城乡建设部发布的《建筑节能与绿色建筑发展“十三五”规划》数据显示，“十二五”期间，在 34 个省市（含计划单列市）开展能耗动态监测平台建设，对 9000 余栋建筑进行能耗动态监测，在 233 个高等院校、44 个医院和 19 个科研院所开展建筑节能监管体系建设及节能改造试点，确立 11 个公共建筑节能改造重点城市总共实施改造面积 4864 万 m^2，同时带动全国范围实施既有公共建筑节能改造 1.1 亿 m^2。

截至 2015 年底，完成各类建筑、工程设施和构筑物、设备的抗震加固改造约 3 亿多 m^2，北京、天津、江苏、安徽、云南和新疆六省市，共完成了 1.3 亿 m^2 各类建筑的加固，共投入加固资金 30.2 亿元，其中国家补助为 16.5 亿元，六省市抗震加固及支出经费汇总表见表 2.1-4[28]。

六省市抗震加固及支出经费汇总表　　表 2.1-4

<table>
<tr><th rowspan="2">序号</th><th rowspan="2">省市名称</th><th rowspan="2">完成加固量（万 m^2）</th><th colspan="4">资金投入（万元）</th></tr>
<tr><th>国家补助</th><th>省、市财政</th><th>自筹</th><th>总量</th></tr>
<tr><td>1</td><td>北京</td><td>3200（含首都圈 600 万 m^2）</td><td>143800（含 13.1 亿首都圈补助费用）</td><td>—</td><td>—</td><td>143800</td></tr>
<tr><td>2</td><td>天津</td><td>2500</td><td>620</td><td>2400</td><td>67350</td><td>70370</td></tr>
<tr><td>3</td><td>新疆</td><td>5048</td><td>1480</td><td>13120</td><td>15667</td><td>30267</td></tr>
<tr><td>4</td><td>江苏</td><td>1300</td><td>14000</td><td colspan="2">16000</td><td>30000</td></tr>
<tr><td>5</td><td>安徽</td><td>550</td><td>5315</td><td>740</td><td>8457.7</td><td>14514.7</td></tr>
<tr><td>6</td><td>云南</td><td>450</td><td>—</td><td colspan="2">13000</td><td>13000</td></tr>
<tr><td colspan="2">合计</td><td>13048</td><td>165215</td><td colspan="2">136734.7</td><td>301951.7</td></tr>
</table>

（4）“十三五”（2015 年至今）期间，既有公共建筑改造转向综合性能提升，更加注重以人为本

“十三五”期间既有建筑的改造工作日益受到各省市建设行政主管部门重视，在各省、自治区、直辖市的建筑节能和绿色建筑相关发展规划中，普遍提出了“十三五”期间改造目标；同时，在改造内容上，在以往节能改造的基础上进一步注重建筑的室内环境性能及用户舒适度，提出节能绿色化改造发展目标。从全国“十二五”至“十三五”十年的发展实践来看，以五年规划期为单位，“十三五”相比“十二五”改造目标完成量增速为 23.64%。

综上所述，我国在安全改造和节能改造实践中都取得了一定的成绩，有效提升了我国既有公共建筑的性能，进一步发挥了既有公共建筑的价值。我国既有公共建筑的安全改造起步较早，2008 年汶川地震发生后，我国对既有公共建筑的安全性能进一步重视，开展了一系列学校建筑的鉴定改造工作，但学校建筑总量毕竟有限，在量大面广的既有公共建筑中占比并不是很高，据统计数据显示，2000 ~ 2015 年的文化教育与科研用房面积仅占既有公共建筑面积总量的 26.54%，学校建筑占比更小。其他类型的公共建筑在安全改造方面，大多是由于建筑功能发生变化、装修过程中消防加固改造等原因而形成的自发安全改造行为，尚未形成大面积、大规模的改造态势。此外，安全改造尤其是结构安全改造受业主意愿、改造复杂程度、对建筑物日常使用影响等相比节能和环境改造实施难度更大。既有公共建筑节能工作起步较晚，直到“十二五”期间，既有公共建筑节能改造工作得到重视，虽然取得了不错的成绩，但是既有公共建筑节能改造仍然任重道远。随着人们生活水平的提高，对室内舒适度的要求也越来越高，室内环境的改造也被提上重要日程。由于安全改造和节能改造往往都会带来室内环境质量的提升，三者往往是相辅相成的，因此由单项改造转向综合改造是既有公共建筑改造工作的趋势。

2.1.4 典型省市既有公共建筑改造实践

既有公共建筑改造工作开展至今，从全国范围来看，北京、上海、重庆、天津等地区积极探索适合本地区的改造模式，既有公共建筑改造效果显著，起到了示范引领作用。

（1）北京市

北京市积极响应国家政策，开展先试先行，其既有公共建筑改造大致经历了抗震加固改造为主和节能改造为主两个阶段，以“强制性政策”与“激励政策”组合方式，积极推动既有公共建筑改造工作，实施公共建筑能效提升工程，

取得了显著效果。

1）以强制性政策推动既有公共建筑改造

1975 年《京津地区工业与民用建筑抗震鉴定标准（试行）》的实施推进了北京地区房屋抗震加固工作的进行，1976 年至 1990 年北京地区共完成加固类建筑 2600 万 m^2。伴随《工业与民用建筑抗震鉴定标准》TJ 23—77、《建筑抗震鉴定标准》GB 50023—95、《中华人民共和国防震减灾法》的颁布实施，中央财政拨专项资金对首都圈中央在京单位（机关、高等学校、事业单位）房屋结合改造维修进行了加固，对北京市现有房屋的加固起了推动作用。

2006 年，北京市率先发布节能率为 65% 的地方标准《北京市居住建筑节能设计标准》DBJ 11—602—2006 和《既有居住建筑节能改造技术规程》DB 11/381—2006，拉开了既有建筑节能改造的序幕。之后通过强制性政策引导，将公共建筑纳入节能改造范围。2007 年，北京市城乡建设委出台《北京市建设和房屋管理系统节能减排实施要点》，明确提出将实施国家机关办公建筑和大型公共建筑的能源审计、能效公示、能耗定额制度，对重点大型公共建筑实施分项电耗计量和远程动态监测，形成公共建筑节能管理和改造的激励机制。2014 年 8 月 1 日，北京市实施《北京市民用建筑节能管理办法》，将公共建筑的节能改造纳入其中，同年，《北京市公共建筑电耗限额管理暂行办法》出台。2016 年 9 月，北京市住房和城乡建设委员会发布《北京市公共建筑能效提升行动计划（2016 ~ 2018 年）》，提出到 2018 年底前，完成不少于 600 万 m^2 的公共建筑节能绿色化改造工作，实现节能量约 6 万吨标准煤，进一步推动了北京市公共建筑节能绿色化改造项目实施。通过政策引导、实施要点和行动计划指导、限额管理，北京市既有公共建筑节能改造取得显著成绩。“十一五”和“十二五”期间，完成既有公共建筑节能改造 6857 万 m^2，大型公共建筑低成本改造 1950 万 m^2，超额完成了规划目标。在此基础上，对每栋公共建筑设置了“用能红线”，2017 年 9 月对 2015 年和 2016 年连续两年超电耗限额 20% 的 52 家 80 栋公共建筑进行了点名通报，责令其进行能源审计，制定改造方案 [29]。截止到 2018 年底，已有总建筑面积达 1.48 亿 m^2 的 11352 栋公共建筑被纳入北京市公共建筑电耗限额管理体系中，北京市公共建筑总电耗的过快增长趋势已得到有效遏制。

2）以多样化的经济激励政策提升改造积极性

1998 年到 2000 年间，国家对首都圈地区的抗震加固专项划拨 13.1 亿元的补助费，用于重要建筑的抗震加固，共完成了 357 个项目 600 多万 m^2 的抗震加固任务，其中包括清华大学主楼、中国历史博物馆、北京农展馆、北京站、政协礼堂和协和医院等，这一举措在一定程度上促进了其他地区和部门的抗震加固工作。

2009年，北京市发改委发布了《北京市合同能源管理项目扶持方法（试行）》，规定对北京市公共机构2万m^2以上的大型公共建筑节能改造后节能率15%～25%的项目给予不超过项目建设投资20%的补助，对节能率25%以上的项目给予不超过项目建设投资30%的补助。2013年，北京市发布《北京市公共建筑能耗限额和级差价格工作方案（试行）》，提出超限额加价费可用于支持公共建筑节能改造。2017年6月，北京市住房和城乡建设委员会、北京市财政局印发《北京市公共建筑节能绿色化改造项目及奖励资金管理暂行办法》，规定普通公共建筑节能率不低于15%、大型公共建筑节能率不低于20%的项目，按30元/m^2的奖励标准给予市级资金奖励，鼓励各区配套相应奖励资金。经济激励政策的实施与约束性政策形成联动作用，显著调动业主改造积极性。截止到2018年末，北京市完成申报664万m^2的公共建筑节能绿色化改造项目，其中已入库427万m^2，已完成评审验收125万m^2[30]，综合节能率达到20%。

（2）上海市

上海市在经济快速发展的同时，也面临着既有建筑存量巨大带来的结构部件老化、能耗偏高、环境质量差等问题，其结合城市有机更新，按照因地制宜、分步实施的原则积极推动既有公共建筑改造工作。重点通过标准先行、完善配套政策、激励措施等手段推动既有公共建筑安全改造和节能改造。

1）以标准体系建设指导既有公共建筑安全改造工作

2000年，由同济大学主编的《现有建筑抗震鉴定与加固规程》DGJ 08—81—2000，经上海市城乡建设委员会审核，批准为上海市工程建设规范，并在2015年进行了修订，于2015年9月1日起实施新版《现有建筑抗震鉴定与加固规程》DGJ 08—81—2015，近20年来，该规程一直是指导上海市建筑加固改造工作的重要依据。此外，为了加强建筑工程抗震设防的管理，提高建筑结构抗震设计的可靠性和安全性，根据《中华人民共和国防震减灾法》《上海市实施〈中华人民共和国防震减灾法〉办法》《房屋建筑工程抗震设防管理规定》和《上海市建设工程抗震设防管理办法》等法律法规和规章，结合区域实际情况，上海市于2015年发布了《上海市建筑工程初步（总体）设计文件抗震设防审查管理办法》，针对新建、改建、扩建的民用建筑、工业建筑和构筑物工程以及既有建筑抗震加固等工程，进一步推进建筑加固改造工作。

2）以多元措施组合促进既有公共建筑节能改造

自2008年起，上海市建筑节能办公室根据建设部、财政部《关于加强国家机关办公建筑和大型公共建筑节能管理工作的实施意见》（建科〔2007〕245号）的文件要求，上海市相关委办局对国家机关办公建筑、宾馆建筑、商场建筑、高校建筑等进行年度能耗情况的普查、统计工作，上海市既有公共建筑节能改造工作拉开序幕。经过十年的发展，主要表现出以下特征：

①完善配套政策，加大激励力度

上海市建设交通委、发展改革委与财政局联合发布了《关于组织申报上海市公共建筑节能改造重点城市示范项目的通知》（沪建交联〔2013〕311号），于2013年4月17日实施，明确了示范项目的申报主体、目标要求、完成时间、资金安排等各项具体要求，为上海市公共建筑节能改造示范项目提供了大幅度的政策优惠：除了中央给予的20元/m^2补贴外，本市再给予15～20元/m^2补贴（其中采用合同能源管理模式的是20元，非合同能源管理模式的是15元）。通过政策优惠，上海市探索建立了一套符合本市特点、具有可复制可推广的既有公共建筑节能改造长效机制。“十二五”期间完成既有公共建筑节能改造面积1334.66万m^2，其中完成国家公共建筑节能改造示范面积400万m^2，改造后单位建筑面积能耗下降达20%以上。

②夯实基础工作，动态监测能耗

通过建筑能耗监测平台，实时采集能耗数据，实现重点建筑能耗在线监测和动态分析，实时掌握建筑用能状况且诊断发现用能问题，清楚地看到节能改造的效果。每一个示范项目改造完成后都需要安装用能分项计量，并将数据实时上传到能耗监测平台。截止到2015年底，上海市累计共有1288栋建筑完成能耗监测装置安装并与市级平台的数据联网，覆盖建筑面积达5719万m^2，其中国家机关办公建筑168栋，覆盖建筑面积约334万m^2，大型公共建筑1120栋，覆盖建筑面积5385万m^2[31]。

③开展宣贯培训，拓展项目渠道

自既有公共建筑节能改造工作实施以来，在各个层面各个领域进行广泛宣传，第一时间告知社会公众和相关企事业单位示范内容和要求，调动各界参与节能改造和示范申报的积极性。通过各个区县建筑节能主管部门、相关行业协会、各类能效测评机构、能源审计机构、合同能源管理公司等节能服务机构宣讲政策和要求，同时通过建筑节能宣传周、新闻通气会、媒体报道等形式，广泛深化宣传，由下而上，形成全社会广泛参与的有利局面。

（3）重庆市

重庆市作为全国首批公共建筑节能改造重点城市之一，明确以公共建筑为重点，充分调动市场力量，完善管理制度，在全国率先利用“节能效益分享型”的合同能源管理模式实施公共建筑节能改造示范工作，建立了由城乡建设主管部门监督管理、项目业主单位具体组织、节能服务公司负责实施、第三方机构承担改造效果核定和金融机构提供融资支持的既有公共建筑节能改造新模式，取得了显著成效。2015 年，重庆市又被列为第二批国家公共建筑节能改造重点城市，新增 350 万 m^2 公共建筑节能改造任务。

1）多样化手段充分调动公共建筑改造市场要素积极性

一是实施政府引导。由重庆市城乡建委牵头，会同市财政局、市机关事务管理局等相关行业主管部门建立形成了公共建筑节能改造工作协调机制，以机关办公建筑、文化教育建筑、医疗卫生建筑、商场建筑和宾馆饭店为重点，率先开展节能改造，截止到 2015 年底，完成公共建筑节能改造 420 余万 m^2，经初步核算节能率均在 20% 以上，每年可节约能源费用 5500 余万元、节能 2.7 万吨标准煤、减排 6.6 吨二氧化碳 [32]。二是低成本改造技术体系支撑。重庆市建委发布了重庆市《公共建筑节能改造应用技术规程》DBJ 50T—163—2013，并在对各类型公共建筑能耗实施监测数据以及改造潜力进行系统分析的基础上，明确了重庆市公共建筑节能改造以空调系统、动力系统、热水系统、燃气设备为主和以特殊用电节能改造为辅的技术路线，引导公共建筑实施低成本、高回报的节能改造。2012 年重庆市建成国家机关办公建筑和大型公共建筑节能监管平台，通过安装建筑能耗分项计量装置，实现对 356 栋重点公共建筑能耗的实施监测。三是实施宣传引导。着力发挥电视、网络、报纸、杂志等媒体的宣传作用，加强对重点行业和区县的专项技术培训，通过组织典型工程案例推介会和观摩会等方式，广泛宣传公共建筑节能改造的政策、技术、模式和效果，增强全行业对推动公共建筑节能改造的积极性，全面撬开了酒店、医院和商场建筑节能改造市场 [33]。

2）大力推行合同能源管理，走市场化发展道路

一是创新改造方式。率先采用了“节能效益分享型”的合同能源管理模式规模化推动既有公共建筑节能改造，利用合同能源管理模式引导社会资金投入近 3 亿元，既确保改造项目实施质量和节能效果，又充分调动项目业主单位和节能服务公司的积极性。二是创新激励措施。一方面全面落实市级财政 1∶1 配套中央财政补助资金进行补贴的激励政策，并根据改造主体和效果的不同，实施差异化激励措施。另一方面实行补助资金标准与节能率挂钩，对单位建筑面积能耗下降 25% 以上的示范项目，按 40 元 /m^2 进行补助，对单位面积能耗下降 20% 至 25% 的示范项目，按 8∶2 的比例将补助资金拨付给节能服务公司和项目业主单位，既充分调动了各方主体的改造意愿，又有力撬动了节能改造市场。三是创新融资平台。积极推动节能服务公司与银行等金融机构合作，搭建形成了“政府—企业—银行”三位一体的融资平台，重点支持运用合同能源

管理模式推动既有公共建筑节能改造。四是创新培育市场主体。建立实施了建设领域节能服务企业备案管理制度，培育发展近 30 家专业化的节能服务公司，并对其节能咨询、诊断、设计、改造、运行管理等服务活动实行动态监督。

（4）天津市

天津市作为国家公共建筑节能改造首批重点城市之一，在全国率先开展既有公共建筑改造工作，自既有公共建筑改造工作开展至今，形成了以“强制政策与激励政策组合、政府与市场协同”的既有公共建筑改造发展模式。

1）以强制政策与激励政策组合模式推进既有公共建筑改造工作

从强制性政策来看，自 2007 年起，天津市严格落实建设部、财政部《关于加强国家机关办公建筑和大型公共建筑节能管理工作的实施意见》（建科〔2007〕245 号）文件要求，开始对区域内机关办公建筑和大型公共建筑进行能耗统计，天津市国家机关办公建筑和大型公共建筑节能管理工作全面展开。此后，天津市陆续发布了《天津市绿色建筑行动方案》《天津市公共建筑能效提升重点城市实施方案》等文件，均对既有公共建筑节能改造工作提出明确目标。从激励性政策来看，天津市建委研究制定了《天津市既有公共建筑节能改造项目奖补办法（暂行）》，按照既有公共建筑改造后节能效果、技术应用情况给出不同程度的经济激励，提升了改造主体的内源动力。积极组织制定公共建筑节能改造技术导则，建立项目申报、方案编制、专家审查和专项验收工作程序，规范项目管理。截止到 2015 年底，完成公共建筑节能改造 403 万 m^2，顺利完成了国家下达的任务，“十二五”期间通过既有建筑节能改造实现节约 74 万吨标煤，减少二氧化碳排放 184 万吨。

2）精简机构、简化流程，促进既有公共建筑改造顺利开展

2011 年 9 月，天津市获批全国既有公共建筑节能示范城市，天津市政府由此编制了《天津市公共建筑节能改造技术导则》，在此基础上，天津市教委、机关事务管理局、卫生局等单位陆续申报改造项目。天津市成立指挥部，将各项管理职能部门集合在指挥部，统一办理各项手续，快速简便。2012 年，天津市进行了改造政策与工作推进机制研究，将节能服务机构引入既有公共建筑改造实践中，提供节能改造方案、建筑能耗审计、能源诊断、提出节能改造建议等服务，市场化模式运作下有效激活既有公共建筑改造市场，提升项目业主的改造动力，对于推动既有公共建筑改造工作具有重要意义。

第二节　我国既有公共建筑性能提升改造需求

为掌握既有公共建筑现状，从不同气候区典型城市选取代表性建筑，通过文献调研、现场测试、能耗监测平台等手段获取相关数据，梳理既有公共建筑的能耗现状、环境现状和安全现状，分析既有公共建筑的改造需求，为既有公共建筑改造工作开展及目标制定提供理论依据。

2.2.1　安全性能提升改造需求

（1）安全性能现状调研

既有公共建筑安全性能包含结构可靠性、耐久性及抗震性等多项内容，每一项性能都不是由单一指标确定的，因此，安全性能包含多项指标，选取影响建筑安全性能较大的关键指标进行调研分析，以关键指标实际性能情况反映既有公共建筑安全性能现状（表 2.2-1）。通过对两百多栋既有公共建筑可靠性、耐久性及抗震性能的关键指标现状进行调研，以现行相关标准作为评价基准，计算不同建筑类型的关键安全性指标不满足率的情况，进而反映既有公共建筑的结构安全现状。

安全性能关键指标　　表 2.2-1

性能	关键指标
可靠性	结构承载能力
	结构构造措施
	位移或变形
	裂缝或其他损伤
耐久性	混凝土结构：混凝土强度和碳化深度 砌体结构：砌块强度和砂浆强度
抗震性	抗震构造
	抗震承载力

1）不同年代和不同结构类型的既有公共建筑安全性能现状

①可靠性能现状

既有公共建筑的可靠性能包含了结构承载力、结构构造、位移或变形、裂缝或其他损伤等内容，可靠性的不满足率与建筑年代和结构类型的关系见图

2.2-1 和图 2.2-2。可以看出 2000 年以前的既有公共建筑在各个方面的不满足率都相对较高。随着我国的设计规范对建筑的变形能力要求不断提高，2000 年以后建设的建筑可靠性较好（图 2.2-1）。在不同的结构类型中，钢筋混凝土结构和砌体结构在四个方面的不满足率均比较高，尤其是砌体结构承载力和损伤不满足率达到 50% 以上（图 2.2-2），可以看出，既有公共建筑可靠性能具有很大的改造需求。

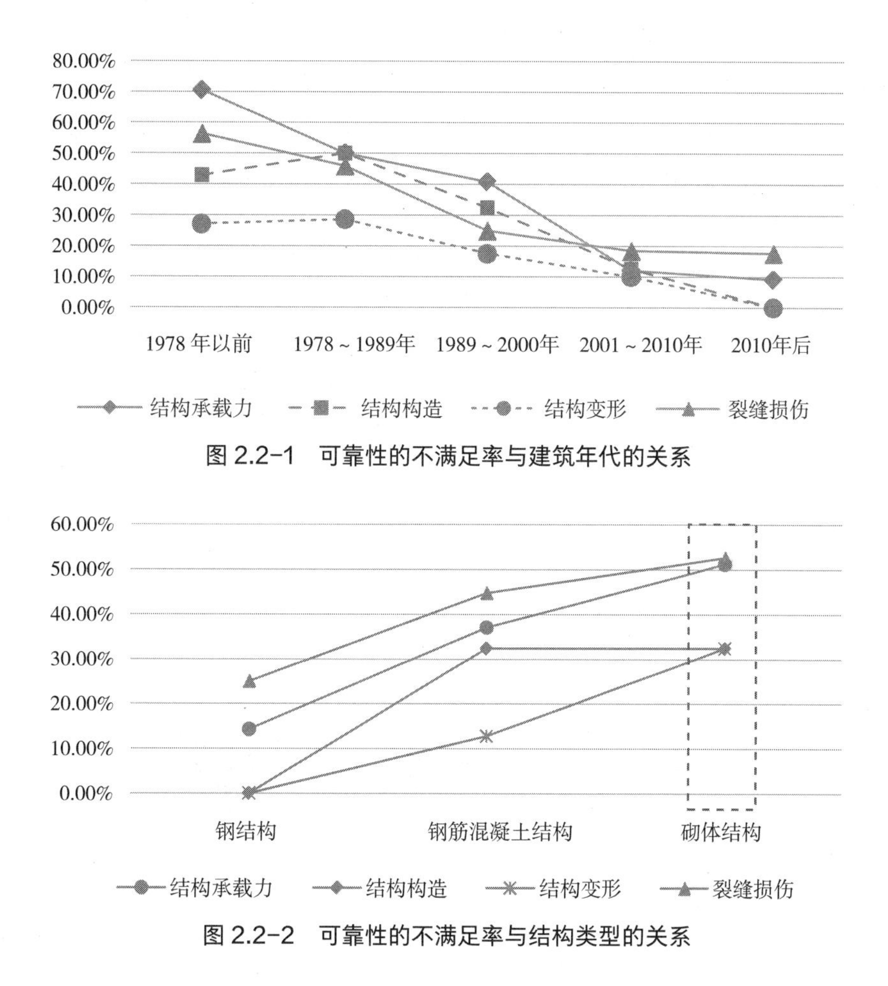

图 2.2-1　可靠性的不满足率与建筑年代的关系

图 2.2-2　可靠性的不满足率与结构类型的关系

通过案例梳理，发现结构承载力不满足鉴定规范要求主要表现为：钢筋混凝土结构中，梁抗弯承载力不满足要求、柱抗剪承载力不满足要求、基础承载力不满足要求；砌体结构中，墙体抗压承载力不满足要求；钢结构中，屋面钢梁不满足承载力要求，柱下基础抗弯承载力不满足要求等。结构构造不满足现有规范要求表现为：钢筋混凝土结构中框架柱轴压比不满足要求、砌体结构中墙体高厚比不满足要求等。结构变形不满足现有规范的情况大都出现在 2010 年以前的建筑，随着我国的设计规范对建筑变形能力要求的不断提高，2010 年以后的建筑沉降、倾斜基本满足现行规范要求。

②耐久性能现状

既有公共建筑的耐久性鉴定与建筑材料的力学性能息息相关，对混凝土结构来说主要是混凝土强度和碳化深度，砌体结构主要是砌块强度和砂浆强度。对建筑材料的力学性能的调查能一定程度上反映既有公共建筑的耐久性情况。

既有公共建筑的耐久性随时间变化趋势明显（图 2.2-3），耐久性不满足率最高的在 1978 ~ 1989 年，此后，耐久性不满足率逐渐降低。对于建筑结构类型可以看出调研样本中钢结构的耐久性全都满足要求，钢筋混凝土结构的不满足率为 11.85%，砌体结构的不满足率为 26.76%（图 2.2-4）。相对来讲，砌体结构最容易出现耐久性不满足要求的问题。

图 2.2-3　耐久性情况与建筑年代的关系

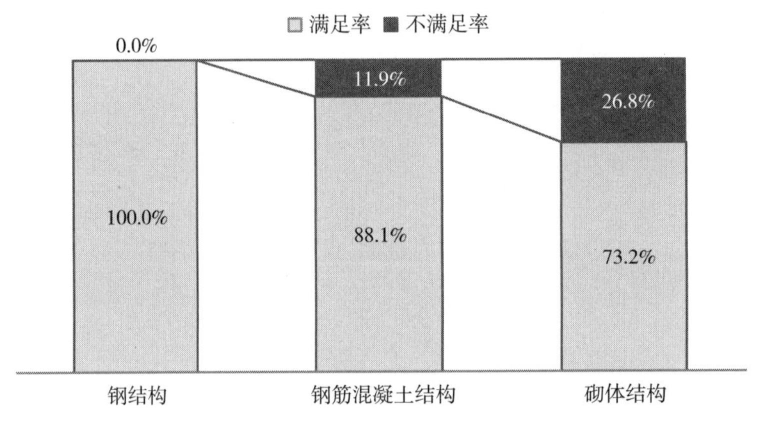

图 2.2-4　耐久性情况与结构类型的关系

③抗震性能现状

既有公共建筑的抗震性能主要由抗震构造及抗震承载力决定。整体来讲，建设年代越早，房屋抗震性能越差。

抗震构造方面，1989 年以前的既有公共建筑抗震构造措施不满足率达到 50% 以上，1989 年后的不满足率逐渐下降（图 2.2-5）。根据建筑结构类型划分，钢结构、钢筋混凝土结构和砌体结构存在抗震构造不符合要求问题的比例依次增高（图 2.2-6）。其不满足现有规范要求表现为：钢筋混凝土结构和砌体结构中房屋结构平面不规则、柱轴压比不满足要求等情况；钢结构梁翼缘外伸部分宽厚比不满足抗震设计规范的要求等情况。总体来讲，20 世纪 90 年代以前的既有公共建筑抗震构造措施不满足率较高，亟须改造。

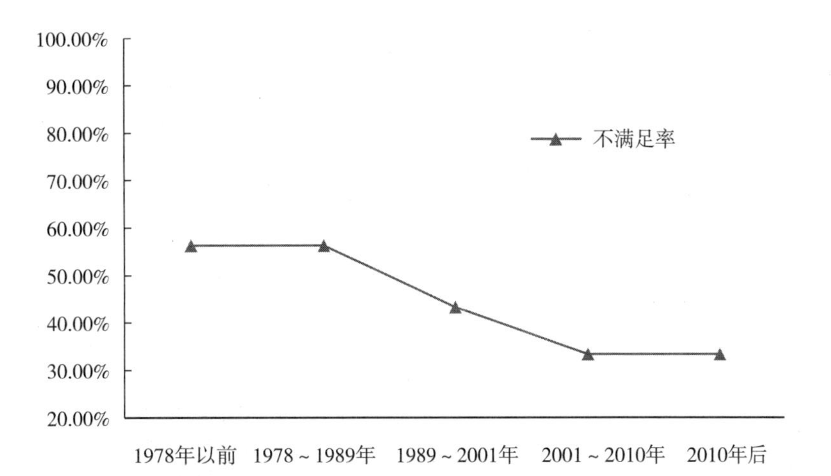

图 2.2-5　抗震构造情况与建筑年代的关系

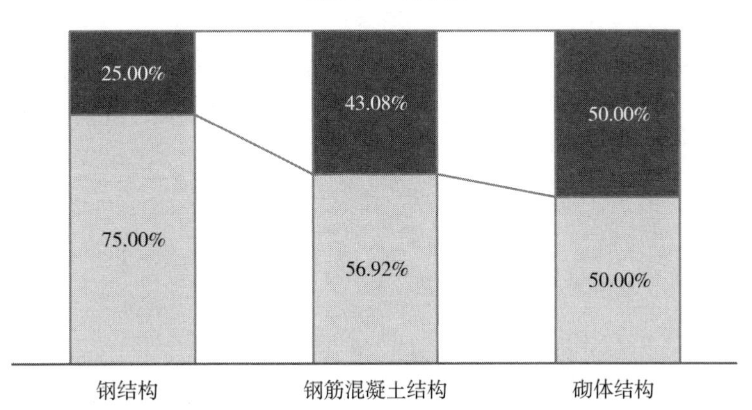

图 2.2-6　抗震构造情况与结构类型的关系

抗震承载力方面，各类型既有公共建筑存在抗震承载力不符合规范要求问题的比例均较高，尤其是砌体结构，抗震承载力与建筑年代和结构类型的关系见图 2.2-7 和图 2.2-8。结构抗震承载力不满足鉴定规范要求表现为：钢筋混凝土结构中房屋层间位移角、柱抗震验算不满足现行规范要求；砌体结构中墙体抗震承载力不满足要求；钢结构中屋面钢梁不满足承载力要求等。

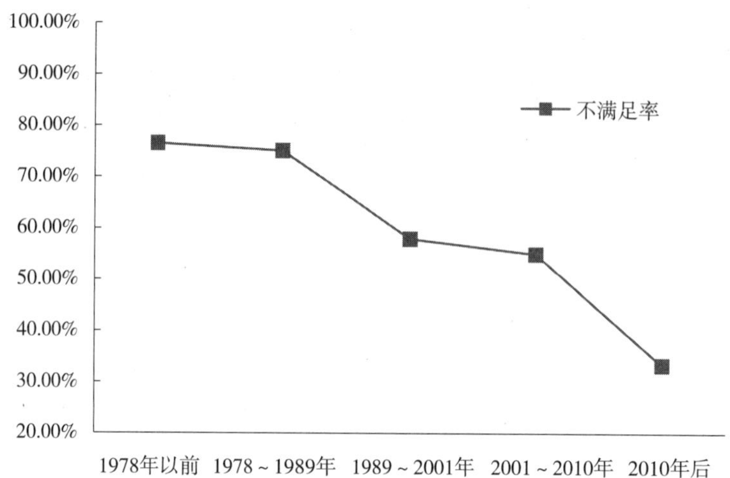

图 2.2-7　抗震承载力与建筑年代的关系

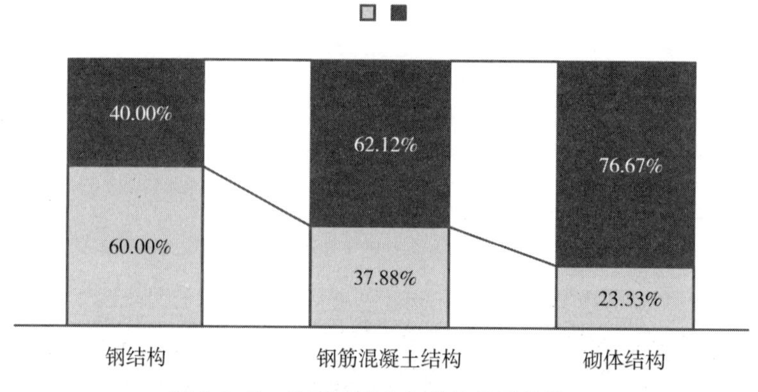

图 2.2-8　抗震承载力与结构类型的关系

2）不同地区的既有公共建筑安全性能现状

按照调研项目所在地的地理位置，以秦岭—淮河为界限，将调研样本分南方地区和北方地区来分析不同地区既有公共建筑安全性能现状。南方地区和北方地区的安全性能关键指标的不满足率见图 2.2-9。南方和北方地区既有公共建筑安全性能存在问题最大的都是抗震承载力和抗震构造，南方地区不满足率高达 72.31%、71.88%，比北方地区高很多；其次是结构承载力不满足率较高，结构可靠性较差。在调研过程中，也针对一些欠发达地区进行调研，但未能搜集到有效的既有公共建筑改造的相关案例或资料。研究认为有以下原因：我国大部分中小型城市由于经济发展落后，城市体量小，在近 20 年才开始在城市中建造具有一定规模的公共建筑。在此之前，城市中也会存在一部分小型公共建筑，但这些建筑建造年代比较久远，本身建造质量不佳，建筑价值较低，一旦建筑出现年久失修等破坏现象，业主更愿意选择推倒重建，而不是改造。

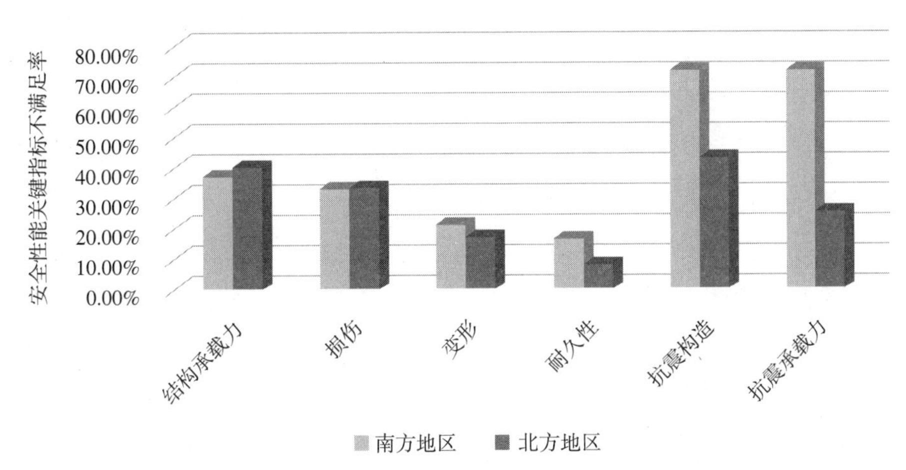

图 2.2-9　南方地区和北方地区的既有公共建筑安全性能情况对比

3）不同建筑类型的既有公共建筑安全性能现状

在本次调研样本中，主要包括学校建筑 89 栋，办公楼 81 栋，商场建筑 32 栋，医院 17 栋，还有其他类型的少量公共建筑。为更好地分析不同建筑类型的建筑安全性现状，选择样本较多的学校建筑、办公建筑、商场建筑和医院建筑进行分析。不同建筑类型建筑在安全性能表现上所呈现的规律基本一致（图 2.2-10），主要体现在抗震效果差和结构承载力差。但不满足率有所不同，依次是办公建筑 > 医院建筑 > 学校建筑 > 商场建筑。

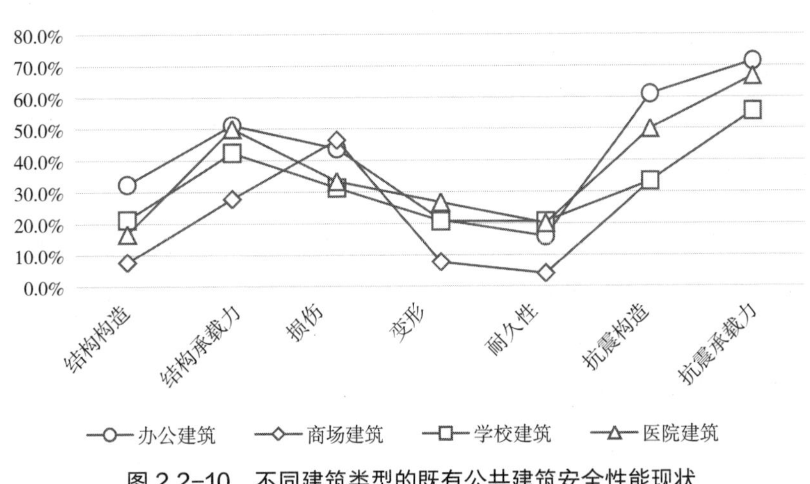

图 2.2-10　不同建筑类型的既有公共建筑安全性能现状

（2）安全改造需求

建设年代较早的公共建筑改造需求迫切。由调研可知，从既有公共建筑的安全性能随时间变化趋势来看，年代越久，安全性能各项因素不满足率越高，尤其是1989年以前的既有公共建筑。改革开放前，由于经济和生产能力等方面的限制，房屋建筑设计规范要求的安全性能处于较低水准。随着经济增长、生产能力提高、建筑结构设计理论研究的深入以及对安全问题认识的转变，我国的设计规范对建筑的安全性要求不断提高。而且结构静力分析结果表明，大多数建筑由于原始设计存在富余度，静力情况下可以满足一定程度荷载增加。但对于年代久远的砖混等砌体结构来说，其结构体系落后，且使用过程中出现多次改扩建等，结构已不能承担如此之大的荷载增量，出现了静力不满足的情况。目前1989年以前的既有公共建筑存量约为15.8亿m^2，可见既有公共建筑安全改造需求量大。

既有公共建筑改造需要结合建筑结构类型制定有效的安全提升方案。从建筑结构类型对建筑可靠性能、耐久性能及抗震性能的影响上看，钢结构类型建筑表现相对较好，钢筋混凝土建筑安全性能次之，砌体结构表现最差。因此在建筑安全改造过程中，应根据不同建筑结构类型自身特点，做出有针对性的改造提升方案。同时，考虑多影响参数的存在使得建筑安全性能呈现出“木桶效应”，即建筑整体的安全性能往往由表现最差的参数所决定，因此在对建筑进行安全性能提升过程中，不能顾此而失彼，应做到各项兼顾。

既有公共建筑安全性能提升需要考虑地区的经济水平差异性。经济水平较高的地区由于公共建筑数量多，使用范围广，建造年代早，存在着较大的改造需求。由于近20年内我国经济飞速发展，各项政策带动了中小城市的发展，城市中的公共建筑也随着城市面积的扩张而逐渐增多，公共建筑的建设水平也有所提升。因此既有公共建筑安全改造的初期，优先考虑一些经济水平较高地区的既有公共建筑。

既有公共建筑安全性能提升需要考虑建筑类型。学校建筑、办公建筑、商场建筑、医院建筑的安全性能问题最大的地方都在于抗震承载力，且需要提升的比例均超过50%，办公楼抗震承载力提升需求率最高达到71.43%，商场建筑损伤状况不容乐观，都具有安全改造的必要性。因此，既有公共建筑安全提升方案还应充分结合不同建筑类型的用途、功能、使用规律等内容进行制定。

2.2.2 能效性能提升改造需求

对于全国范围内量大面广的既有公共建筑未来面临的节能改造需求，目前缺乏统一的分析结论。基于全国及典型地区调研结果，结合住房和城乡建设部等建设行政主管部门统计数据，从建筑节能工作重点对象及技术方向入手，综合分析我国节能改造需求。

（1）能效性能现状调研

1）既有公共建筑能耗整体平均水平

全国建筑能耗强度的调研统计结果显示，不同气候区及不同建筑类型的能耗强度差异较大。单位面积建筑能耗分布情况如图 2.2-11 所示（统计样本量：1525 栋既有公共建筑），除温和地区以外，全国公共建筑单位面积能耗平均为 143.4kWh /（m^2·a）。对不同气候区不同建筑类型的能耗数据进一步分析，并重点与《民用建筑能耗标准》GB/T 51161—2016 的能耗约束值进行比较，《民用建筑能耗标准》GB/T 51161—2016 中不包含的校园类建筑和医院类建筑则以当地能耗标准值为参考依据，以能耗约束值为限，得到了不同气候区既有公共建筑的能耗水平（图 2.2-12），基本每个气候区的既有公共建筑调研样本中有 50% 左右的建筑能耗值高于标准约束值。总体来讲，既有公共建筑能耗较大，资源消耗大。

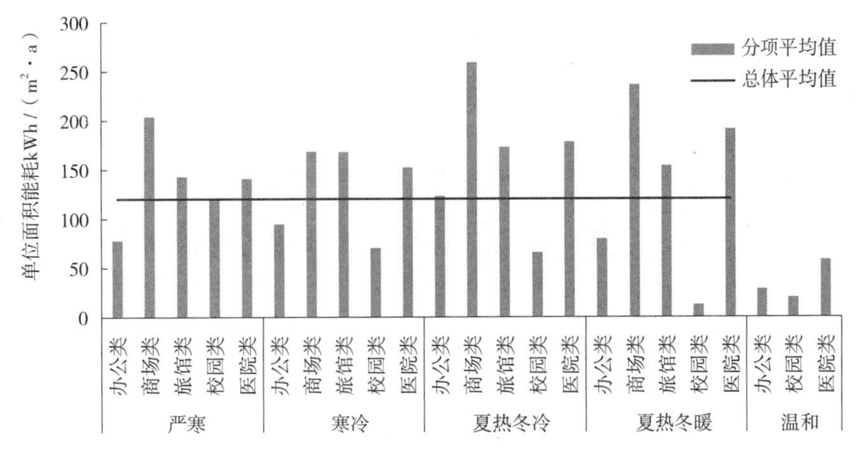

图 2.2-11　全国公共建筑单位面积平均能耗

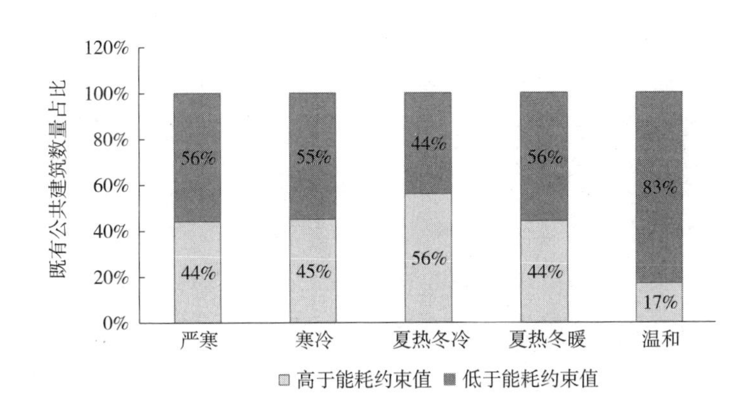

图 2.2-12　不同气候区既有公共建筑能效性能水平

2）不同气候区的既有公共建筑能耗分布情况

同类型的建筑在不同气候区能效情况差异较大（图 2.2-13）。医院类建筑在严寒和寒冷地区能效表现较好，大部分均低于《民用建筑能耗标准》GB/T 51161—2016 的能效约束值，但在夏热冬冷和夏热冬暖地区高于能耗约束值占比均达到 60%，一方面是由于该地区医院类建筑对节能重视较少，另一方面是由于该地区本身能耗约束值较低。办公类建筑同样在夏热冬冷地区和夏热冬暖地区具有较高的能耗约束值不满足率，分别达到 55.6% 和 50%，而在严寒和寒冷地区能耗约束值不满足率略小。商场类建筑和旅馆类建筑在不同气候区能耗约束值不满足率各自相当，均维持在较高的不满足率水平。总体来讲，除温和气候区外，既有公共建筑在其他气候区大部分都不满足能耗约束值的要求，具有迫切的节能改造需求。

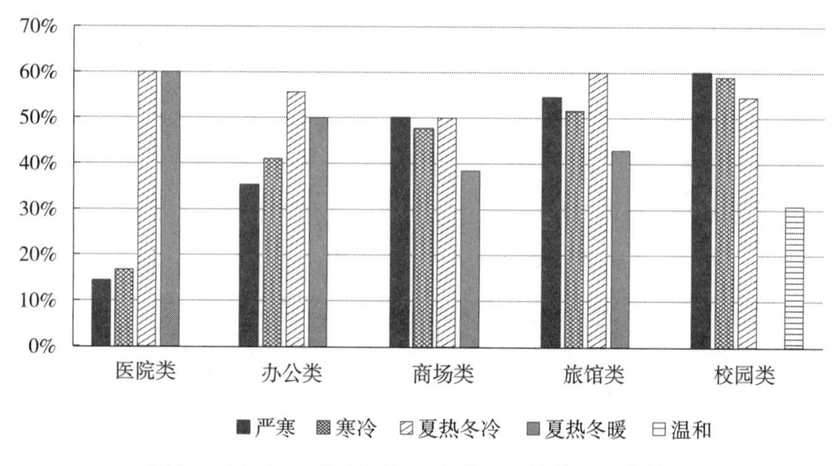

图 2.2-13 不同气候区的既有公共建筑能耗分布情况

借助气泡图对不同类型建筑的能耗分散程度进行分析（图 2.2-14）。以严寒地区为例，不同类型建筑的能耗水平差异较大，尤其是校园和旅馆建筑的能耗分散程度大，这也表明，校园建筑和旅馆建筑具有较大节能潜力。总体来看，在不同气候区，商场建筑、旅馆建筑和校园类建筑的能效提升潜力都非常大。

3）不同建造年代的既有公共建筑能耗分布情况

既有公共建筑由于所处建设年代技术条件和经济条件的差别，其能效水平差别较大。按照国家标准《公共建筑节能设计标准》GB 50189—2015 颁布时间，将既有公共建筑分为 2005 年之前、2005 ~ 2015 年、2015 年之后三个建筑年代区间。以寒冷气候区为例，项目组对寒冷气候区 222 栋既有公共建筑的实地调研数据进行分析，以《民用建筑能耗标准》GB/T 51161—2016 对各类公共建

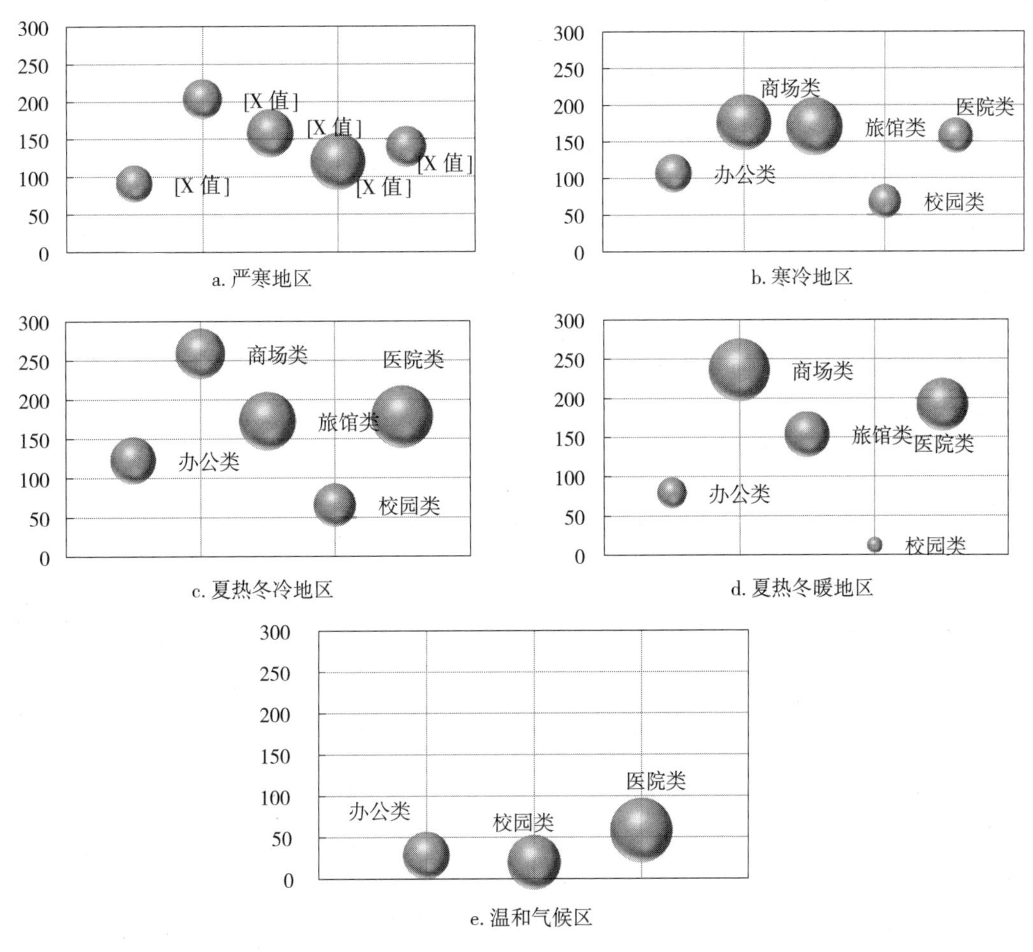

图 2.2-14　各气候区不同类型建筑高于能耗约束值占比

筑供暖和非供暖能耗的约束值和引导值进行折算形成的综合能耗为基准，所形成的寒冷气候区既有公共建筑能耗约束值和引导值不满足率结果如图 2.2-15 所示，即 2005 年之前建造的建筑能耗约束值和引导值不满足率均高于 2005 年之后的建筑。对于单位建筑平均能耗，建造年代在 2005 年之前和 2005 ~ 2015 年之间的建筑分别为 112.0 kWh /（m^2·a）和 128.07 kWh /（m^2·a）。两者的单位面积能耗基本一致，但 2005 年之前所建造的建筑的能耗略低于 2005 ~ 2015 年之间的建筑能耗，表面上看与我国建筑节能趋势有所不同，实际上由于调研并非普查，该结果主要由调研样本差异引起。一方面，所调研的 2005 年之后建造的建筑中，耗能较高的商场建筑、宾馆建筑、医院建筑数量相对较多；另一方面，商场的规格、宾馆的星级等均与 2005 年之前建造的同类型建筑有所不同，因此出现了 2005 年之后建造的建筑单位面积平均能耗略高于 2005 年之前的现象。

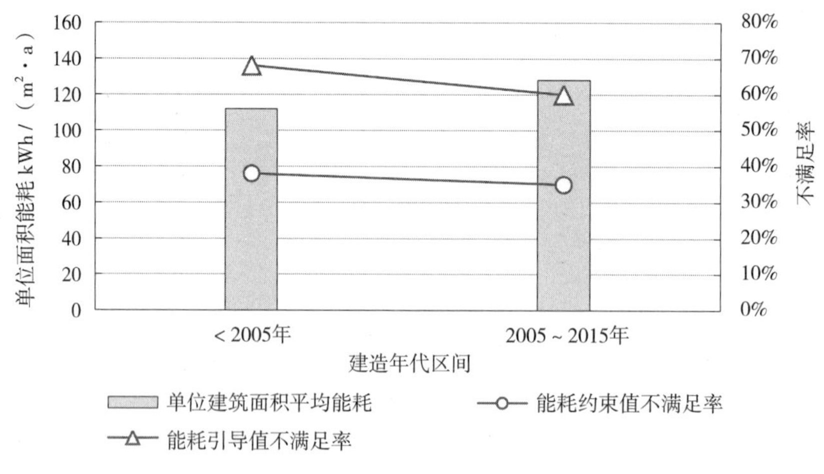

图 2.2-15 不同建造年代建筑能效水平

但是，从公共建筑用能系统寿命角度，考虑既有公共建筑机电系统平均 15 ~ 20 年的使用寿命，进入 2020 年后，2005 年之前建成的既有公共建筑将全部面临机电系统节能改造。而伴随我国 1978 年改革开放和城镇化进程加快，2005 年之前建成的既有公共建筑占有较大比重，这部分建筑普遍具有机电系统节能改造需求。因此建筑节能改造的对象，重点应为 2005 年之前建造的建筑。

（2）节能改造需求

1）既有公共建筑节能改造需求量大

以北京为代表分析既有公共建筑节能改造需求。北京市建筑节能工作一直走在全国前列，历年来在全国率先执行新建公共建筑二步节能、三步节能设计标准。据《北京住房和城乡建设发展白皮书（2019）》数据统计 [34]，北京市既有建筑情况见图 2.2-16 和图 2.2-17。由图 2.2-16 可以看出，2018 年北京市累计建成的城镇既有建筑面积达到 9.04 亿 m^2，其中既有公共建筑总量达 3.69 亿 m^2，占比 40.8%；既有非节能公共建筑存量达到 1.66 亿 m^2，占既有公共建筑总量的 45.0%，可以看出北京市非节能既有公共建筑存量仍然较大，改造需求量达到近 50%。

住房和城乡建设部《建筑节能与绿色建筑发展“十三五”规划》指出：“截至‘十二五’末（2015 年底），我国节能建筑占城镇民用建筑面积比重超过 40%。”由此可以推断，截止到 2015 年底，全国非节能建筑占比近 60%。而现实中既有公共建筑节能性能较差最直接的解决途径是进行节能改造，节能改造的同时往往伴随进行建筑室内环境配套改造，因此可大致推断，全国具有节能和环境两项综合改造需求的建筑存量达到了 60% 以上。

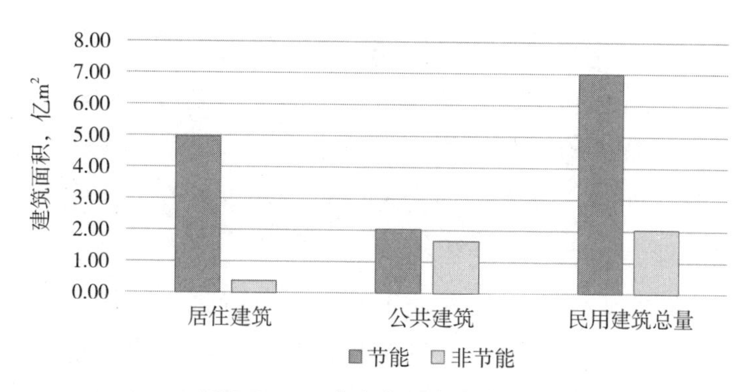

图 2.2-16 北京市既有建筑情况

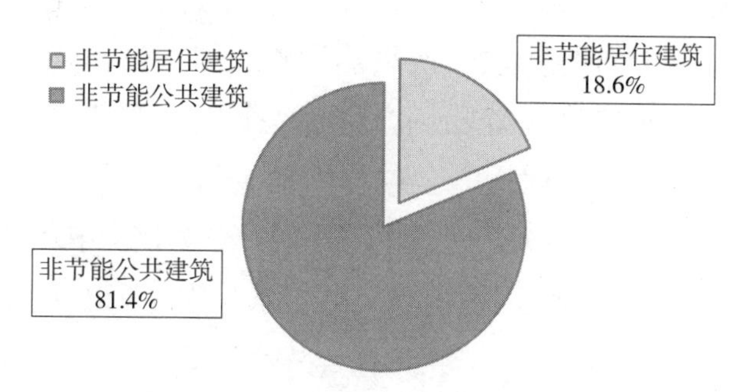

图 2.2-17 北京市非节能建筑占比分布情况

2）既有公共建筑需要提升的系统多

目前影响既有公共建筑节能效果的主要因素可概括为以下四大类：围护结构保温及气密性能、暖通空调系统性能、给水排水系统性能、电气系统性能等。经调研可知，当前既有公共建筑各系统性能主要有以下改造需求：

围护结构保温及气密性能有待提升。部分既有公共建筑围护结构节能保温效果较差，甚至热工性能不符合国家现行相关建筑节能设计标准规定，导致建筑自身能耗较高。既有公共建筑节能改造过程中，应采取有效保温措施，提升建筑围护结构热工性能。同时，大部分建筑门窗及孔隙漏风严重/气密性能低下，尤其在冬季导致了大量的冷风渗透热量消耗，因此，在围护结构性能方面，热工性能及气密性均是提升重点。

暖通空调系统性能效率较低。既有公共建筑尤其是建设年代较早的建筑，其暖通空调系统往往存在较大的可提升空间。比如，部分建筑由于使用时间较长，制冷机组 COP 较低，导致用电能耗较高；部分建筑存在水力不平衡问题，房间供冷或热量不足，室内温度不达标；另有建筑的空调系统在设计之初，由于资金原因，没有配备集中供暖空调系统，后期各功能房间自行配备了分体空调，导致室外机杂乱分布在各层，缺少设计、效率低下。因此，建筑节能工作中一项重要的内容为暖通空调系统性能提升，通过最优化设计，合理降低暖通空调系统全年能耗，达到建筑节能的目的。另外，暖通空调系统应提高系统智能化水平，实现对系统的智慧监测、智能运行等，提高系统运行效率，实现系统智能优化运行。同时，推进设备发展，对设备进行升级，完善产品信息及产品功能，构建合理、健康、完全智能化的空调系统。

给排水系统的能源使用效率参差不齐。部分既有公共建筑给排水系统由于设计不当、使用时间长，伴随一系列突出问题，如旧给水管道锈蚀，降低供水能力，影响供水水质；设施陈旧，循环水泵和补水泵功能减退、能耗高等；换热器积垢过多，换热能力下降等。给水方式、系统分区方式、热水供应系统形式、生活热水热源、水泵配置与能效、换热器形式、用水设备能效、节能节水技术的应用等均对建筑给水排水系统能耗产生较大影响，改造过程中应关注以上方面性能及系统设计、施工、运行的全过程周期。

电气系统性能提升潜力较大。建筑电气系统可分为供配电系统、照明系统、电梯系统、其他建筑设备及其管理系统等。电气系统为建筑内的直接耗电系统，在既有公共建筑中节能潜力巨大。一般既有公共建筑中照明系统的能耗比重可达到38% ~ 61%，控制建筑中照明耗电量，降低建筑整体用电能耗有着重大的意义。

2.2.3 环境性能提升改造需求

（1）环境性能现状调研

既有公共建筑室内环境性能包含热环境、声环境、光环境、室内空气品质，涉及温度、湿度、室内噪声、照度、污染物浓度等多个参数。项目团队通过采用网络问卷调研、文献调研、实地测试等手段调研既有公共建筑环境性能现状和改造需求。实际调研测试地点为沈阳（严寒）、北京（寒冷）、重庆（夏热冬冷）和广州（夏热冬暖）的办公、教育、商场、医疗和酒店建筑，覆盖四个气候区、五种建筑类型。

1）室内环境改造态度普查

室内环境水平与人员满意度息息相关。通过网络问卷调研（共计有效填写人次 5034 次），广泛调查人们对于既有公共建筑室内环境的满意度和改造意愿，具体分布情况见图 2.2-18。总体而言，本次问卷调查中，人们认为自身所处的室内环境亟须改造的占比达 40%，问卷填写者的主观反映表明现有公共建筑的室内物理环境存在问题。人们对空气品质的关注度最高，最期望得到改善的是空气质量，除商场、办公类建筑外，第二关注对象为隔声降噪和室内温湿度，相对来讲，对于照明和天然采光的需求度较低（图 2.2-19）。

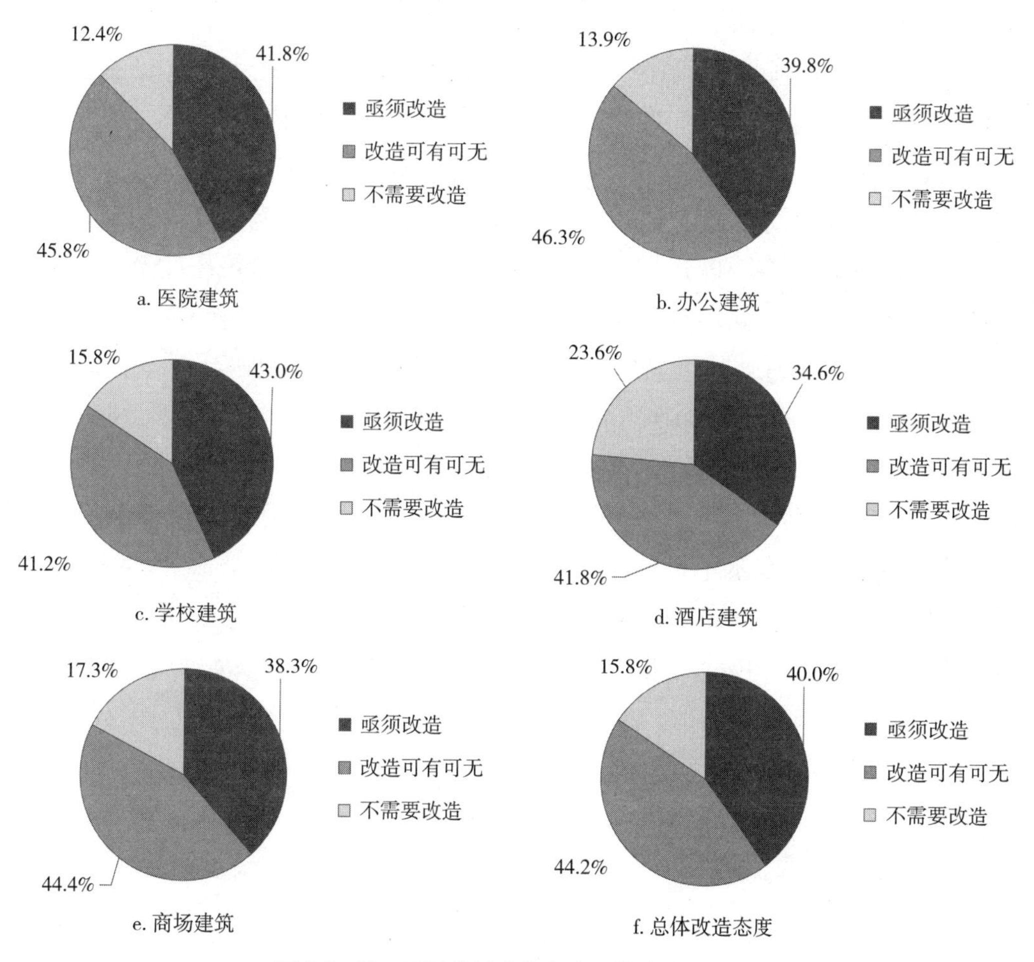

图 2.2-18　不同类型建筑室内环境改造的态度

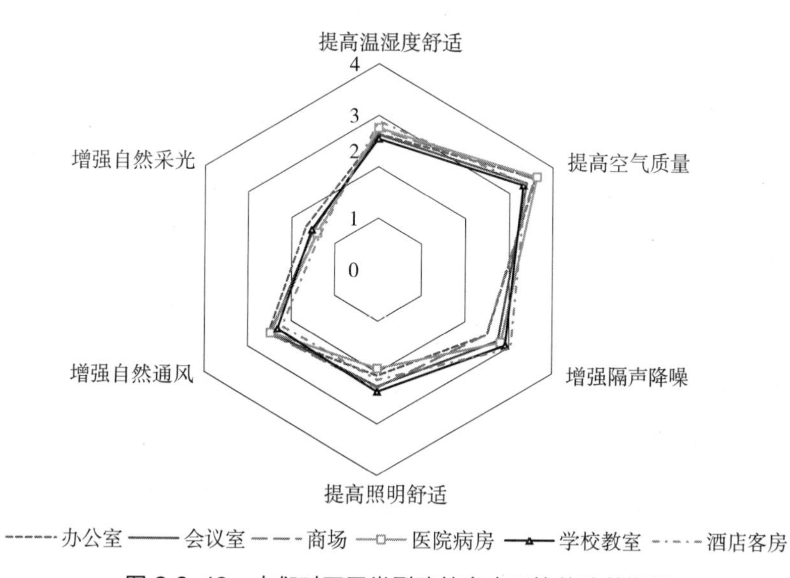

图 2.2-19　人们对不同类型建筑室内环境的改善期望

2）室内热环境现状

从室内温度、湿度和风速三个因素对人的主观感受进行调查，结果表明室内温度随时间变化较小，但在空间上存在冷热分布略有不均的问题；夏季热环境主要的问题是室内相对较热；冬季室内热环境的主要问题是室内相对较冷，且室内比较干燥；同时无论是夏季还是冬季，对于使用空调的既有建筑比较突出的一个问题是，室内吹风感比较强烈，约 1/3 的受访者希望在改造过程中能降低室内风速，营造良好室内热环境。

《民用建筑供暖通风与空气调节设计规范》GB 50736—2012 规定夏季热舒适Ⅰ级：温度介于 24 ~ 26℃，湿度介于 40% ~ 60%，舒适度Ⅱ级：温度介于 26 ~ 28℃，湿度≤ 70%；冬季热舒适Ⅰ级：温度介于 22 ~ 24℃，湿度≥ 30%，舒适度Ⅱ级：温度介于 18 ~ 22℃。通过与标准限值进行对比发现，沈阳冬季室内热湿环境达标率为 56%，夏季基本都处于舒适区之内；北京冬季室内热湿环境达标率为 15%，夏季较高于冬季，为 41%；重庆冬季室内热湿环境达标率为 79.17%，夏季稍低于冬季，为 66.10%；广州冬季室内热湿环境达标率为 53.2%，夏季稍高于冬季，为 62.39%（图 2.2-20）。

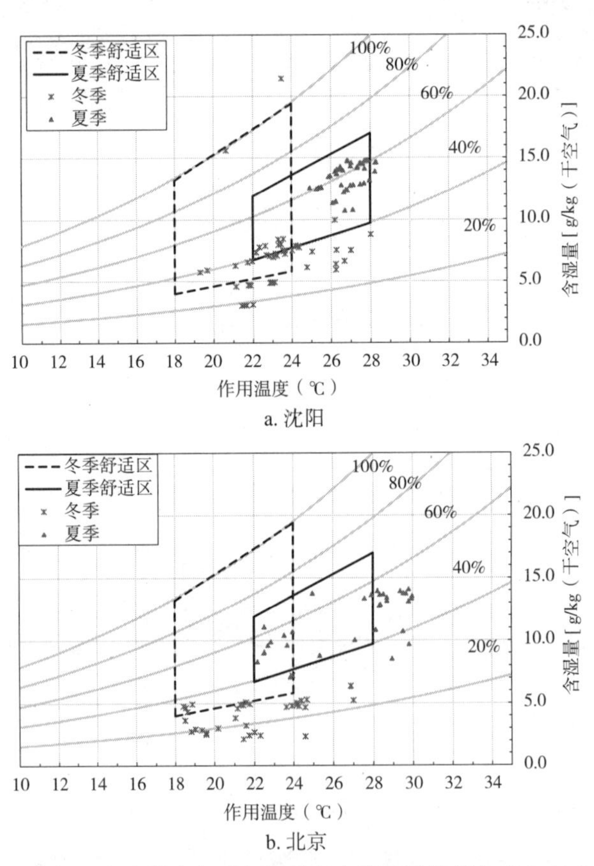

图 2.2-20　不同城市冬季与夏季室内热湿环境状态点分布（一）

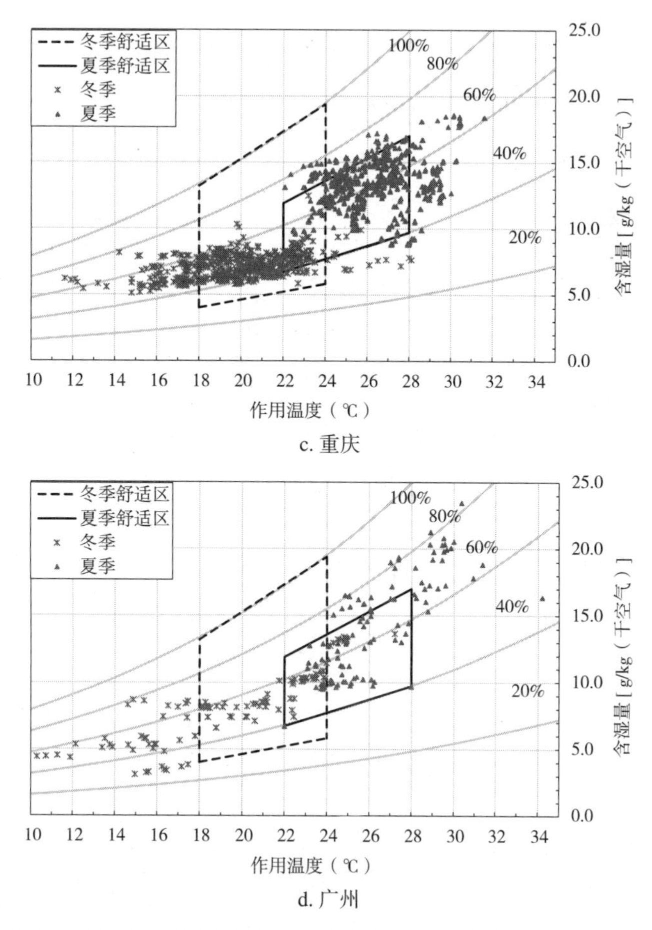

图 2.2-20 不同城市冬季与夏季室内热湿环境状态点分布（二）

3）室内声环境现状

建筑内部空间中噪声不仅会影响到建筑的使用过程，更会对身处其中的人的生理与心理状态产生巨大的影响，在既有建筑的改造过程中无法忽视噪声对空间质量造成的影响。通过问卷调查，认为室内噪声很强烈或比较强烈的人较少，大多数人认为室内噪声是可接受的。噪声的来源主要分为建筑噪声、交通噪声、工业噪声和社会噪声四类，其中，交通噪声被认为是主要来源，社会噪声仅次于交通噪声，建筑噪声和工业噪声所占比例较少。相比于如表 2.2-2 所示国家标准限值，所有被测建筑均存在噪声超标现象（图 2.2-21），且商场、医院噪声级严重超过标准最低限制，同时相比于冬季，夏季室内噪声普遍高于冬季噪声，这可能是夏季空调系统的使用率较高导致。对于商场建筑，主要噪声源为室内人员活动频繁引起的噪声。

公共建筑噪声标准　　表 2.2-2

建筑类型	医院建筑	办公建筑	商场建筑	酒店建筑	学校建筑
噪声标准（dB）	55	45	60	55	50

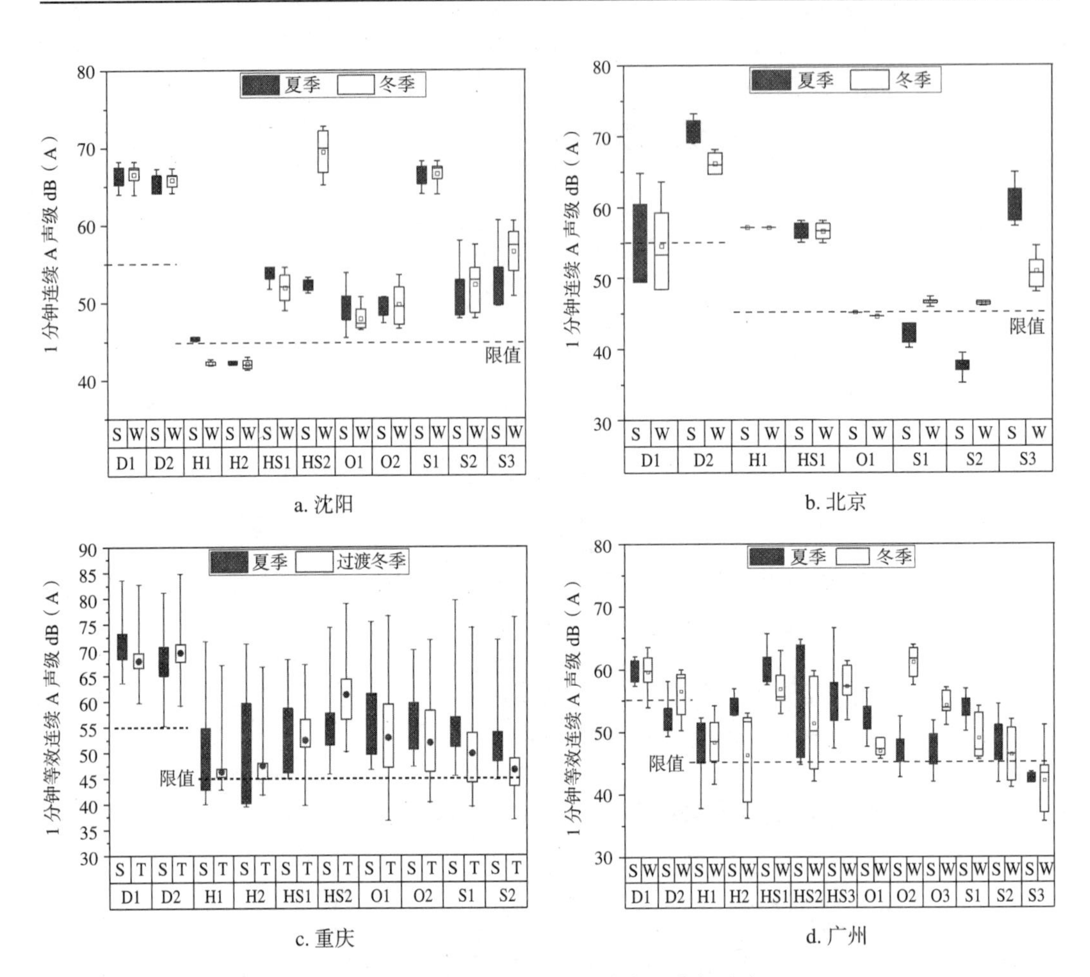

图 2.2-21　夏季与过渡季室内噪声级分布

4）室内光环境现状

随着社会的不断进步，人们对于生活的追求也出现了更高层次的要求，对于建筑的室内设计要求，不单单停留在室内空间的功能布局，更重要的是达到一个更高层次的心理享受，光环境在这一环节作用显著。问卷调查主要从日间室内照明开启情况和对室内照明的评价进行调查，结果显示日间室内几乎都需要一定照明开启时间，说明公共建筑对自然光源的利用比例较低。超过一半的人认为照明非常明亮或比较明亮，有部分人认为室内炫光非常强烈或比较强烈。

沈阳、北京、重庆、广州四个城市的各类代表建筑实地照度测试数据显示，几乎所有的房间和区域都存在照度过高的情况，尤其是商场类建筑；同时测试时发现，在自然采光可以满足照度要求情况下，有些房间仍采用了人工光源。测试结果见图 2.2-22。

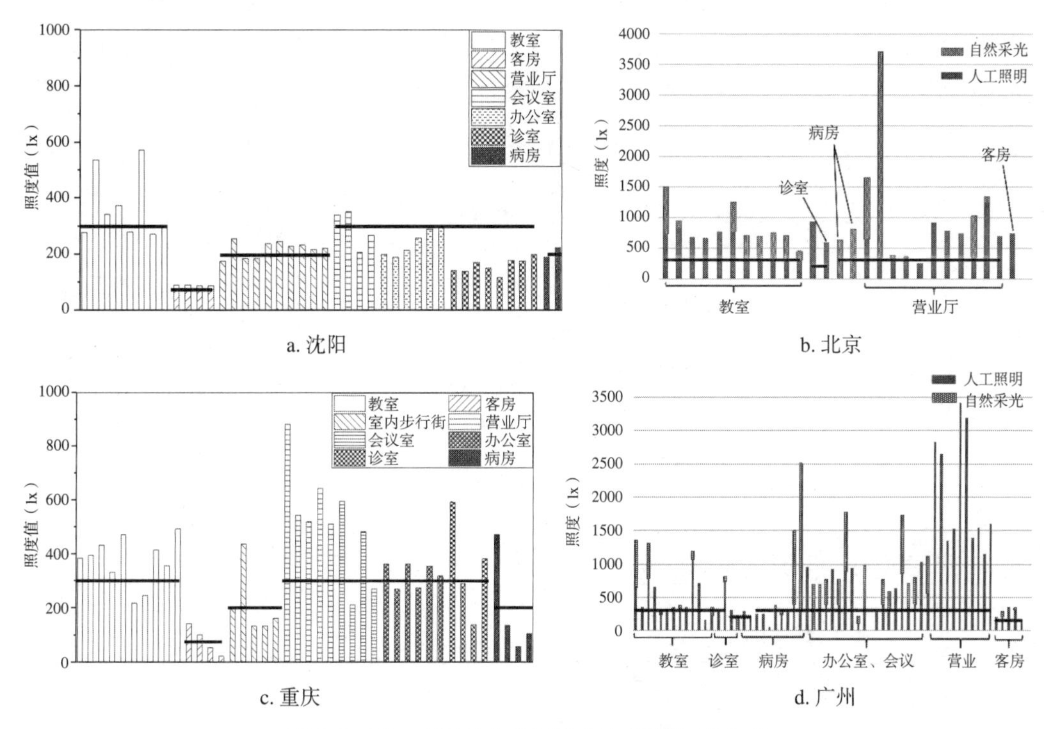

图 2.2-22　不同城市测试房间与区域照度水平

5）室内空气品质

室内空气品质是建筑室内环境的重要组成部分，是影响人们身体健康、工作效率和生活质量的重要因素之一。通过问卷调查了解到，室内通常没有异味或刺激性气味，其中异味多来自办公设备或卫生间，少部分受访者认为室内空气存在污浊的情况，总体上对室内空气质量能够接受。

实地测试方面，主要测试了重庆、广州、北京、沈阳四个代表城市的建筑的二氧化碳、甲醛、TVOC、$PM_{2.5}$、PM_{10} 参数。其中二氧化碳浓度是评价室内空气品质的重要指标，其浓度主要受到室内人员密度度以及通风换气率的影响，根据《环境空气质量标准》GB 3095—2012 得到二氧化碳限值为 1000ppm。甲醛是一项重要的室内污染物指标，通常由建筑材料散发，是多种癌症的致病因素，对人员身体健康有严重威胁。根据《民用建筑工程室内环境污染控制规范》GB 50325—2010 得到对于Ⅰ类民用建筑甲醛的限值为

0.08mg/m³，Ⅱ类民用建筑甲醛的限值为 0.10mg/m³。TOVC 主要来源为人造板、油漆、窗帘等材料，以及其他各种有机装饰材料。根据《民用建筑工程室内环境污染控制规范》GB 50325—2010 得到对于Ⅰ类民用建筑 TVOC 的限值为 0.5mg/m³，Ⅱ类民用建筑 TVOC 的限值为 0.6mg/m³。

二氧化碳：各城市测试所得二氧化碳浓度分布见图 2.2-23。所测建筑中二氧化碳浓度基本未出现超标的情况，个别存在于教室，这些区域人员密集，存在一定的通风不足。相比于夏季，冬季整体二氧化碳浓度略高。可能的原因为北方在冬季由于室外温度较低，采用集中供暖，但未开窗进行通风所致。

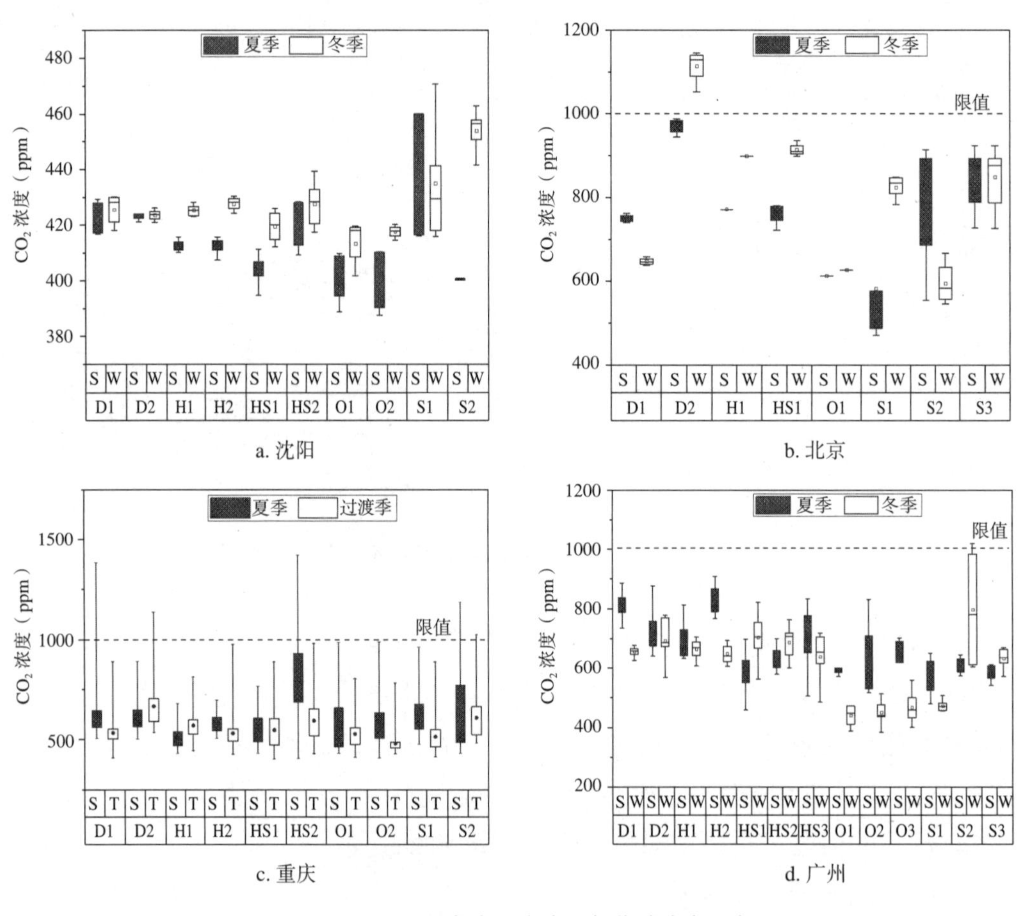

图 2.2-23 夏季与冬季室内二氧化碳浓度分布

甲醛：本次测试中，所有被测建筑中大部分均未发现甲醛浓度超标现象。但某一医疗建筑在夏季存在甲醛超标的情况，究其原因，是室内刚刚进行了装修引起的，毕竟甲醛浓度超标多出现于新建建筑中，对于投入使用一段时间后的公共建筑，甲醛污染并非一个严重问题。

TVOC：TOVC 是室内所有可挥发性有机物的总称。TVOC 浓度过高可以导致人体机体免疫功能失调，使人出现头晕、头痛、无力、胸闷等症状，严重时可损伤肝及造血系统。与《环境空气质量标准》GB 3059—2012 中对 TVOC 浓度的规定进行对比，发现酒店建筑的 TVOC 浓度偏高，主要是因为大量采用人造板、塑料板等建筑材料，油漆、涂料、胶粘剂、壁纸等装饰材料，地毯、窗帘等化纤材料，以及其他各种有机装饰材料等造成的。沈阳、北京和广州地区所测建筑 TVOC 浓度分布见图 2.2-24。

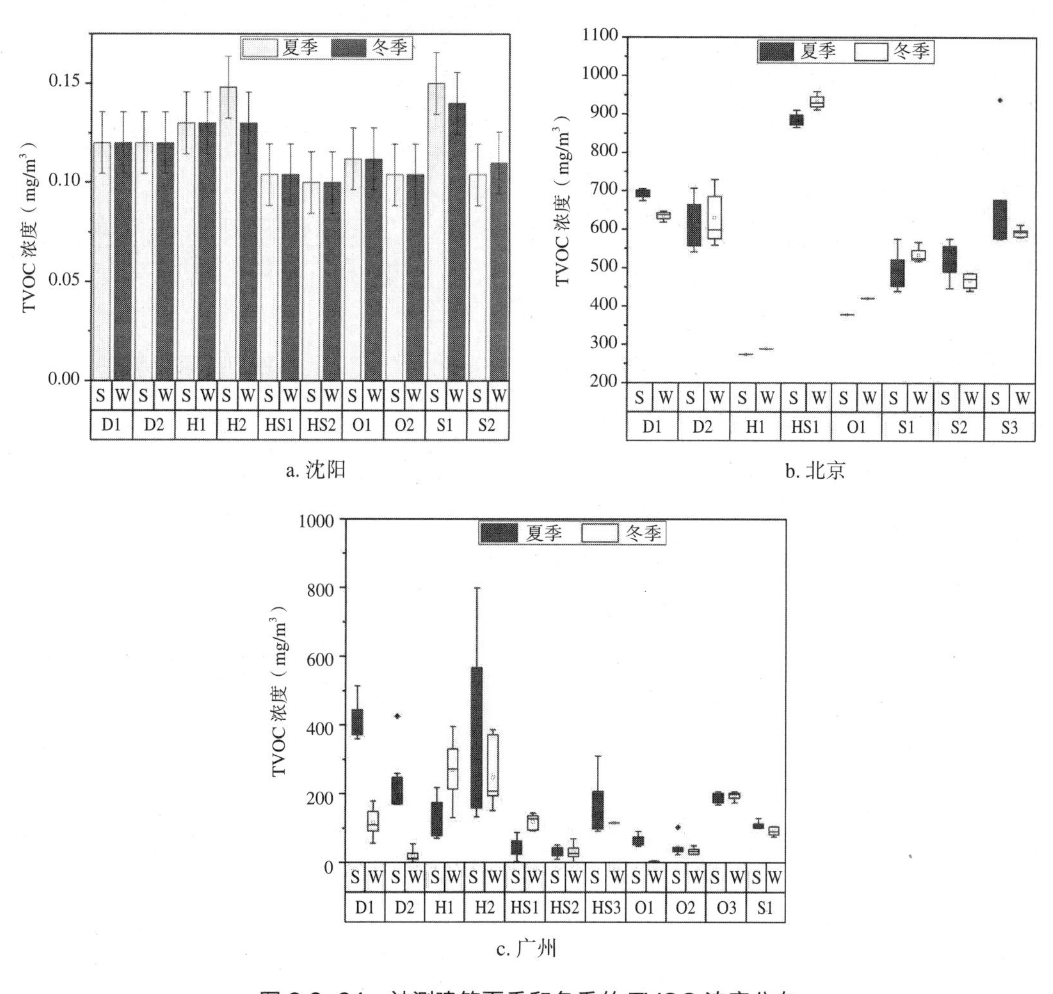

a. 沈阳

b. 北京

c. 广州

图 2.2-24　被测建筑夏季和冬季的 TVOC 浓度分布

可吸入颗粒物：$PM_{2.5}$ 与 PM_{10} 来源可以划分为室内污染源与室外污染源。室内污染源主要有烟草、打印机等，室外污染源主要为汽车排放等；室外污染物通常经由外门、外窗、空调系统等进入室内。其限定值对应《环境空气质量标准》GB 3059—2012 规定：$PM_{2.5}$ 一级规定为 35μg/m³，二级规定为 75μg/m³；

PM_{10} 一级规定为 50μg/m³，二级规定为 150μg/m³。测试结果见图 2.2-25。其中办公建筑、酒店建筑和商场超标房间较多，可能是打印机、灰尘等引起的，应该予以重视。冬季 PM_{10} 浓度普遍高于夏季 PM_{10} 浓度，是由于冬季寒冷，降水量少，对大气中的悬浮颗粒沉降作用弱所致。办公建筑、酒店、学校个别房间存在 PM_{10} 超标的情况。

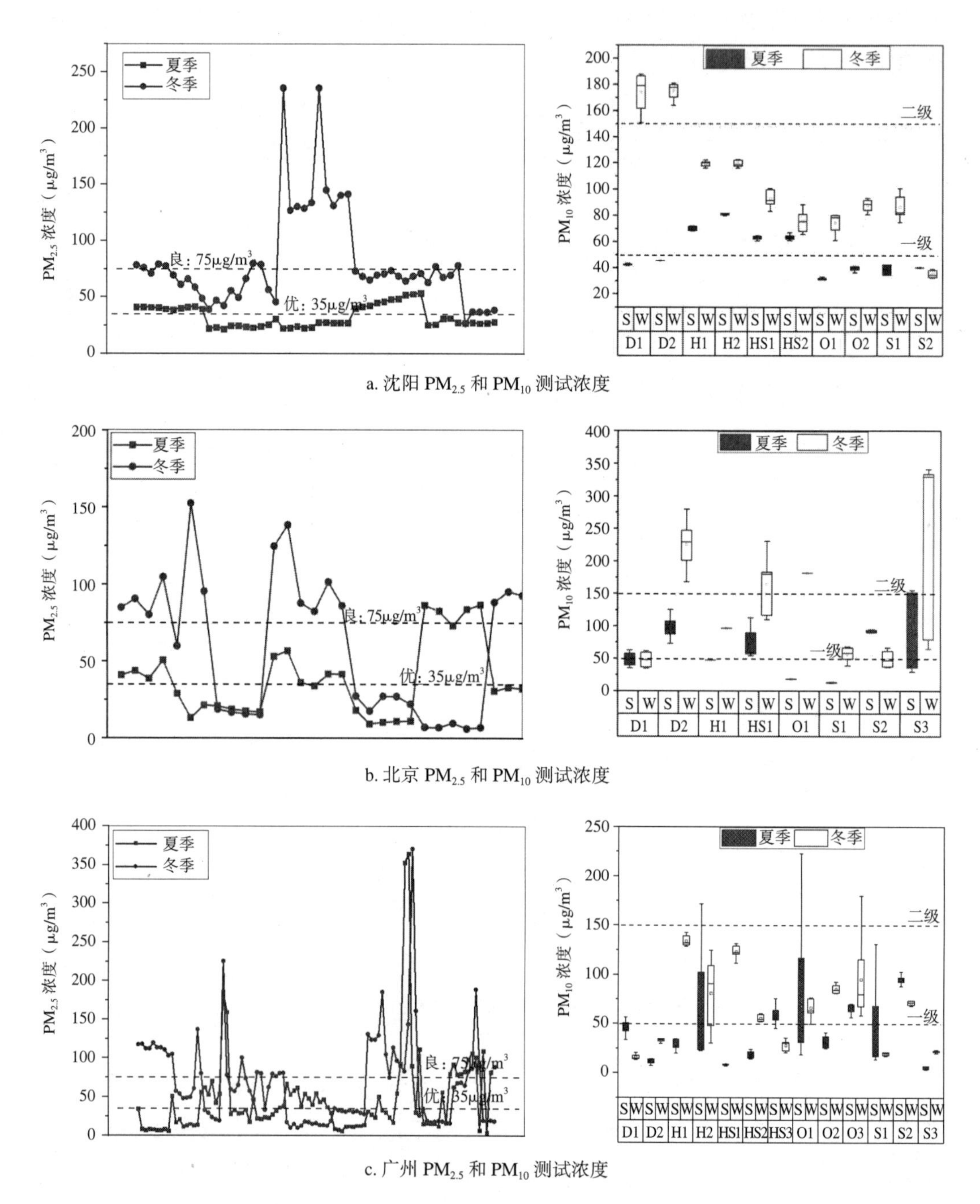

a. 沈阳 $PM_{2.5}$ 和 PM_{10} 测试浓度

b. 北京 $PM_{2.5}$ 和 PM_{10} 测试浓度

c. 广州 $PM_{2.5}$ 和 PM_{10} 测试浓度

图 2.2-25 被测建筑可吸入颗粒物浓度分布

由于可吸入颗粒物的室内浓度会受到室外浓度水平的显著影响，仅用室内浓度达标判断无法反映建筑对可吸入颗粒物浓度的控制水平，为了解围护结构隔绝外界的能力，对重庆 10 个完整工作日建筑室内与室外日均 $PM_{2.5}$ 及 PM_{10} 浓度进行监控，建筑室内与室外日均 $PM_{2.5}$ 及 PM_{10} 浓度分布分别如图 2.2-26 及图 2.2-27 所示。本书采用室内、室外浓度相关系数来对可吸入颗粒物的控制水平进行说明，经过计算得到 $PM_{2.5}$ 和 PM_{10} 的相关系数分别为 0.982 和 0.974。该数据表明既有建筑围护结构隔绝外界能力较弱。

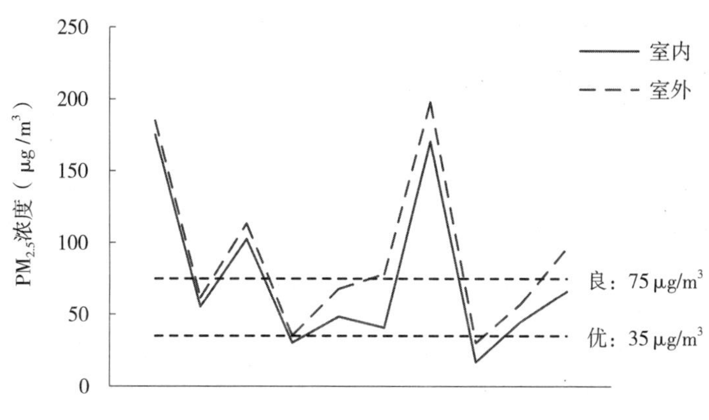

图 2.2-26　重庆日均室内与室外 $PM_{2.5}$ 浓度

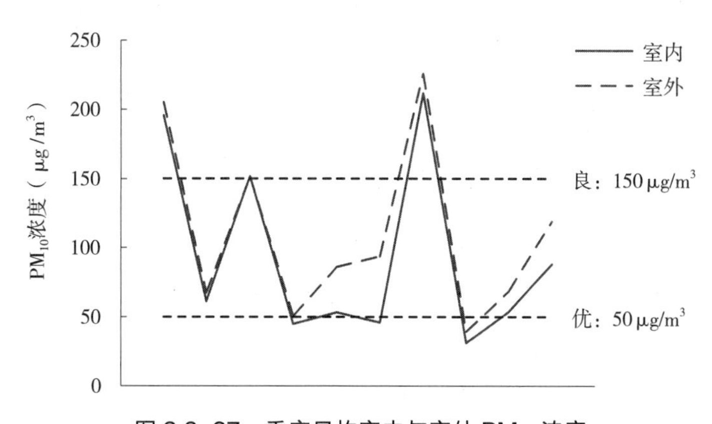

图 2.2-27　重庆日均室内与室外 PM_{10} 浓度

（2）环境改造需求

1）热环境改造需求：室内温湿度分布不均匀。相比于整体的过冷与过热感受，不均匀热环境的高抱怨率暗示了垂直温差、空气分布特性系数等局部热环境评价指标在热舒适评价中需要被更加重视；空调系统风速普遍偏大。32.48% 人们希望风速减小，人们对高风速敏感程度高于低风速，因此应该首先解决室内风速过高的问题；湿度是导致人员不舒适感受的一个重要因素，即使客观环境测试结果没有表明存在显著的湿度过低，但干燥仍然成为冬季和过渡季节显著的不舒适感受。

2）声环境改造需求：噪声现象在公共建筑中较为普遍，几乎所有公共建筑均存在噪声超标现象；噪声的主要来源交通和社会噪声，是隔声的重点对象，但就这两项来源而言其消除相对比较困难。

3）光环境改造需求：照明质量需要提升，在评价室内光环境好坏时还应该考虑其他参数，不应以照度作为唯一参数。测试和问卷调查发现，虽然室内照度满足标准限值，但仍有20%左右的人对室内光环境不满意，同时室内炫光现象较为普遍；对自然光源的利用比例较低，照明灯具总是开启或超过一半时间开启的占比较大。

4）空气品质改造需求：对于既有公共建筑而言，室内污染（甲醛、TVOC）不再是主要对象，但二氧化碳、$PM_{2.5}$和PM_{10}均存在一定的超标现象，可能与系统调控有关；既有公共建筑未有效地避免室外环境对室内的影响，如无论是$PM_{2.5}$还是PM_{10}，其室内外的浓度相关系数均非常接近于1，这表明测试的既有公共建筑并未有效地避免室外可吸入颗粒物浓度对室内的影响，对可吸入颗粒物的控制水平非常低，亟待提升。

从既有公共建筑室内环境调研结果来看，既有公共建筑室内环境改造需求大。且伴随科技进步与人民群众生活水平提高，对建筑室内环境舒适度和品质提升存在较大需求，因此，民众对既有公共建筑室内环境改造意愿与需求尤为迫切。从我国以往的改造实践来看，尤其是“十一五”“十二五”期间，既有建筑在进行节能改造的同时，大多同步进行了室内环境改造。节能改造是建筑室内环境改造的重要前提，环境改造受建筑节能性能影响较大，在节能改造的同时进行室内环境改造可以更好地保证室内环境品质与舒适度。因此，环境改造与节能改造都具有非常大的现实改造需求。

2.2.4 综合性能提升改造需求

综合以上调研现状及改造需求分析，我国既有公共建筑在安全、能效和环境方面均有着较大的改造和提升需求。改造提升中应注意综合考虑各项因素，以提升既有公共建筑综合性能水平。我国既有公共建筑综合性能提升改造需求如表2.2-3所示。

我国既有公共建筑综合性能提升改造需求　　表 2.2-3

类别	性能现状	改造需求
安全改造	建筑年代与结构类型差异明显 可靠性、抗震及耐久性不满足率高 改造需求受地区与经济因素影响显著 不同建筑类型表现各异	重视较早年代建造的建筑 根据各建筑结构类型制定针对性提升方案 考虑地区和经济水平差异 各性能参数兼顾
能效改造	高于相关能耗标准约束值比例大 非节能建筑占比多 建造年代影响大	2005 年以前建筑普遍需要机电系统节能改造 围护结构与机电系统全方位提升
环境改造	需进行节能改造的既有公共建筑整体环境现状较差	与节能改造需求具有并行性 室内空气品质与光环境、噪声环境共同提升

由表 2.2-3 可以看出，既有公共建筑在安全、能效、环境等方面改造需求普遍存在，尤其是建筑年代较早的建筑安全改造尤为迫切。由于既有公共建筑安全防灾性能提升是保障建筑使用安全的基本条件，既有公共建筑能耗问题是降低社会总能耗的关键痛点，既有公共建筑环境改善是满足使用者健康和舒适性的根本，因此，以更高目标“安全、能效、环境”综合性能提升为导向的综合改造是未来我国既有公共建筑改造的重要方向，也是亟待实施的重要工作之一。

第三节　既有公共建筑综合性能提升改造面临形势

既有公共建筑改造是应对变化气候、推进新型城镇化战略的重要路径。既有公共建筑综合性能提升与我国多年来倡导的资源节约、绿色低碳和生态文明的理念一脉相承，有利于破解能源资源瓶颈约束，满足人民日益增长的需求，实现建设资源节约型、环境友好型社会的发展目标，缓解全球气候变化。

（1）国际社会对促进低碳与可持续发展达成一致理念

2015 年，在法国巴黎召开的巴黎世界气候变化大会上，《联合国气候变化框架公约》195 个缔约方通过了历史上首个关于气候变化的全球协定——《巴黎协定》。与会各方达成一致，确定了“加强对气候变化威胁的全球应对，将全球平均气温升幅与前工业化时期相比控制在 2℃以内，并继续努力、争取把温度升幅限定在 1.5℃之内”的长期目标。我国提交国家自主贡献文件并表示将于 2030 年左右使二氧化碳排放达到峰值，单位国内生产总值二氧化碳排放比 2005 年下降 60% ~ 65%，非化石能源占一次能源消费比重达到 20%左右，森林蓄积量比 2005 年增加 45 亿 m^3 左右。建筑领域作为我国能源消耗大户，非节能公共建筑占比较大，对既有公共建筑进行综合改造，降低公共建筑能耗，改善公共建筑的能源使用结构和效率，是促进我国实现低碳与可持续发展目标的重要举措。

（2）党的十九大精神再次深化生态文明理念

党的十九大报告提出“坚持新发展理念，坚持人与自然和谐共生”等新时代坚持和发展中国特色社会主义的基本方略，提出“加快生态文明体制改革，建设美丽中国”，要求“要牢固树立社会主义生态文明观，推动形成人与自然和谐发展现代化建设新格局，为保护生态环境做出我们这代人的努力”。与此同时，我国建立了较为完善的建筑低碳发展法律法规体系、财税政策体系、标准规范体系、能力支撑体系与市场经济体系。各级政府重视政策体系的先导作用，建立了国家、地方多层级联动的建筑低碳发展政策体系，引导建筑绿色、低碳发展。实施既有公共建筑综合改造是深入贯彻落实党中央、国务院关于加强生态文明建设理念的必然需求。

（3）新时代建筑行业发展逐步向既有建筑改造市场侧重

当前，我国城镇化速度放缓，建筑领域已进入存量时代，既有建筑的改造已成为未来行业发展的重点之一。十八届五中全会上，习近平主席发表讲话，指出“绿色循环低碳发展，是当今时代科技革命和产业变革的方向，是最有前途的发展领域，我国在这方面的潜力相当大，可以形成很多新的经济增长点”。2019 年 6 月 19 日，李克强总理主持召开国务院常务会议，部署推进城镇老旧小区改造，顺应群众期盼改善居住条件。在中央高度重视绿色发展与供给侧结构性改革背景下，建筑行业转型升级成为必然，逐渐形成以绿色发展为核心，全面深入推动既有建筑改造、绿色建筑等市场发展为重点的产业发展模式。此外，现阶段受资源环境制约，城市新建建筑增速放缓、新建建筑量逐年减少，既有建筑的修缮改造成为行业发展重点，引导建筑企业向既有建筑改造市场转型，既有公共建筑改造形势可观。

（4）社会公众迫切需要提升既有公共建筑品质及舒适性

在新的发展阶段，建筑被赋予“以人为本”的属性，既有公共建筑的使用时间占据城市居民工作时间的 70% ~ 90%，加之既有公共建筑存量及能耗日益增加，在既有公共建筑各方面性能退化与社会公众日益增长的美好生活需求背景下，以既有公共建筑使用者对建筑品质及舒适性等方面的满意体验为出发点，必须着力提升既有公共建筑综合性能，将既有公共建筑从之前的功能本位转变到同时重视既有公共建筑的服务品质、综合性能。实施既有公共建筑综合改造，是提升既有公共建筑品质、满足人们日益增长的美好生活需求的有效途径。

综上所述，实施既有公共建筑综合改造顺应国际上倡导低碳发展、我国深化生态文明建设的政策趋势，符合新时代建筑行业盘活既有建筑改造市场存量的行业发展主流，同时也是对标国际先进的必由之路，是践行“以人为本”、提升公众建筑体验与生活舒适度的重要途径。

第三章

改造目标规划影响因素分析及情景设定

第一节　影响因素分析

既有公共建筑综合性能提升改造受政策、经济、市场等因素的交互影响，本书通过建立影响因素社会网络分析模型，识别影响既有公共建筑综合性能提升改造的关键性因素，为综合性能提升改造目标制定提供基础。

3.1.1　因素识别

（1）政策因素

政策因素是导向型因素，其对既有公共建筑综合性能提升改造目标规划的影响主要从强制性政策及激励性政策两方面来体现。强制性政策通常包括国家相关的政策法规、标准规范及相关管理机制等，依靠强制力从宏观层面对改造目标实现提供保障。针对既有公共建筑综合性能提升改造的激励性政策主要包括财政补贴、税收优惠、专项基金等经济激励措施，可有效降低改造产生的增量成本，实现外部经济效益内部化，提升业主及改造服务企业的改造意愿，进而推动既有公共建筑综合性能提升改造工作的积极性。

（2）经济因素

经济因素是关键性外部因素，其对既有公共建筑综合性能提升改造目标规划的影响主要从国家宏观 GDP 增速、区域经济发展水平和综合性能提升改造增量成本三个方面来体现。其中，GDP 增速是决定既有公共建筑综合性能提升改造工作实施的经济基础，从宏观引领层面对国家及区域改造动力及改造产业发展方向产生影响。区域经济发展水平与区域内既有公共建筑存量有较强的相关性，区域经济发展水平提升有利于推动区域内建筑行业高质量发展，进而加快综合性能提升改造工作推进。经济发展水平较高的地区，地方政府及民众对提升改造工作的认可度普遍较高，有意愿也有能力投入一定的资金参与提升改造。综合性能提升改造增量成本是指改造活动前期资金投入与后期运行节能收益之间的差值，在一定程度上会极大影响业主进行综合性能提升改造的积极性。

（3）技术因素

技术因素是支撑型因素，其对既有公共建筑综合性能提升改造目标规划的影响主要从改造技术适用性与先进性、技术体系完备性两方面来体现。在数十年的既有建筑改造工作中，我国已积累了大量的技术应用经验，并形成了指导既有建筑改造的重要标准文件，为开展基于更高性能的既有公共建筑提升改造奠定了基础。但另一方面，国家生态文明建设的相关要求、民众生活水平的提升诉求等都对既有建筑改造提出了更高的建设目标。

既有公共建筑综合性能的提升，一方面体现在建筑能效、建筑环境以及建筑安全等方面专项性能的提升，另一方面也对建筑整体性能提出了要求。在能效性能提升方面，重点开展围护结构保温隔热性能提升技术及关键产品开发、机电系统高效供能改造及系统能效优化调控等技术体系；在环境性能提升方面，重点开展更高舒适性的热湿环境和物理环境提升关键技术，并开发室内环境监测调控相关设备；在安全性能提升方面，重点研究提升既有公共建筑面对重大灾害的适应能力，如火灾、风灾等，整体提升建筑的使用寿命。围绕既有建筑综合性能方面，在各专项技术改造提升的基础上更加侧重于建筑整体性能的监测管理与评价，全方位打造节能、舒适、安全的使用品质。

目前，已研究形成了一系列针对既有公共建筑综合性能提升改造的关键技术和产品装置，并在北京、深圳、重庆等地进行了工程应用，取得了很好的示范效果。但在市场进一步推广方面，还应考虑各项技术和产品被市场普遍接受的时间成本和经济成本。

（4）市场因素

市场因素是外驱因素，其对既有公共建筑综合性能提升改造目标规划的影响主要从改造市场成熟度及改造服务机构专业性两个方面来体现。综合改造市场成熟度是对市场机制完善程度、市场参与主体改造意愿、改造服务产业规模、改造服务产业经济贡献率等多因素系统评价后的综合反映，市场成熟度提升必然会带动既有公共建筑综合改造量的增加。重庆是我国既有公共建筑节能改造工作的典型城市，改造工作推进过程中，率先采用节能效益分享型的合同能源管理模式，有效调动改造各方积极性，充分盘活改造市场。改造服务机构专业性是既有公共建筑综合改造市场供给侧能力的重要体现，提升改造服务机构的专业能力，建立改造效果测评机制、倒逼改造服务机构专业水平提升是推进综合性能提升改造工作的关键。中国节能协会节能服务产业委员会（Esco Committee of China Energy Conservation Association，简称“EMCA”）于2015年开始开展节能服务企业评级工作，对参评企业的注册资金、项目经验、产品技术等方面进行综合评价，这一举措有效提升了以往节能改造中节能服务企业的专业度，发挥了市场供给侧的重要影响作用。

（5）社会因素

社会因素是内源因素，其对既有公共建筑综合性能提升改造目标规划的影响主要从民众可接受度、民众改造意愿及城镇化率三个方面来体现。民众接受程度是改造工作开展及有效推进的社会基础，改造过程涉及安全、环境、节能多项性能，涉及建筑多个功能区间，改造的增量成本及改造活动将影响建筑的正常使用，因此，民众尤其是建筑业主的可接受度是改造得以进行的前提。民众改造意愿是改造需求量持续增加、市场逐步繁荣的重要影响因素，基于性能提升后收益增加、使用舒适性提升所带来的改造意愿提升使改造需求增加，促进改造工作开展。城镇化率的提升是建筑领域进入存量时代后，加速推动既有公共建筑改造领域绿色化发展的必然。据统计，我国城镇化率从 1978 年的 17.90% 增长至 2018 年的 59.58%，预计 2020 年将达到 63.40%，在城镇化率攀升与新建建筑增速放缓的背景下，既有建筑改造工作在未来一段时间具有巨大的发展空间。

综上所述，既有公共建筑综合性能提升改造目标制定的影响因素包含政策、经济、市场、技术、社会五个类别，具体包括强制性政策、激励性政策、GDP 增速、区域经济发展水平、改造增量成本、关键改造技术的先进性、改造技术体系的完备性、改造市场的成熟度、改造服务机构的专业性、社会可接受度、民众改造意愿及城镇化率等 12 个重要因素。

3.1.2 关键影响因素筛选

既有公共建筑综合性能提升改造目标规划受多因素影响，关键因素的提炼是进行目标规划的基础。目前，对于影响因素的研究方法主要有扎根理论、结构方程模型、主成分分析及社会网络分析方法等，由于既有公共建筑综合性能提升改造目标规划影响因素具有耦合性、交互性等特征，而社会网络分析法（Social Network Analysis，以下简称“SNA”）相较于其他方法更适用于从错综复杂的因素网络结构中析出关键因素，因此选取 SNA 进行影响因素研究。

运用 SNA，以既有公共建筑综合性能提升改造目标影响因素作为网络节点，将各个影响因素之间的相互关系定义为网络连线或边，对既有公共建筑改造目标制定影响因素展开系统分析，提炼关键性影响因素。

在识别影响既有公共建筑综合性能提升改造目标制定 12 个重要影响因素的基础上，选择 40 个学术界与企业界相关领域专家对各个因素之间的重要性及关联程度进行打分。将因素间关系强度分为：强相关（4 分）；中等相关（3 分）；弱相关（2 分）；基本不相关（1 分）；不相关（0 分）。依据打分结果得到既有公共建筑综合性能提升改造目标制定影响因素邻接矩阵，并对邻接矩阵进行处理，得到既有公共建筑综合改造目标规划影响因素关系网络图（图 3.1-1）。

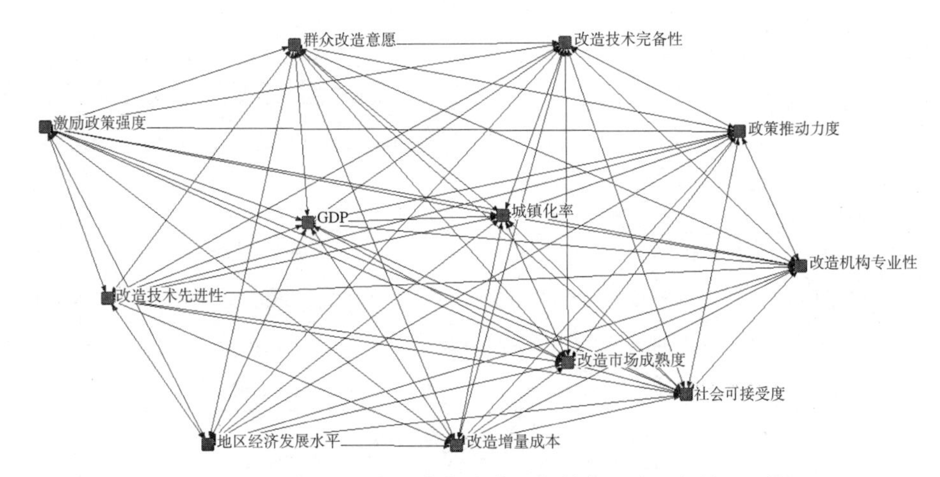

图 3.1-1　既有公共建筑综合改造目标制定影响因素关系网络

由关系网络图可以发现，综合性能提升改造目标制定的 12 个影响因素之间均存在关联关系，但仅凭关系网络图并不能判断关键因素及因素间具体作用关系。因此，需要进一步处理关系网络图以得出点度中心度（Degree Centrality）、中间中心度（Betweenness Centrality）和接近中心度（Closeness Centrality）三个指标并作进一步分析（表 3.1-1）。具体而言，点度中心度指标用于测量网络中与某个点直接相连的节点数量，其数值越大表明该点在关系网络图中处于中心性位置的可能性越大；中间中心度指标用于测量关系网络中的节点对其他点对之间作用的控制程度，其数值越大表明该节点成为连接其他点对的中介可能性越高，即该节点对其他点对间作用控制程度越高；接近中心度指标用于测量关系网络中某个节点与其他节点之间的紧密程度，其数值越大表明该节点与其他点之间距离越短，即关系越紧密；此外，接近中心度分为“内接近性（InCloseness）”和“外接近性（OutCloseness）”，表现的是该点的被控制能力及控制能力。

既有公共建筑综合改造目标制定影响因素中心性分析结果　　表 3.1-1

维度	Degree	Betweenness	InCloseness	OutCloseness
社会可接受度	34.900	2.477	41.590	100.000
改造增量成本	19.000	2.139	53.744	52.459
改造机构专业性	33.900	2.255	52.459	89.733
地区经济发展水平	29.500	2.317	57.159	63.374
政策推动力度	37.300	3.135	57.159	68.565
激励政策强度	39.700	2.863	80.874	64.000
GDP	37.500	4.462	89.737	80.874

续表

维度	Degree	Betweenness	InCloseness	OutCloseness
改造技术先进性	39.200	2.733	64.000	61.537
城镇化率	40.200	3.137	88.739	72.727
改造市场成熟度	35.200	5.741	41.590	53.744
改造技术完备性	32.500	2.400	54.355	57.159
民众改造意愿	35.900	1.633	63.374	41.590
平均数	34.560	2.941	62.065	67.147
中间势	12.12%	2.63%	33.28%	35.74%

（1）点度中心度（Degree）分析

由表 3.1-1 可知，社会可接受度、政策推动力度、激励政策强度、GDP、改造技术先进性、城镇化率、改造市场成熟度及民众改造意愿 8 个因素的点度中心度值大于点度中心度平均值，说明这些因素与其他节点直接相连，处于社会网络图战略性中心位置，是既有公共建筑综合改造目标制定的重要影响因素。但是，点度中心度指标也有一定的局限性，即它仅能说明因素的重要性，无法描述因素间的作用关系。因此，还需要对各因素的中间中心度指标与接近中心度指标进行分析。

（2）中间中心度（Betweenness）分析

由表 3.1-1 可知，关系网络图的中间中心势值为 2.63%，表明网络中存在能够有效控制综合性能提升改造目标制定的影响因素。政策推动力度、GDP、城镇化率及改造市场成熟度等因素的中间中心度值超过平均值，表明这些因素在一定程度上对其他因素起到调节作用。

（3）接近中心度分析

由表 3.1-1 可知，该关系网络内接近中心势值和外接近中心势值高达 33.28% 和 35.74%，说明关系网络中存在较强的控制能力。激励政策强度、GDP、改造技术先进性、城镇化率、群众改造意愿具有较高的内接近性；而社会可接受度、改造机构专业性、政策推动力度、GDP、城镇化率具有较高的外接近性。内接近性较高的因素易随相关因素而变化，可用于观察既有公共建筑综合改造目标制定实施情况；外接近性较高的因素能有效控制其他因素，调整和改善这些因素对于提高既有公共建筑综合改造目标制定科学准确性具有重要意义。

（4）结论分析

通过对以上三个指标进行分析，将具有较高中心度的既有公共建筑综合改造目标制定影响因素进行整理（表 3.1-2）。由表 3.1-2 可知，政策推动力度、

GDP 和城镇化率在既有公共建筑综合性能提升改造目标制定影响因素重要性分析中出现频次最高，并且与其他因素之间的作用关系较强，是影响既有公共建筑综合改造目标制定的关键因素。

既有公共建筑综合性能提升改造目标制定影响因素重要性分析　　表 3.1–2

维度	政策因素	经济因素	技术因素	市场因素	社会因素
点度中心度	政策推动力度 激励政策强度	GDP	改造技术先进性	改造市场成熟度	社会可接受度 城镇化率
中间中心度	政策推动力度	GDP		改造市场成熟度	城镇化率
内接近性	激励政策强度	GDP	改造技术先进性		城镇化率 群众改造意愿
外接近性	政策推动力度	GDP		改造机构专业性	社会可接受度城镇化率

第二节　约束条件分析

既有公共建筑综合性能提升改造受公共建筑面积上限、公共建筑能耗总量上限、公共建筑能耗强度上限等三个指标约束，确定以上三个指标是开展综合性能提升改造目标规划的基础。

（1）公共建筑面积上限

公共建筑总能耗与公共建筑面积密切相关，因此，在能源消费总量控制的要求下，公共建筑面积上限是既有公共建筑综合性能提升改造目标规划的重要约束条件之一。伴随城镇化率逐年提高，我国建筑面积以年均十几亿平方米的增速增长，其中，公共建筑作为重要的建筑形式也保持较高增速。目前，清华大学研究团队与住房和城乡建设部标准定额研究所对未来公共建筑面积上限指标进行了研究。

清华大学研究团队[35][36]认为公共建筑面积上限的确定应基于对未来人均公共建筑面积的预测。团队首先分析了美国、日本、丹麦、巴西等国家公共建筑人均面积的发展趋势，并统计我国 2008 ~ 2015 年既有公共建筑面积存量及增速（图 3.2-1），进一步考虑我国经济、社会、政策等方面环境现状，分析办公建筑、教育用房及商场商铺几类公共建筑的面积增长趋势，提出我国未来人均公共建筑面积应避免大幅增长，在 2016 年基础上增长 50%，控制在 $18m^2$/ 人以内，进而预测在未来城市人口达到 10 亿时，公共建筑面积规模总量应控制在 180 亿 m^2。

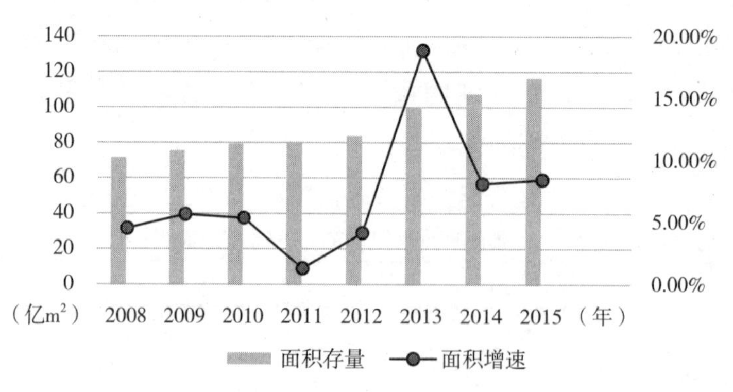

图 3.2-1 我国既有公共建筑面积存量

住房和城乡建设部标准定额研究所[37]基于情景模式设定方法对未来既有公共建筑面积进行预测，并在此基础上采取历年面积累计法进行测算，研究结果显示，“常规发展”情景下我国建筑面积总量将于 2045 年前后达到峰值，其中，公共建筑面积 2010 年至 2050 年持续上涨，且 2040 年后公共建筑面积增速放缓，预计 2050 年达到 247.3 亿 m^2。“严格控制”情景下，我国建筑面积总量将于 2041 年达到峰值，其中，公共建筑面积持续上涨，且在 2035 年后公共建筑面积增速放缓，预计 2050 年达到 180.6 亿 m^2。

综合来看，清华大学研究团队与住房和城乡建设部标准定额研究所对于未来公共建筑面积上限指标的研究结果差异较小，考虑我国集约化发展背景，公共建筑面积增速将处于收敛状态，因此，选取公共建筑面积上限为 180 亿 m^2 作为本研究约束指标。

（2）公共建筑能耗总量上限

公共建筑能耗上限是既有公共建筑综合性能提升改造目标规划的直接约束条件。需要说明的是，本研究所指的公共建筑能耗均为不包括北方城镇集中供暖能耗部分。公共建筑能耗总量上限是自上而下基于建筑领域总能耗上限、四个用能分项划分标准而确立，对未来公共建筑面积规模发展、单位用能强度等均提出限定要求。针对公共建筑能耗预测问题，清华大学研究团队、住房和城乡建设部标准定额研究所、湖南大学研究团队进行了研究。

清华大学研究团队[36]突破当前关于宏观建筑能耗分析模型直接从能耗强度出发的研究局限，将行为分布和技术因素纳入建筑能耗预测问题研究中，构建基于技术与行为因素的建筑能耗分析模型（Technology and Behavior Model，简称“TBM”），并基于 TBM 确定未来公共建筑能耗强度在 25kgce /（m^2·a）以内，从而在公共建筑面积总量控制在 180 亿 m^2 以内的情况下，公共建筑能耗总量控制在 4.4 亿吨标准煤左右。

住房和城乡建设部标准定额研究所[37]基于情景分析方法对未来公共建筑能耗进行预测，选取城镇化率、建筑存量、运行模式、建筑能耗强度等指标作为公共建筑能耗强度的主要影响因素，并在此基础上研究基准情景、低节能减排情景、中节能减排情景与强节能减排情景下公共建筑能耗总量，研究结果建议我国未来公共建筑运行能耗上限为3.4亿吨标准煤。

湖南大学研究团队[38]2014年进行公共建筑能耗预测研究，以2000～2011年度公共建筑运行能耗为数据基础（图3.2-2），综合考虑建筑能耗影响因素，基于灰色系统理论建立我国公共建筑运行能耗灰色预测模型，对公共建筑2012～2016年度运行能耗进行短期预测，结果显示，2016年我国公共建筑运行能耗将达到3.58～3.67亿吨标准煤，年平均增长率约为15.2%。

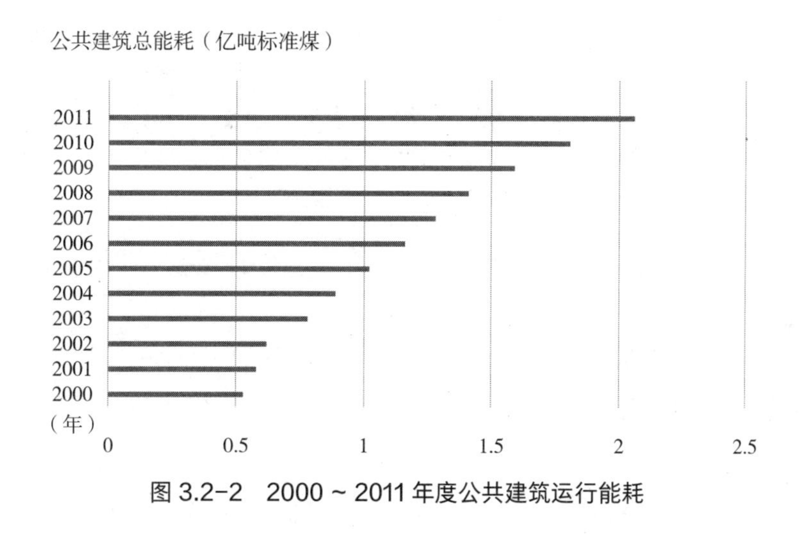

图3.2-2　2000～2011年度公共建筑运行能耗

综合来看，目前国内对于公共建筑能耗预测的研究较少，且由于研究方法及研究过程中选取的影响因素不同致使能耗预测结果存在较大差异。住房和城乡建设部标准定额研究所在研究过程中主要对城镇化率、人口、建筑面积进行量化研究并界定情景模式进而对建筑总能耗进行预测，缺乏对微观因素的量化测算。湖南大学研究团队基于灰色系统理论模型，以2000～2011年公共建筑能耗数据为基础预测未来公共建筑能耗，一方面，研究重点在于提出可行的能耗预测研究方法，但并没有对公共建筑能耗峰值进行精准预测；另一方面，就2016年预测结果来看，预测数据与实际能耗数据存在一定偏差。清华大学在研究过程中将难以量化的技术变革及用能行为指标纳入影响因素研究，多指标的综合考虑在一定程度上提升了预测的准确性，因此，本书参考清华大学研究团队提出的“公共建筑能耗上限4.4亿吨标准煤”的指标作为研究的约束条件。

（3）公共建筑能耗强度上限

公共建筑能耗强度是公共建筑单位面积的能耗值，直接反映公共建筑的用能情况，能耗强度控制指标越低表明对公共建筑用能要求越严格，因此，在既有公共建筑综合性能提升改造目标规划过程中，能耗强度指标是重要约束条件之一。

清华大学研究团队与住房和城乡建设部标准定额研究所均基于清华大学建筑节能研究中心[35]2010 ~ 2016 年公共建筑单位面积能耗强度指标统计结果，对公共建筑能耗强度指标进行了预测（图 3.2-3）。

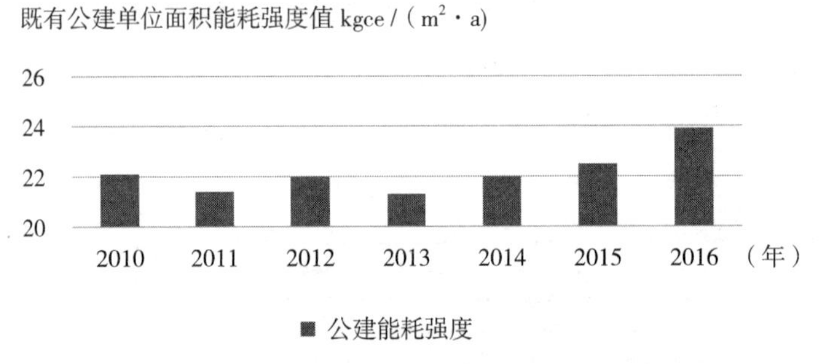

图 3.2-3　我国既有公共建筑单位面积能耗强度值

清华大学研究团队[36]应用 TBM，特别考虑了使用方式和技术因素等多因素对公共建筑能耗强度的影响，最终检验得到未来公共建筑能耗强度应控制在 25kgce /（m^2・a）的水平。

住房和城乡建设部标准定额研究所[37]基于情景模式分析方法对未来新建公共建筑及 2030 年既有公共建筑能耗强度指标进行预测，结果显示，在约束情景下，未来新建公共建筑能耗强度值应控制在 20.5kgce /（m^2・a），2030 年既有公共建筑运行能耗强度值应控制在 24kgce /（m^2・a）；而在更为严格的推荐情景下，未来新建公共建筑能耗强度值应控制在 20kgce /（m^2・a），2030 年既有公共建筑运行能耗强度值应控制在 22kgce /（m^2・a）。

综合来看，清华大学研究团队应用的 TBM 模型能耗强度预测结果为 25kgce /（m^2・a），住房和城乡建设部标准定额研究所基于情景模式分析方法将预测结果确定在 20 ~ 24kgce /（m^2・a）范围内。基于行业领先机构的研究结果，综合考虑我国公共建筑能耗强度发展历史趋势和影响因素，可以明确公共建筑能耗强度值在 20 ~ 25kgce /（m^2・a）水平区间。

第三节　综合改造情景模式建立

我国既有公共建筑综合性能提升改造目标制定受多因素交互影响，考虑中长期的时间范畴，影响因素的作用机理具有明显的错综复杂与不确定性。本研究运用中长期情景分析模型探讨综合改造目标制定。

3.3.1　情景模式设定要点

我国既有公共建筑综合性能提升改造目标的确立应综合考虑未来能耗及碳排放约束，也应从供需平衡的角度考虑改造需求及当前政策、经济、技术等的支撑能力。从需求侧来看，未来综合改造需求巨大，但从供给侧来看，多元因素影响下改造工作不确定性较强，供给主体积极性低迷，且以往改造工作完成量情况较整体需求还有较大差距。同时，综合改造涵盖节能改造、环境改造、安全改造三项重点，而通过安全改造调研发现，我国以往改造工作中，节能和环境改造由于带来的直接效益明显，民众接受度高，可推广性强；而安全改造由于改造工作量较大，改造过程涉及结构变动影响正常生产生活，致使实际推广较为缓慢。因此，关注综合性能提升改造三项重点内容改造量，平衡改造供给侧与需求侧关系是综合性能提升改造情景模式设定要点。

3.3.2　情景模式设定思路与依据

自20世纪70年代，我国开始注重以节能改造、危房改造、抗震改造等为重点的既有建筑单项改造，伴随《节约能源管理暂行条例》的颁布，以“节能和环境两项综合改造”为核心的绿色化改造逐渐成为既有建筑改造重点。2016年，在中央精神指导下社会视角逐渐聚焦于解决老城区环境品质下降、空间秩序混乱等问题，由此，以“安全、节能、环境三项综合改造”为核心的既有建筑综合改造逐步得到重视，但由于开展时间较短且安全改造具有一定困难性，致使安全改造面临瓶颈较大。因此，改造情景立足“节能和环境两项综合改造”，以其中进行安全改造的比例为关键变量，即以“安全、节能、环境三项综合改造”的比例为情景变量进行情景模式设定。

（1）趋势照常情景

趋势照常情景模拟当前我国既有公共建筑综合性能提升改造现状水平。

从既有公共建筑安全改造实践情况来看，有关报道显示，2010 年北京市中小学公共建筑结构安全改造比例为 5.4%[39]。除结构安全改造外，公共建筑中其他类型的安全改造，如外围护结构安全改造等的比例约为 10% ~ 12%。而考虑北京在全国的领先性，全国范围内这一比例可能更低。因此，确定趋势照常情景模式下，节能和环境改造中进行安全改造的比例在 10% 左右。

（2）严格控制情景

严格控制情景模拟国家在出台严格控制政策下，节能和环境改造中安全改造的最高比例。

据调研结果显示，当前安全性能水平较差，相关指标的不满足率较高，有些已超过 50%，这些不满足情况需要很长一段时间的改造工作去消化。安全性能关乎民众生命财产安全，需要尤为重视。尤其在未来国家经济、社会、市场等支撑能力允许的情况下，安全改造的目标比例应该进一步提高。因此，从侧重改造需求的角度确定未来 2030 年安全改造的最高比例，即在严格控制情景模式下，出台严格的控制政策，要求节能及环境改造中进行安全改造的比例达到 50%。

（3）一般控制情景与中等控制情景

一般控制情景与中等控制情景是在确立安全改造的最低、最高比例后，依据 1990 年至今政府在既有公共建筑安全改造领域政策力度提升幅度确定的。

由 3.1.1 节关键影响因素分析可知，政策推动力度、GDP 和城镇化率是既有公共建筑综合性能提升改造目标制定的关键因素，其中，政策推动力度是最重要的影响因素，对安全改造影响最为重要。本研究梳理了 1990 年至今全国范围内国家层面、地方层面既有公共建筑安全改造方面的政策法规内容（表 3.3-1）。

安全改造相关政策梳理　　表 3.3-1

	序号	政策文件	时间（年）
国家层面	1	《城市房屋修缮管理规定》（建设部令第 11 号）	1991
	2	《危险房屋鉴定标准》JGJ 125—99	2000
	3	《既有建筑地基基础加固技术规范》JGJ 123—2000	2000
	4	《地震灾后建筑鉴定与加固技术指南》（建标〔2008〕132 号）	2008
	5	《砖混结构加固与修复》15G611	2009
	6	《建筑抗震鉴定标准》GB 50023—2009	2009
	7	《建筑抗震加固技术规程》JGJ 116—2009	2009
	8	《国务院办公厅关于印发全国中小学校舍安全工程实施方案的通知》（国办发〔2009〕34 号）	2009
	9	《砌体结构加固设计标准》GB 50702—2011	2011

续表

	序号	政策文件	时间（年）
国家层面	10	《建筑结构体外预应力加固技术规程》JGJ/T 279—2012	2012
	11	《既有建筑地基基础加固技术规范》JGJ 123—2012	2012
	12	《建筑抗震加固建设标准》（建标 158—2011）	2012
	13	《构筑物抗震鉴定标准》GB 50117—2014	2014
	14	《民用建筑可靠性鉴定标准》GB 50292—2015	2015
	15	《国务院关于进一步做好城镇棚户区和城乡危房改造及配套基础设施建设有关工作的意见》（国发〔2015〕37 号）	2015
	16	《国务院办公厅关于印发国家综合防灾减灾规划（2016 ~ 2020 年）的通知》（国办发〔2016〕104 号）	2016
	17	《住房城乡建设部关于印发城乡建设抗震防灾“十三五”规划的通知》（建质〔2016〕256 号）	2016
	18	《国务院关于印发国家教育事业发展“十三五”规划的通知》（国发〔2017〕4 号）	2017
	19	《国务院办公厅关于印发国家突发事件应急体系建设“十三五”规划的通知》（国办发〔2017〕2 号）	2017
	20	《国务院办公厅关于印发安全生产“十三五”规划的通知》（国办发〔2017〕3 号）	2017
地方层面	1	《四川省高层公共建筑消防安全管理规定》（四川省人民政府令第 53 号）	1994
	2	《北京市加快城市危旧房改造实施办法（试行）》（京政办发〔2000〕19 号）	2000
	3	《关于杭州市区危旧房屋改善实施办法（试行）》（杭政办函〔2006〕255 号）	2006
	4	《杭州市区危旧房近期改造规划编制和管理暂行办法》（杭政办函〔2006〕186 号）	2006
	5	《青岛市城市危险房屋管理规定（2007 年）》（青岛市人民政府令第 195 号）	2007
	6	《北京市房屋建筑抗震节能综合改造工作实施意见》（京政发〔2011〕32 号）	2011
	7	《景德镇市城市规划区内危旧房屋修缮管理办法》（景府发〔2012〕14 号）	2012
	8	《成都市房屋装修改造和维修加固管理暂行办法》（成房发〔2012〕14 号）	2012
	9	《北京地区既有建筑外套结构抗震加固技术导则》（京建发〔2012〕330）	2012
	10	《漯河市既有房屋装修、改造和维修加固管理办法》（漯政办〔2015〕93 号）	2015
	11	《北京市人民政府关于进一步加快推进棚户区和城乡危房改造及配套基础设施建设工作的意见》（京政发〔2016〕6 号）	2016
	12	《徽州传统建筑修缮加固》皖 2016G603	2016
	13	《河北省综合防灾减灾规划（2016 ~ 2020 年）》（冀减〔2016〕9 号）	2016
	14	《黑龙江省综合防灾减灾规划（2016 ~ 2020 年）》（黑政办发〔2017〕41 号）	2017
	15	《贵州省“十三五”综合防灾减灾规划》	2017
	16	《辽宁省综合防灾减灾规划（2016 ~ 2020 年）》（辽政办发〔2017〕135 号）	2017
	17	《关于深化城市有机更新促进历史风貌保护工作的若干意见》（沪府发〔2017〕50 号）	2017
	18	《广东省综合防灾减灾规划（2017 ~ 2020 年）》	2018
	19	《昭通市综合防灾减灾规划（2018 ~ 2020 年）》	2018
	20	《中山市旧厂房全面改造实施细则》（中府〔2018〕57 号）	2018
	21	《广州市历史建筑修缮图则》	2018

由安全改造相关政策发布数量可以看出，在国家层面，2005 年之前关于既有公共建筑安全改造方面的典型政策文本主要涵盖《城市房屋修缮管理规定》（建设部令第 11 号）、《危险房屋鉴定标准》JGJ 125—99 及《既有建筑地基基础加固技术规范》JGJ 123—2000 等 3 部；2006 年至 2010 年关于既有公共建筑安全改造方面的政策文本主要包含《砖混结构加固与修复》15G611、《建筑抗震鉴定标准》GB 50023—2009 等 5 部；2011 年至 2015 年关于既有公共建筑安全改造方面的政策文本主要包含《砌体结构加固设计标准》GB 50702—2011、《建筑结构体外预应力加固技术规程》JGJ/T 279—2012 等 7 部，主要集中在标准规范类文件；2016 年至今关于既有公共建筑安全改造方面的政策文本主要包含《国务院办公厅关于印发国家综合防灾减灾规划（2016 ~ 2020 年）的通知》、《国务院关于印发国家教育事业发展“十三五”规划的通知》等 5 部，主要集中于宏观指导性文件。此外，地方政府也相继依据宏观指导性文件出台了地方政策文件，因此，2016 年之后地方性政策文件颁布较多。图 3.3-1 为 1990 年至今我国既有公共建筑安全改造政策文本数量演进趋势图。

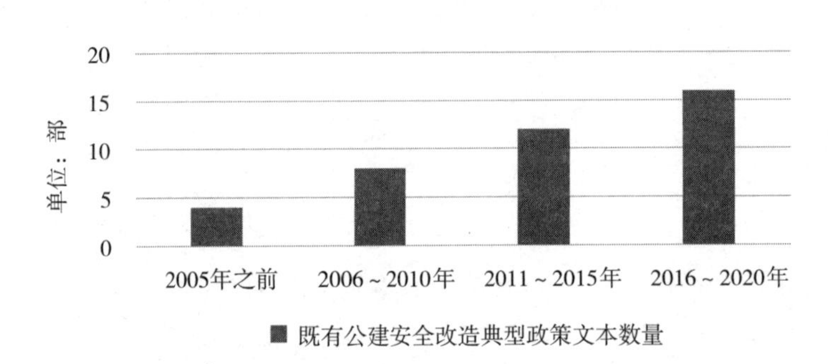

图 3.3-1 既有公共建筑安全改造政策文本数量演进

综合来看，以上面划分的时间区间来看，包括国家层面与地方层面两部分的既有公共建筑安全改造相关的政策文本数量呈现上涨趋势，表明国家对于既有公共建筑安全改造的重视程度在逐步加深。同时参考类似中长期情景研究，为体现情景间的趋势化特征，将一般控制情景下安全改造比例设置为 20%，将中等控制情景下安全改造比例设置为 30%。

3.3.3 情景设定结论

综上，基于既有公共建筑安全改造实践情况及未来需求情况确定安全改造在节能及环境改造中所占比例的上下限，即情景一为实践中节能及环境改造中进行安全改造的比例为 10% 左右；情景四为节能及环境改造中进行安全改造的比例达到50%左右。进一步，根据安全改造相关政策梳理所形成的政策递进趋势，确定情景模式二和情景模式三的安全改造比例设定。基于以上分析，设定四种综合改造情景：

（1）情景一：趋势照常情景

情景特点：安全改造推行力度照常，实践中节能及环境改造中进行安全改造的比例按当前水平执行，约10%左右。

（2）情景二：一般控制情景

情景特点：在情景一基础上推行力度稍强，要求节能及环境改造中进行安全改造的比例达到20%左右。

（3）情景三：中等控制情景

情景特点：在情景二基础上推行力度更强，要求节能及环境改造中进行安全改造的比例达到30%。

（4）情景四：严格控制情景

情景特点：出台非常严格的控制政策，在情景三基础上推行力度更强，要求节能及环境改造中进行安全改造的比例达到50%。

综合考虑“节能和环境两项综合改造”与“安全、节能、环境三项综合改造”的发展现状，提炼安全改造比例作为情景模式设定的关键变量，进一步确定以上四种情景模式，并在此基础上，对不同情景模式下的综合性能提升改造效益进行测算，由此，为既有公共建筑综合性能提升改造目标规划提供基础。

第四章
既有公共建筑综合性能提升改造目标规划

第一节　综合改造目标规划思路

在我国生态文明建设背景下，既有公共建筑综合性能提升改造是推进我国建筑行业可持续发展的重要途径。综合改造目标的制定应立足我国既有公共建筑改造工作基础，充分考虑能源资源约束上限和日益增长的综合性能水平提升需求之间的矛盾，以便保障工作的合理有序开展。本章遵循“安全优先、能耗约束、性能提升”的原则，对我国中长期（2021 ~ 2030 年）既有公共建筑综合性能提升改造目标进行规划。

建筑安全关系人民群众生命财产安全，是综合改造中优先考虑的重点内容，也一直受到国家的高度重视，同时也是未来城乡建设工作中需要持续推动的一项重要工作。同时，近年来环境恶化现象凸显，能源紧张形势严峻，绿色、节能已成为生态文明建设的优先主题。落实节能降耗、推动绿色发展成为新时代发展的主旋律。因此，未来既有公共建筑改造工作应在安全改造、节能改造的基础上，结合建筑领域高质量发展的总体需要，推进安全、节能、环境三项综合改造。

面对资源消耗过量和生态恶化的严峻形势，充分考虑我国的国情，我国政府对二氧化碳排放量、能源消费总量等提出了控制目标。2015 年巴黎气候大会，我国对国际社会做出了 2030 年单位国内生产总值二氧化碳排放比 2005 年下降 60% 到 65%，2030 年左右使二氧化碳排放达到峰值的目标承诺。2016 年，国务院发布“十三五”控制温室气体排放工作方案，进一步明确了“到 2020 年，能源消费总量控制在 50 亿吨标准煤以内”的能源消费总量目标。作为建筑领域能耗的重要组成部分，公共建筑能耗也需要进行总量控制，从而保障建筑及全国能源消耗总量能够达到约束要求。未来公共建筑能耗总量包括新建公共建筑能耗总量、既有公共建筑未改造部分能耗总量和既有公共建筑改造部分能耗总量三部分，既有建筑的改造能够有效降低运行能耗强度，从而保障公共建筑总能耗的降低。因而，公共建筑综合改造在当前较好的节能改造基础上，需要继续推进节能和环境的综合改造，保障公共建筑能耗控制在“红线”范围内。基于以上分析，通过“自上而下”对能耗上限约束要求，结合“自下而上”不同部分建筑规模和能耗强度的预测分析，确定 2030 年公共建筑节能和环境两项综合改造的最小目标作为既有公共建筑节能和环境两项综合性能提升改造目标。

随着建筑年代的增长，既有公共建筑安全性能提升需求日益增长，加快对于含安全性能提升在内的三项综合改造工作的引导推进势在必行。但是，通过调研发现，安全、节能、环境三项综合改造成本高、推进难度大，在以往安全改造、节能改造实践中，三项综合改造比例并不高，并与节能和环境改造存在一定的数量关系。因此，结合我国在政策、经济、社会、技术、市场等方面的支撑条件，采用成本效益分析、情景分析等方法综合考虑不同规模安全改造目标带来的成本投入及经济效益，寻找成本和效益的平衡点，确定安全改造目标在节能和环境综合改造基础目标中的占比，最终得到安全、节能、环境三项综合改造目标。

综合改造目标规划思路如下图 4.1-1 所示。

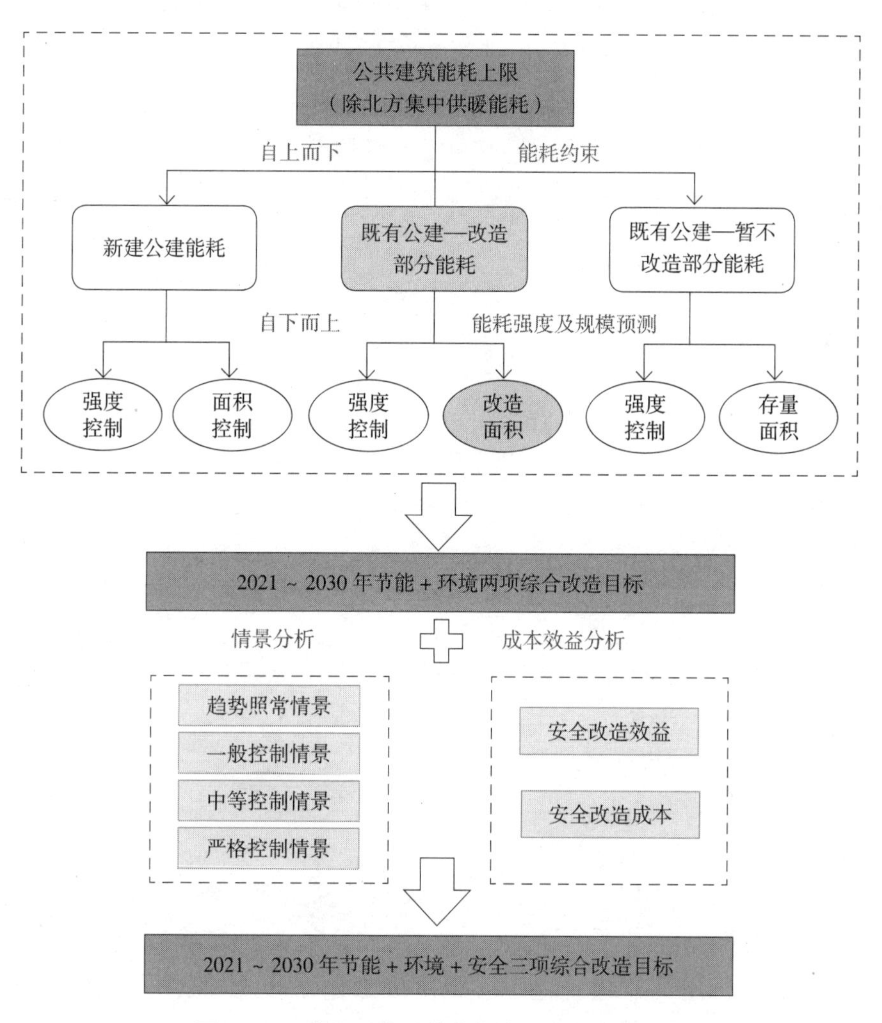

图 4.1-1 我国既有公共建筑综合改造目标规划

第二节　基于能耗总量约束的节能、环境两项综合性能提升改造目标

4.2.1　公共建筑能源消耗发展演变特性分析

随着我国宏观经济和城市化发展，公共建筑能耗总量一直随着规模的增长而持续增长。从 2001 年到 2015 年，公共建筑能耗总量从 0.72 亿吨标准煤增长到 2.60 亿吨标准煤，增长了三倍多[4]。

根据项目组对全国不同气候区共 1525 栋公共建筑能耗调研统计，如图 4.2-1 所示，我国公共建筑能耗强度分布较为离散，同一类型建筑能耗强度差异甚至达到 10 倍以上。另外相似结构和设备系统形式的公共建筑之间，由于使用人员数量、使用时间及运行管理方式不同都会具有不同的能源消耗特性。可见对于公共建筑，其本身结构、设备系统的设计配置以及建筑的使用方式是造成能源消耗水平差异的主要原因。

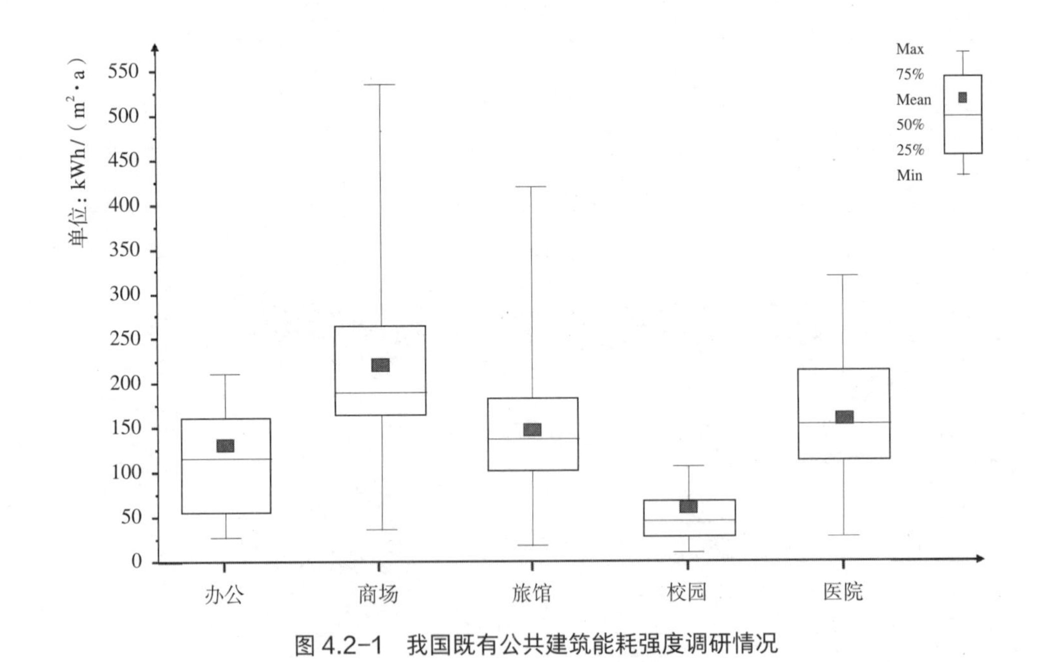

图 4.2-1　我国既有公共建筑能耗强度调研情况

根据清华大学建筑节能研究中心调研成果[35]，我国含采暖在内的公共建筑单位建筑能耗强度约为 28kgce/m^2，相对于美国、日本、欧洲等发达国家一般

50 ~ 80kgce/m^2 的能耗强度水平而言处于较低水平。除了气候差异外，服务需求水平和使用生活方式的差异是导致这种差距的主要原因。在服务需求方面，伴随我国经济发展和城市化进程的推进，使用者对于公共建筑在室内环境营造、设备智能化体验等方面的需求会持续提高，建筑用能设备量和能耗将会继续上升。

分析我国近十五年来公共建筑单位面积能耗强度变化趋势，可以大致分为三个阶段：

在 2005 年之前的“十五”阶段，是能耗强度的“快速增长期”。在此期间我国公共建筑能耗强度增长很快，5 年间能耗强度增长率达到了 26%。这个阶段我国经济发展较快，大型商业建筑等高能耗公共建筑规模快速增长。同时在此期间，我国建筑节能工作自“九五”期间进行专项规划以来，主要关注点还在居住建筑的热工性能提升方面，对于公共建筑的节能工作在“十五”期间还处于研讨研究阶段。公共建筑节能设计标准尚未出台，建筑设计更为追求造型的“新、奇、特”，对建筑运行的能源节约考虑不足。同时在公共建筑的使用上，使用者和运营者也主要关注建筑的环境和场景营造，相对缺少能源资源节约意识。最终需求的快速增长和相对滞后的建筑节能理念共同导致了此阶段公共建筑能耗的快速增长。

2006 ~ 2010 年期间，公共建筑能耗强度增长速度逐渐放缓，进入“缓慢增长期”，5 年间能耗强度增长率约为 11%。进入“十一五”以后，我国建筑节能工作加强推进，对大型公共建筑和公共机构开展了能源审计、能耗监测平台建设以及节能改造等相关工作，取得了较好的效果。2005 年，《公共建筑节能设计标准》GB 50189—2005 发布实施，公共建筑在设计阶段更加重视建筑热工、设备系统节能性能，同时，公共机构和大型公建能源审计和能耗监测及管理工作的推进有效引导了社会对于公共建筑运行管理节能的理念发展，促进了公共建筑节能改造技术市场的进步。此阶段大规模的节能运行管理和改造工作，有效降低了公共建筑的运行能耗，提升了公众对于公共建筑节能的认识，从而有效减缓了公共建筑能耗的上升速度。

2011 ~ 2015 年的“十二五”时期，公共建筑能耗强度出现了波动性降低的过程，进入了“波动稳定期”，5 年间能耗强度增长率降低至 1.8%。此阶段我国建筑节能工作已经取得初步成效，公共建筑节能技术与市场逐步发展成熟，许多高能耗的大型公共建筑已经开始自发地进行能耗监测管理和节能改造，节能服务模式逐步成型。设备系统方面，技术不断发展，能源利用效率逐步提升。光伏发电、太阳能热水、地源热泵等可再生能源利用技术的发展应用也进一步降低了公共建筑的能源消耗。同时，随着建筑节能和绿色建筑理念及技术的发展，建筑物在满足使用者的照明、通风、室内环境调节等方面需求时，更多地关注被动式技术的应用，充分利用天然采光、自然通风等降低设备系统能源资源消耗。公共建筑节能从单纯的能源节约，逐步发展为对于能源节约和环境舒适性提升和保障的双方面需求。良好的技术市场支撑和大面积的推广应用，有效控制了公共建筑的能源消耗，实现了对于公共建筑能耗的稳定控制。

从以上分析看，在经济发展较快、需求提升较高的“十五”时期，公共建筑能耗强度增长十分迅速，而在“十一五”和“十二五”期间，由于建筑节能工作的推进，公共建筑能耗强度快速增长的情况明显得到了抑制。如果对公共建筑不进行节能控制，由于需求增长带来的能耗强度增长应该会较为明显，根据历史发展水平情况看，其五年平均能耗强度增长幅度应该会超过10%（图4.2-2）。

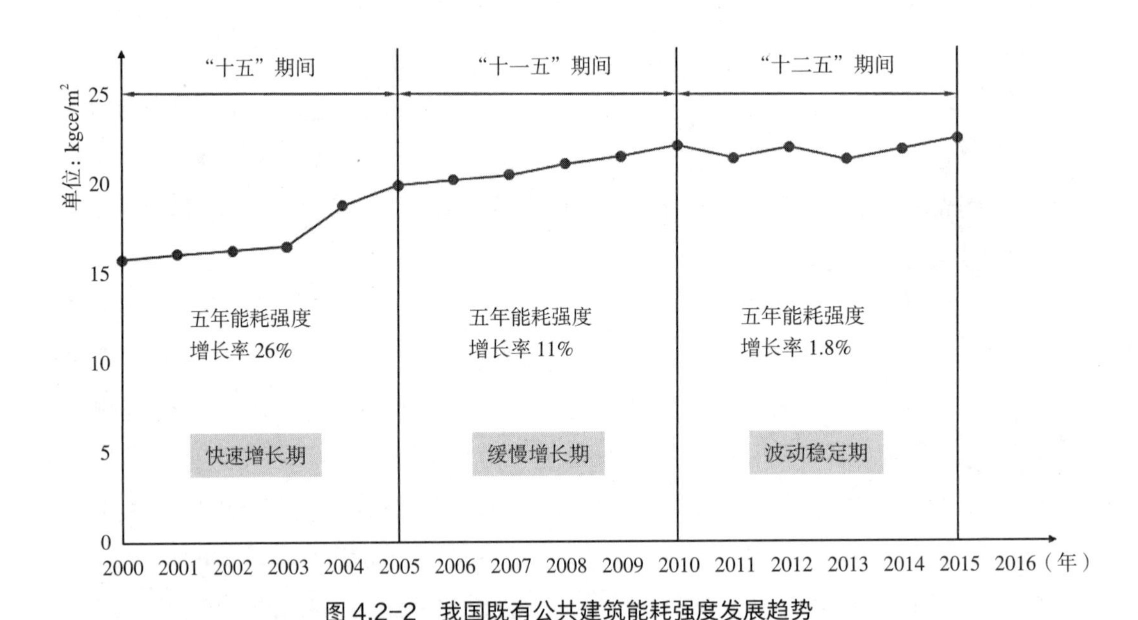

图4.2-2　我国既有公共建筑能耗强度发展趋势

4.2.2　能源总量约束下的公共建筑用能规划

综合考虑我国公共建筑能耗强度发展历史趋势和影响因素，以3.2节中确定的约束条件——到2030年我国公共建筑规模180亿m^2以内，总能源消耗4.4亿吨标准煤以内为约束目标，对未来公共建筑用能情况进行预测和分解。

以2015年为分析节点，2030年我国公共建筑的总能耗主要包括2015年之前的既有公共建筑能耗和2015年到2030年之间的新建公共建筑能耗两部分。截至2015年底，我国既有公共建筑规模为113亿m^2[4]，考虑公共建筑合理拆除情况，可以预测到2030年，我国当前既有公共建筑存量约为95亿~100亿m^2，若到2030年期间，控制公共建筑规模在180亿m^2以内，而自今开始新建的公共建筑规模约为 80 亿 ~ 85 亿 m^2，即当前既有公共建筑存量仍在未来公共建筑规模中占比一半以上（图 4.2-3）。

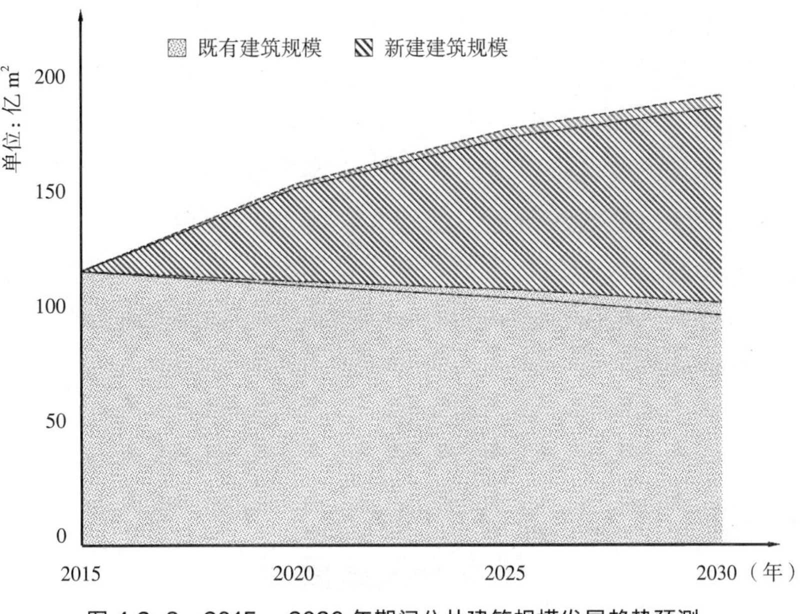

图 4.2-3　2015 ~ 2030 年期间公共建筑规模发展趋势预测

能耗强度方面，2015 年全国既有公共建筑不含北方采暖部分的能耗强度平均值为 23kgce/m^2，考虑需求增长对当前既有公共建筑平均能耗强度带来的影响，到 2030 年，未进行改造的既有公共建筑平均能耗强度将达到 26.6kgce/m^2，既有建筑存量总能耗将达到 2.5 ~ 2.7 亿吨标准煤。对于新建公共建筑部分，需要将平均能耗强度控制在 18.9 ~ 23.8kgce/m^2 才能够保证公共建筑总能耗满足能耗约束上限要求。按照当前《民用建筑能耗标准》GB/T 51161—2016 引导值水平计算，目前对新建公共建筑能耗强度引导值平均约为 26kgce/m^2，距离实现公共建筑 18.9 ~ 23.8kgce/m^2 的控制目标还有一定差距。

相对于既有公共建筑改造，新建公共建筑在节能技术措施推广应用、市场模式建立等方面都具有较大优势，所以在未来公共建筑节能减排任务承担方面，新建公共建筑可以承担更多减排量，综合考虑节能减排需求和技术可行性规划未来新建公共建筑平均能耗强度控制在 23kgce/m^2 以下，总能耗控制在 2.1 亿吨标准煤以下。对于现有既有公共建筑存量部分，平均能耗强度需要达到 24kgce/m^2 以下。在公共建筑用能需求不断增长的情况下，要减缓既有公共建筑的平均能耗强度的增长速度，对能耗强度及需求增长较快的典型既有公共建筑在开展节能改造工作时，通过新技术、新设备的应用，提高既有公共建筑综合能源利用效率，达到既有公共建筑平均能耗强度的整体降低。

4.2.3 节能和环境两项综合性能提升改造目标

根据相关研究结果[40]，公共建筑节能和环境改造一般能够带来 15% ~ 20% 的节能效果，尤其对于能耗较高的大型公共建筑，改造带来的经济效益十分显著。以既有公共建筑改造后平均约束能耗强度 24kgce/m^2 为目标，综合考虑我国既有公共建筑的改造推进能力和公共建筑改造示范对技术市场化应用的带动情况，在当前既有公共建筑存量基础上，到 2030 年至少需要完成 5 亿 m^2 的节能、环境两项综合改造目标。所以对于既有公共建筑的综合性能提升改造，在确定 5 亿 m^2 的节能和环境改造目标的基础上，再进一步开展安全改造的示范及相应的比例分配。

第三节　基于成本效益分析的安全、节能、环境三项综合性能提升改造目标

相对于节能和环境两项综合改造，含安全改造在内的三项综合改造工作推进受成本投入较高、经济效益偏低等因素影响，推动实施相对较为困难。本节在节能和环境两项综合改造基础上，从经济学视角出发，解析安全改造全过程成本效益构成，结合盈亏平衡分析确定含安全改造在内的既有公共建筑三项综合改造目标。

我国建筑安全改造工作启动较早，初期主要是对于居住类建筑的抗震安全加固，公共建筑方面主要是对学校等文教科研类建筑的改造加固。后来随着人们对建筑安全性能需求提升，我国又逐步开展了棚户区改造、危房改造等居住建筑改造的相关工作。但对于公共建筑的安全性能提升改造，由于受到改造成本等因素约束，一直未形成规模化的趋势。

课题组针对安全性能状况调研了全国各地区共计 200 余栋不同类型的公共建筑，从调研结果看，我国既有公共建筑总体安全性能不满足率较高，尤其年代较为久远的公共建筑的安全性能不满足率甚至高达 50% 以上。可见在安全改造方面，我国既有公共建筑有着较为迫切的改造需求。

安全改造目标的制定，需要综合考虑当前改造基础，根据改造成本以及改造带来的效益情况进行制定。本节对安全改造所需要的成本和效益进行模型构

建，计算和比较不同情景模式下，需要的成本投入和带来的直接及间接效益。在此基础上，进一步综合分析安全、能效、环境性能提升改造带来的社会经济效益，确定将能够达到成本效益最佳平衡的安全改造目标作为在节能和环境改造基础上的三项综合改造目标。

4.3.1　既有公共建筑安全改造成本模型构建

既有公共建筑安全改造成本主要包括前期研发投入成本、施工成本及改造所需固定资产投资成本三大部分。

前期研发投入成本方面，既有公共建筑安全改造是技术与人力集成工作，在前期市场的引导建立阶段，为保障和推进安全改造工作，需要从国家宏观层面进行技术的研发投入。研发经费投资主要分为三种投资类型：基础研究投资、应用研究投资以及试验与发展投资。基础研究支出形成理论成果，应用研究支出将理论成果形成技术成果，试验与发展经费支出将技术成果转换为具体的产品技术，三者有序开展，形成具有可落地性的产品技术。研发成本在短期内受改造面积影响较小，属于相对固定的支出，基本上认为是固定成本部分。

施工成本是指在安全改造的施工过程中所发生的全部生产费用的总和，包括消耗的原材料、辅助材料、构配件等费用，周转材料的摊消费或租赁费，支付给生产工人的工资、奖金、工资性质的津贴以及进行施工组织与管理所发生的全部费用支出。随着改造面积的增长，施工成本也不断增长，属于安全改造成本中的可变成本部分。

改造固定资产投资成本主要指改造施工过程中所需要的设备及工器具的购置成本，是既有公共建筑安全改造实施过程重要的前期投入费用。设备及工器具一次性购置后，拥有较长的使用寿命和周期，能够在多个项目中重复利用，受改造面积增长影响较小，属于安全改造成本中的固定成本部分。

在安全改造类型方面，主要涵盖结构加固安全改造、防火安全改造、机电系统安全改造及外围护结构安全改造几种类型，从课题组项目调研情况看结构安全改造比例相对较少，消防机电及外围护结构改造占比较大。根据以上成本组成部分及改造类型分析，构建既有公共建筑安全改造综合成本模型如下：

$$C=\alpha A_1S+\beta A_2S+A_3+A_4$$

式中：A_1——结构改造单位面积改造成本；

A_2——机电、消防、外围护等单位面积改造成本；

A_3——改造固定资产购置成本；

A_4——安全改造前期研发成本；

α——安全改造中结构性安全改造面积占比；

β——安全改造中消防、机电、外围护等改造占比；

S——安全改造面积。

在相对固定的单位面积改造成本情况下，随着改造面积的增大，对于公共建筑的安全改造成本投入将会逐渐增高。与此同时，前期研发和设备、工器具等固定成本在总成本中的占比也会逐步降低。

4.3.2 既有公共建筑安全改造效益模型构建

既有公共建筑安全改造效益可以分为直接效益和间接效益两部分，直接效益主要指安全改造对于被改造建筑本身带来的使用寿命延长和使用价值提升的效益。间接效益则主要指通过既有公共建筑使用寿命的延长，对全社会带来的资源节约效益。

（1）直接效益模型

既有公共建筑安全改造使用寿命延长产生效益是指经过结构加固改造后，再次投入使用的建筑寿命延长产生的价值。依据《混凝土结构加固设计规范》GB 50367—2013，通常情况下，进行结构加固安全改造的既有建筑使用年限按30年考虑，意味着结构加固后的建筑寿命将延长30年，使用年限的增长必然伴随租金等收益，从而形成增量收益。

既有公共建筑安全改造价值提升产生效益是指经过消防、机电、外围护结构安全等改造后，建筑本体价值较改造前产生的价值增量部分。具体而言，外围护及消防、机电等形式的安全改造尽管不能使建筑本体使用寿命明显增长，但对延长使用寿命仍有贡献，本书按延长10年计算。此外，建筑安全性提升必然伴随其价值相应提升，主要体现在租金的增长上，对此项效益的量化一方面可以利用特征价格法，将“使用价值和价值提升”这一特征价格予以衡量；更具有操作性和实用性的方法是市场比较法，对安全改造前后租金变化值进行比较，增长部分即为安全改造带来的效益。

基于以上分析，安全改造效益主要由既有公共建筑寿命延长产生效益和安全改造使用价值提升产生效益两方面构成，安全改造综合效益模型可表示为：

$$R=\alpha B_1 S T_1+\beta S\times \Delta B T_2$$

式中：B_1——安全改造后年租金；

ΔB——安全改造后年租金增长值；

α——安全改造中结构性安全改造面积占比；

β——安全改造中消防、机电、外围护等改造占比；

S——安全改造面积；

T_1——安全改造后建筑物使用寿命延长；

T_2——外围护结构改造建筑物使用寿命延长。

安全改造的直接效益是被改造建筑主体能够获得的直接效益，随着改造面积的增长，安全改造能带来的效益也逐渐增加。如果直接效益能够大于安全改造的成本投入，安全改造即具备实际盈利能力，从而促进安全改造工作的整体市场化推进。

（2）间接效益

间接效益方面，安全改造将显著提高建筑的后续使用寿命，避免建筑拆除带来的资源浪费，给建筑行业总体的建材节约带来效益。在建筑工程项目中，建筑材料所消耗的费用占据了整个工程造价的70%以上，其中主要建筑材料包括钢材、水泥和木材等。同时公共建筑寿命的延长还避免了拆除工作带来的大量建筑垃圾处理问题，减少了建筑垃圾排放成本。对于不同类型的公共建筑，在建筑材料消耗及垃圾排放方面都有所不同。为简化计算，将社会平均建筑建设主要建材消耗量和垃圾处理成本作为间接效益模型的主要参量，同时考虑安全改造对公共建筑带来的平均寿命延长时间在公共建筑平均寿命期的占比，最终建立安全改造对于社会资源节约带来的间接效益简要模型如下：

$$R=(E\mathrm{e}+F\mathrm{f}+G\mathrm{g}+H\mathrm{h})\gamma S$$

式中：E——单位面积公共建筑建筑建造钢材平均消耗量；

e——钢材平均单价；

F——单位面积公共建筑建筑建造水泥平均消耗量；

f——水泥平均单价；

G——单位面积公共建筑建筑建造木材平均消耗价值；

g——木材平均单价；

H——单位面积公共建筑建筑垃圾排放量；

h——建筑垃圾排放处理费单价；

γ——安全改造带来的公共建筑寿命提升占比；

S——安全改造面积。

以上模型通过对钢材、水泥、木材单位面积建设消耗价值计算，折合到安全改造带来的平均寿命延长期限中，同时考虑建筑垃圾排放成本，最终得出安全改造对建筑材料节约带来的间接效益。

4.3.3 基于情景模式的综合改造成本效益分析

既有公共建筑综合改造能够有效提升既有公共建筑安全、能效、环境等全方位性能，在延长建筑使用寿命，节约社会能源资源消耗，提升建筑使用者体验等方面带来显著的经济社会效益。在安全改造方面，通过对安全改造成本效益模型的构建，分析可见改造规模是安全改造过程中全社会整体的成本投入、直接及间接效益产出的关键影响因素。不同的安全改造面积，会带来不同成本和效益水平，过高的安全改造面积可能带来一次性较大的成本投入造成经济压力，而偏低的安全改造面积会导致总体产生的效益低于前期整体的成本投入，最终也无法形成良好的市场推动效应。本节通过对不同发展情景模式下的综合改造带来的经济社会效益、不同安全改造面积情况下的成本效益盈亏平衡情况等进行分析，最终确定较为合适的发展情景作为目标情景。根据第三章中长期发展情景建立中的分析结果，在节能和环境综合改造5亿m^2的目标下，设定不同安全改造面积占比情况下我国既有公共建筑综合改造发展情景（表4.3-1）。

综合改造情景模式设定　　表4.3-1

情景	节能和环境两项综合改造面积（亿m^2）	安全、节能、环境三项综合改造面积（亿m^2）	三项综合改造面积比例
情景一：趋势照常情景	5	0.50	约10%
情景二：一般控制情景	5	1.00	约20%
情景三：中等控制情景	5	1.50	约30%
情景四：严格控制情景	5	2.50	约50%

从实际调研现状情况看，我国既有公共建筑目前的服务水平总体不高。在能效方面，非节能公共建筑达到一半以上，而环境和安全性能方面，部分关键指标的不满足率情况甚至超过了80%。实施既有公共建筑安全、节能、环境综合改造可以有效提升我国社会经济发展的效益，主要体现在以下三个方面：一是公共建筑综合性能的提高，可以有效提升公共建筑服务水平，增加人民生活幸福感和获得感；二是公共建筑能效水平的提升和使用寿命的延长，能够有效降低建筑碳排放，促进我国建筑领域可持续发展；三是综合改造项目的实施推动，可以促进相关产业、行业发展，带来新的社会经济增长点。开展综合性能

提升改造工作，可以引导社会对于既有公共建筑综合性能的关注，在政策、技术、市场等各个环节探索改进方向，形成相关机制和方法，推动服务水平的实际提升。根据安全改造间接效益模型，参考我国当前实际建造业建材消耗水平、单价及建筑垃圾排放情况的调研数据，计算得到不同情景下既有公共建筑安全性能提升预期带来经济效益（表 4.3-2）。

不同情景下间接经济效益情况　　表 4.3-2

情景模式	节约钢材（亿元）	节约水泥（亿元）	节约木材（亿元）	减少建筑垃圾排放（亿元）	间接经济效益（亿元）
情景一	34.44	25.52	12	0.6	72.76
情景二	68.88	51.04	24	1.8	145.52
情景三	103.32	76.56	36	2.4	218.28
情景四	172.2	127.6	60	4	363.8

随着我国城市化进程逐步放缓，多个城市已经进入“城市更新”时代，新建建筑总量逐渐减少，建筑行业总体经济情况处于下滑趋势。在此背景下，既有公共建筑的综合改造工作定位于满足公共建筑实际性能提升需求，发掘建筑行业新的经济增长点。通过新技术新产品开发应用，综合性能改造项目能够有效拉动经济增长，促进相关产业链形成。按照节能和环境两项综合改造费用 0.25 万元 /m^2、实施安全、节能、环境三项综合改造的费用 0.4 万元 /m^2，大致估算，则情景一到情景四综合改造活动将带动我国实现非常可观的 GDP 增长，经济效益十分明显。

综上分析，安全、节能、环境三项综合改造具备良好的经济社会效益，有利于推动我国生态文明建设，实现建筑行业的可持续发展。但是其中安全性能改造是公共建筑综合改造的关键点和难点工作。目前受到成本投入高、相对回收期较长、经济效益相对较小等因素影响，我国既有公共建筑安全改造工作推进一直处于较为缓慢的状态。合理的安全改造目标，需要在当前支撑能力水平的基础上，尽可能用较低的成本投入起到更有效的推动作用。依据已经构建的安全改造的成本模型和效益模型，参考我国当前结构、消防、机电及外围护结构等各类安全改造工程的单位面积改造造价、建筑建造及改建行业固定资产投资情况、建筑业科技研发投入情况以及不同类型改造项目占比情况等对安全改造的成本效益进行盈亏平衡计算，得到不同情景模式下，成本与效益盈亏平衡图（图 4.3-1）。

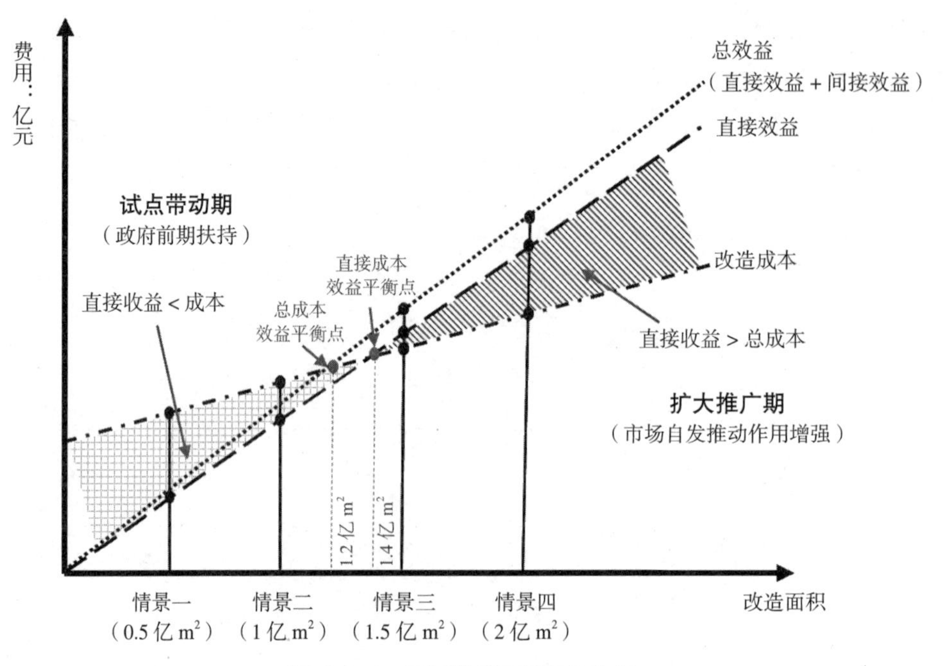

图 4.3-1　不同情景下盈亏平衡图

分析以上盈亏平衡结果，在情景一和情景二模式下，安全改造成本和改造带来的直接和间接效益都较低，未能达到安全改造的成本收益平衡，难以促进安全改造的市场自发推进。而在情景四模式下，综合改造效益远远超过了成本投入，能够有效促进安全改造的市场化推进，但是由此带来的改造成本也大幅度增加，对我国目前的政策、技术及经济支撑能力都会带来较大挑战。综合考虑安全改造成本与所带来的直接及间接经济效益的平衡情况，兼顾我国既有公共建筑综合改造基础支撑能力和改造的实际需求，选定情景三作为我国既有公共建筑综合性能提升改造工作的目标情景。在此情景下，到 2030 年，既有公共建筑完成 1.5 亿 m^2 的安全改造，通过大规模的应用推动公共建筑安全改造成本效益达到盈亏平衡，将安全改造工作从政府试点带动期推进到市场自发推广期，从而实现对于安全性能改造的市场化推动。

第四节　综合性能提升改造目标确定

我国既有公共建筑安全、节能、环境改造面临巨大的现实需求，无论是从建筑本体综合性能不佳的视角来看，还是结合未来节能低碳发展的客观要求，以及人民群众对建筑产品更优质的使用体验需求等来看，开展既有公共建筑综合性能改造工作都是十分必要且紧迫。

但是，这项工作的开展又面临很大的挑战。一是现阶段政策的引领作用不足，针对既有公共建筑同时进行安全、节能、环境三方面改造的相关政策并未出台；二是综合改造技术支撑能力不足，同时实施三方面改造对技术体系的集成性、综合性要求较高，我国目前关键改造技术仍需突破，相关的标准体系、技术导则并不完善；三是改造的成本因素掣肘，从以往改造实践可以看出，受改造成本及改造活动本身外部效应影响，建筑产权人或使用者往往缺乏改造积极性，相关市场机制不完善，改造活动初期需要政府以政策补贴等方式推动改造活动开展。因此，我国既有公共建筑综合改造工作面临的最大问题是现实改造需求与当前政策、技术、经济等的支撑能力严重不匹配，需求大、支撑弱的严重失衡对改造目标的制定尤其是落地实施带来重大考验（图 4.4-1）。

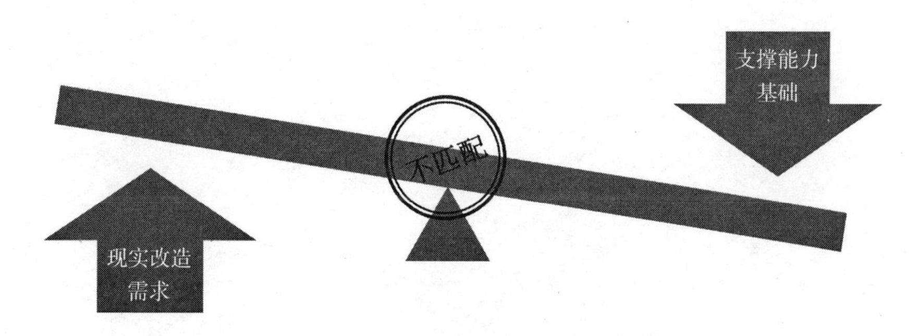

图 4.4-1 综合改造目标制定的逻辑关系图

“自上而下”的顶层设计需要依靠政策强制力来加速改造进程，同时，“自下而上”基于现实技术能力、市场基础、民众接受度、以往工作基础等因素的水平，只能制定一个相对保守的目标保障最终的可操作性。因此，考虑“自上而下”与“自下而上”相结合，兼顾顶层政策强制与基层力量突破，最终确定目标如下：

我国既有公共建筑综合改造中长期的量化目标设置为：在 2020 ~ 2030 年期间，为满足既有公共建筑运行能耗 4.4 亿吨标准煤的能耗上限要求，进行节能和环境两项综合改造的面积目标规划为 5 亿 m^2，其中实施安全、节能、环境三项综合改造面积为 1.5 亿 m^2，占比约为 30%。

第五章
既有公共建筑综合性能提升改造实施路径

我国既有公共建筑综合性能改造工作是在原有各单项性能改造工作基础上的提升，是对公共建筑全方位性能提高的引导和推动。综合改造工作目前整体还处于起步阶段，不同地区、不同类型公共建筑改造的基础和需求都有较大差异。对于我国既有公共建筑综合性能提升改造总目标在全国范围内的实施和实现，不能盲目地实行“一刀切”和“均匀分配”，需要全面分析不同地域、不同类型、不同时间阶段维度下的公共建筑工作基础和需求特点，有针对性地建立多维度、立体化、可实施的推进路线图。

第一节　路线图架构设计

全面考虑既有公共建筑综合性能提升改造路线图制定影响因素多、实施内容广、现有基础差、改造任务重等特点，对路线图制定的重要维度进行特点分析，对政策、市场、技术以及标准等各项主要任务进行研究，为路线图总目标的分解和具体实施路径的制定奠定基础。

5.1.1　核心维度

既有公共建筑综合性能提升改造路线制定的重点影响因素包括路线推进的时间、地域以及类型等。在不同的时间阶段、不同发展水平的省市以及不同的功能类型几个维度，既有公共建筑综合性能提升改造都有不同的改造需求及改造实施推进的基础，因此需要制定不同的改造推进路径。

时间维度方面，随着时间的推进，改造需求逐渐明确，工作基础逐步增强。时间维度路线制定时重点考虑综合性能改造的发展趋势和规律，分析不同时期综合改造发展需求特点，确定改造重点任务和具体实施路径，实现工作的阶段性和持续性推进。

地域维度方面，由于我国不同地区发展水平不同，既有公共建筑现状特点、改造需求都有较大的差异。地域维度路线制定从代表地域发展水平的重要因素出发，划分地域的具体分类。研究不同分类地域的发展重点，因地制宜制定推进目标和实施路径，保障综合性能提升改造在不同地区能够实现合理有序推进。

类型维度方面，公共建筑可以划分为办公、商场、酒店、医院、学校、公共场馆等。不同功能类型的公共建筑在实际使用方式、能耗特点、建筑结构类型等方面都有较大的差异，由此带来的综合性能提升改造需求也不尽相同。类型维度路线制定重点考虑建筑物本身特性对路线制定的影响，抓住各类型对于综合性能改造需求影响较大的主要矛盾，形成具有核心需求差异的分类。针对不同需求类型的不同特点，确定类型维度的工作推进目标和实施路径，保障既有公共建筑综合性能提升改造在不同类型公共建筑中能够有层次落实和实现。

5.1.2　工作重点

不同维度下，实现综合性能提升改造目标，需要从政策体系、技术研究、标准规范、市场模式推动等多方面考虑任务的分解和实施，构建路线图实施的工作重点内容（图 5.1-1）。

政策引导方面，需要建立一套适应我国既有公共建筑综合性能提升改造中长期（2020 ~ 2030 年）发展的政策体系，完成针对不同参与主体、不同建筑类型、不同发展阶段、强制性政策与激励性政策相结合的政策设计。

技术支撑方面，在不同维度下，需要有目标循序渐进地研究和集成应用既有公共建筑安全、环境、能效提升改造重点技术，总结技术应用经验。探索智能化、信息化、大数据等先进技术手段与传统技术的结合应用，在评价、设计、改造、运行等公共建筑综合性能提升各个环节提高技术应用效果，实现技术产品措施对既有公共建筑综合性能提升工作的核心支撑作用。

标准规范体系建立方面，凝练既有公共建筑综合性能提升改造核心技术措施和实施经验，分层次建立基础标准、通用标准、专用标准相协调，强制性标准与推荐性标准相配合的标准体系。有效推动核心技术的标准化、模板化，加快技术的推广和应用。

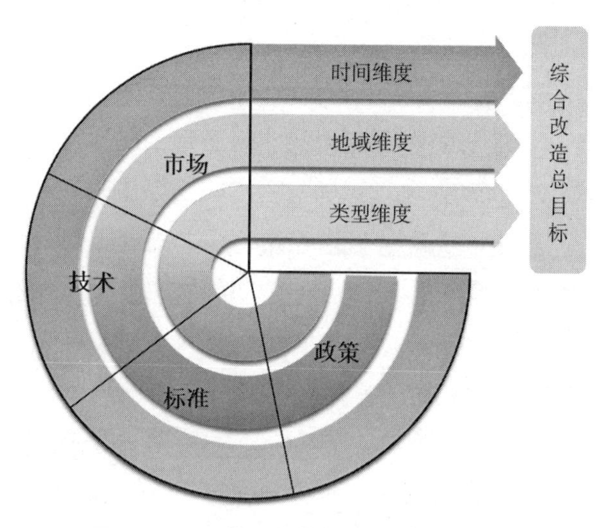

图 5.1-1　既有公共建筑实施路径制定框架

市场模式方面，建立推动既有公共建筑综合性能提升改造的市场化推广机制，实现由业主自发型改造、政策引导型改造向市场主导型改造模式转变，发挥市场机制“无形之手”的推动作用，使市场主导型改造模式成为我国未来既有公共建筑综合改造主要推广路径。

第二节　时间维度改造推进路线

5.2.1　时间维度划分

既有公共建筑综合改造的系统性、复杂性决定了大体量的改造工作不能一蹴而就，需要合理地划分改造工作内容，分阶段、分步骤有序实施。

从我国以往既有公共建筑改造实践来看，既有公共建筑在安全、节能、环境等单项改造方面已经积累了一定的经验，但是同时进行安全、节能、环境综合改造的案例并不多，相关的改造技术经验、施工经验、管理经验不足，亟需在前期开展试点示范，进行有益探索。所以在时间维度上，公共建筑的综合节能改造需要按照“前期探索——后期推广”的思路进行规划。

考虑我国政策计划制定和执行一般以五年为一周期，将 2021 ~ 2030 年的整体改造时序划分为两个阶段：第一阶段为“试点阶段”，时间跨度为 2021 ~ 2025 年；第二阶段为“推广阶段”，时间跨度为 2026 ~ 2030 年。

2021 ~ 2025 年的试点阶段，主要目标是实现对既有公共建筑的综合改造在政策体系、标准体系、技术体系和市场模式方面的探索和积累，为综合改造的全面开展奠定基础、积累经验。试点阶段的特点是工作基础薄弱，改造技术、标准支撑不足，市场模式尚未成形，需要在不同地区、不同类型的典型公共建筑中进行探索应用，对综合改造的政策体系、技术体系、标准体系和市场模式进行试验、分析以及优化提升。

由于模式尚未成熟，推进进度会相对较慢，在试点阶段，实施目标的制定相对于推广时期可以略微偏低。同时考虑探索的全面性和对经验积累的需要，相对于改造的经济效益，此阶段应该更注重改造项目所具备的代表性和示范性，在政策和补贴等方面的力度相对于推广阶段应该更强。

2026 ~ 2030 年的推广阶段，主要工作目标是对试点阶段已经取得的成果进行推广，通过示范和带动作用形成较为成熟的市场应用。推广阶段的特点是已经初步形成了较为完整的标准技术体系和政策市场模式，工作重心由探索和试验逐步转移到复制和推广中，通过不断探索应用，总结典型地区、典型项目在综合改造推广过程中的成功经验，将制约项目开展和区域大面积推广的障碍因素进行重点挖掘，分析制约机制，查找责任主体。将有益经验进行总结提炼，形成可复制、可推广的政策体系、技术体系、标准体系和市场模式等。

相对于试点阶段，推广阶段的公共建筑综合性能改造提升工作在政策体系、技术体系、标准体系等方面已经形成一定积累和经验，可以实施相对较高的改造目标任务，逐步提高推广改造的速度；在补贴和政策方面，应逐步引导综合改造工作的市场化、自发性的运作，降低公共建筑综合性能提升改造工作对于政策和补贴的依赖（图 5.2-1）。

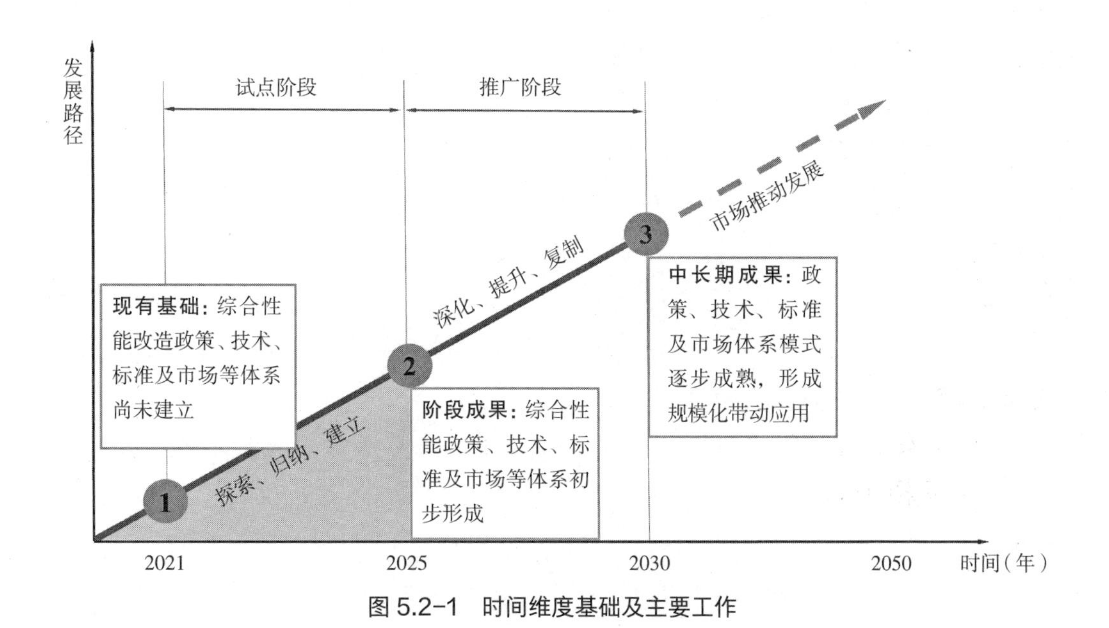

图 5.2-1　时间维度基础及主要工作

5.2.2　不同阶段工作重点

既有公共建筑综合性能提升改造工作推进的试点阶段和推广阶段在政策体系、技术体系、标准体系以及市场模式的建设和推动方面有着不同的工作重点。

（1）政策体系

政策体系方面，试点阶段由于技术市场不成熟，既有公共建筑综合性能提升改造成本相对较高，经济效益偏低，所以重点以激励、补贴性政策为主。到推广阶段，考虑对于大面积市场化的引导和推动，需要进一步完善改造主体行为规范、改造市场准入、退出等约束机制，形成以激励性政策激发主体积极性、强制性政策规范市场秩序，激励政策和强制政策协同配合的政策体系。

宏观政策层面，针对不同阶段发展特点，进行目标和方向的引导。在试点时期，各项工作基础尚未形成，需要对既有公共建筑综合性能提升改造基础能力建设、配套组织机构建设、管理流程建设、市场模式创新探索的基本方向进行顶层设计。进入推广阶段后，相关基础能力建设基本完成，宏观政策引导侧重方向逐步转变到对于市场规模化建设、管理流程以及技术标准体系的修正和完善上来。

执行政策层面，在试点阶段，需要逐步建立明确的既有公共建筑综合性能改造工作管理办法和实施方案，细化既有公共建筑综合性能检测与鉴定、改造与加固、维护与修缮等全过程的管理要点、补贴方式，形成既有公共建筑综合性能提升改造的管理工作流程。进入推广阶段后，管理工作流程初步完善，执行政策内容从方法流程建立转向细节优化和大规模市场化的引导和监督上来，逐步实现对于既有公共建筑综合性能提升改造全面市场化的保障和支撑。

（2）技术体系

技术体系方面，试点阶段重点以技术的研究开发、不同情况下的技术集成应用为主。通过不同技术产品在综合改造项目中的探索应用，总结经验问题，提升技术水平。尤其对于安全改造与节能及环境改造之间的协调和融合应用技术，需要作为试点阶段探索的重点方向。推广阶段，技术产品逐步成熟，开始进行完善提升和产业化、市场化应用。在应用方面形成完整的综合改造技术体系和模式，逐步实现规模化的应用和推广。

在试点阶段初期，既有公共建筑综合性能提升改造技术基本处于较为离散、独立的状态，不论是多项综合性能提升技术之间的全面融合还是检测与鉴定、改造与加固、维护与修缮全过程之间的协调，都未形成较为完整的技术产品体系。通过试点阶段示范项目的推广实施，现有能效、环境、安全等全过程相关技术逐步得到集成和完善，同时智能化、信息化等先进技术也逐步创新应用和融入，形成更为适用的新技术。到推广阶段，技术体系初步形成，伴随着对于改造项目市场化复制的推动，技术体系和产品逐步成熟化和标准化，最终支撑大规模综合性能提升项目的复制和开展。

（3）标准规范

标准体系方面，试点阶段主要任务是随着新技术研发和集成，对于综合性能提升改造全过程相关技术和集成应用方法进行标准的制定或修编。在当前相对较为独立的各项技术标准体系基础上，逐步完善和建立更适用于综合性能改造的新标准体系。进入试点阶段后，标准随着综合改造技术逐步成熟，标准体系也进入修正和提升阶段。

试点阶段重点对综合性能改造重点领域缺失或亟待更新的标准进行制定或

修编，例如既有公共建筑全面综合性能提升改造相关技术产品规范、设计施工规范等，总体是零星、片面化的。试点阶段标准规范制定的主要目的是引导和推动相关技术产品的应用，推动相关技术产品的成熟。进入推广阶段后，开始进一步扩大标准修订范围，形成技术标准、产品标准、评价标准全覆盖，基础标准、通用标准、专用标准相配合的综合改造标准体系，对市场化应用和产业化应用起到更好的支撑作用。

（4）市场模式

市场模式方面，试点阶段重点分析不同地区、不同类型公共建筑的综合改造需求特点和成本效益情况，通过借鉴已有成熟的市场化应用模式，探索适宜的综合改造市场化推进机制。推广阶段，针对逐步扩大的综合性能提升改造市场，重点工作由创新探索逐步发展到完善和提高层面。

在试点阶段，深入分析不同应用情景下的既有公共建筑综合性能改造项目诉求点、利益点和改造各相关主体利益关系，灵活利用政府激励机制和金融融资手段，建立创新的市场模式机制。进入推广阶段后，市场模式的应用具备了较为丰富的经验，形成了有针对性的标准化、模板化应用方法，在逐步发展的大规模应用中对于市场模式进一步细化修正，深化对于改造市场的推进作用。

5.2.3　时间维度路线图构建

基于以上对于试点阶段、推广阶段特点和重点工作的分析，对上一章确立的“5 亿 m^2 节能和环境两项综合改造，其中进一步进行安全改造的比例不低于 30%”的综合改造目标进行分解，包括试点阶段和推广阶段的改造目标值。分解的原则考虑工作推动由易到难、循序渐进的工作思路，同时进一步参考我国以往改造实践完成情况。因此，综合确定分阶段目标值为：

（1）试点阶段（2021 ~ 2025 年）

实施节能和环境两项综合改造 2 亿 m^2，年改造面积约 4000 万 m^2；从目标设置来看，我国“十二五”阶段改造目标相比“十一五”提升了 24%，试点阶段的改造目标相比“十三五”阶段改造目标提高 37%，具有可操作性。在 2 亿 m^2 的节能和环境两项综合改造目标中，同时进行安全改造的比例约为 30%，即全国开展 6000 万 m^2 的既有公共建筑安全、节能和环境三项综合改造。

（2）推广阶段（2026 ~ 2030 年）

在试点阶段的基础上加大改造速度，发挥试点阶段的规模带动效应，考虑政策支持力度、政策强制推广力度、技术及标准的支撑能力不断增强，在推广阶段设定节能和环境两项综合改造的目标值为 3 亿 m^2，年改造面积约 6000 万 m^2。

从改造量级来看，推广阶段目标相比试点阶段改造目标增长 50%，主要是考虑试点阶段积累的成功经验可以在推广阶段集聚爆发，可以带动综合改造较快推进。在 3 亿 m^2 的节能和环境两项综合改造目标中，同时进行安全改造的比例约为 30%，即 9000 万 m^2 的既有公共建筑安全、节能和环境三项综合改造（图 5.2-2）。

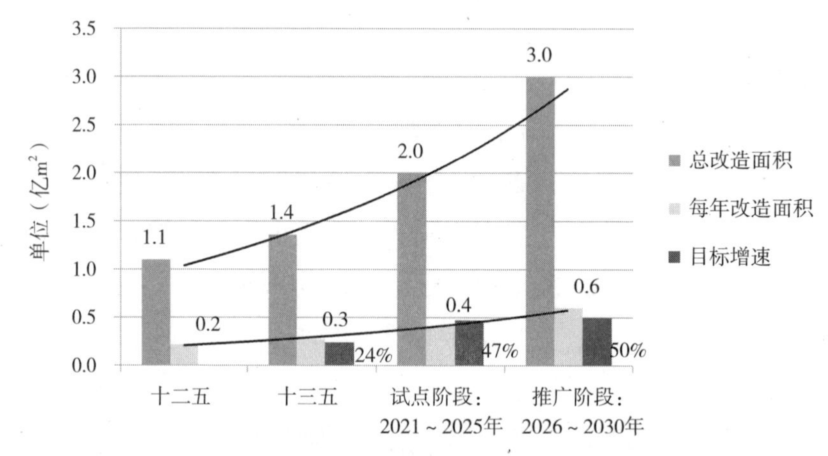

图 5.2-2　既有公共建筑综合改造分阶段目标

通过对不同时间阶段重点工作内容的分析，实现试点阶段和推广阶段分解目标需要从政策体系、标准规范、技术手段及市场模式多个方面实施推进，最终达到对各阶段目标的支撑和实现。既有公共建筑综合改造时间维度路线图如图 5.2-3。

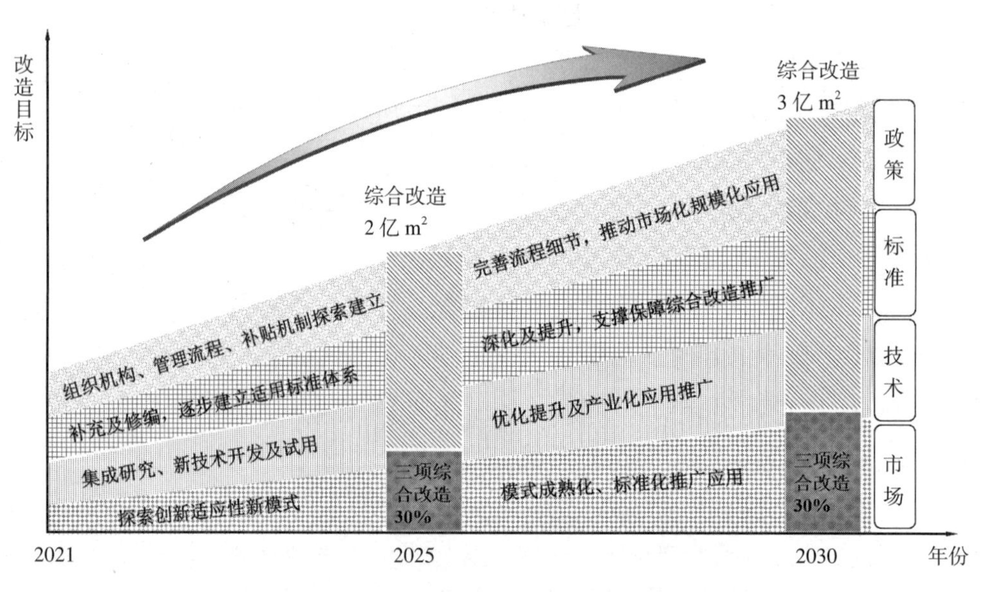

图　5.2-3　既有公共建筑综合改造时间维度路线图

第三节　地域维度改造推进路线

5.3.1　地域维度划分

（1）重点因素

我国国土覆盖地域广阔，各省市间地理气候环境、经济发展、风俗习惯、建筑风格等都有比较大的差异。对于既有公共建筑的综合性能提升改造在全国区域内的推广实施，需要遵循先进带动落后，从易到难，从重点推广到普遍应用的原则。各地域间的差异是由复杂的多重因素影响和构成的，根据既有公共建筑综合性能改造特点结合影响因素分析，确定影响地域维度政策推进的重点因素。

在 3.1 节对既有公共建筑综合改造的影响因素分析中，运用社会网络分析方法（SNA）进行影响因素间的中心度分析，可以看出政策推动力度、GDP 和城镇化率在既有公共建筑综合改造目标制定影响因素重要性分析中出现频次最高，并且与其他因素之间的作用关系较强，是影响既有公共建筑综合改造目标制定的关键因素。考虑政策推动力度这一指标难以量化评估，且经济发展水平较高、城镇化率较高地区的住房建设相关政策建设较为完备，因此，主要选择城镇化率、地区经济发展水平两项因素对全国多省市进行地域维度的划分。

（2）地域划分

调研分析 2015 年全国各省、自治区、直辖市经济城市发展水平数据，计算全国平均生产总值和城镇化率，运用聚类分析方法，对各省市发展情况进行聚类划分。

从图 5.3-1 中各省市生产总值和城镇化率水平分析可见，大致可以分为城镇化水平和经济发展水平都较高、城镇化水平和经济发展水平都比较一般以及城镇化水平和经济发展水平都较低三个层次。对于经济水平较高的省市，拥有较好的经济基础，在进行改造工作推进时，相对受到成本制约较小。对于城镇化水平较高的城市，城市建筑密度大，现阶段多已进入“存量建筑”时代，城市新建公共建筑量很少，既有公共建筑综合性能改造必要而紧迫。同时考虑曾经作为全国公共建筑节能改造示范城市、能效提升重点城市的省市地区，在政策推动、标准制定等方面已经具备一定基础，改造可落地项目多，市场较为成熟，更有利于进行前期的综合改造工作推动。综上对于不同因素下既有公共建筑综合性能提升改造的基础、需求特点分析，可以看出，对于经济水平和城镇化率都高于全国平均值的省市，可以作为我国既有公共建筑综合性能提升改造的重点推进区域。另外考虑重庆地区在我国西南地区的影响力和良好的节能改造工作基础，为兼顾改造示范对于全国地区的普遍代表和引导作用，将重庆市也纳入重点推进一类地区范围。对于经济水平和城镇化率都远远低于全国平均值的省市，由于需求相对较低、承受能力和支撑基础都较差，考虑作为带动推进的鼓励推进区域。其余经济和城镇化率水平相对中等的省市作为积极推进的次重点推进区域。

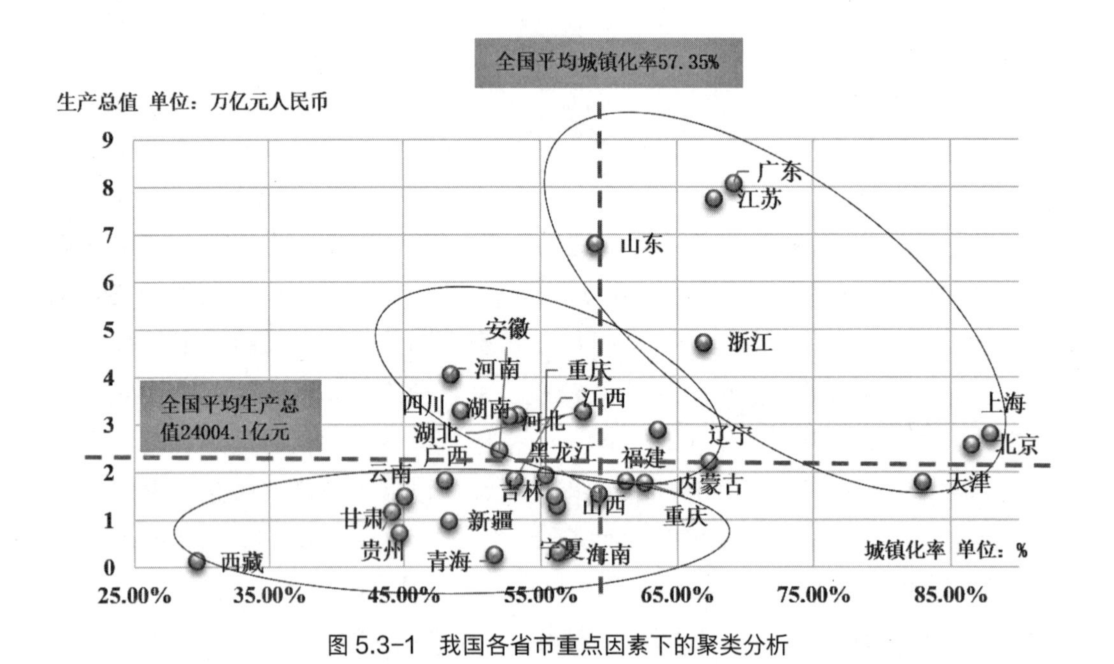

图 5.3-1 我国各省市重点因素下的聚类分析

通过对各个省市城镇化率、生产总值情况与全国平均水平的比较划分，兼顾前期既有公共建筑节能改造示范基础和对于全国典型区域的覆盖情况，将北京、上海、广东、江苏、重庆等 8 个省市作为重点推进的一类地区，湖北、福建、内蒙古等 10 个省市作为积极推进的第二类地区，西藏、甘肃、云南、贵州等 13 个省市作为鼓励推进的第三类地区。各类地区在全国地区分布情况如图 5.3-2 所示。

5.3.2 不同地域工作重点

（1）重点推进一类地区

重点推进一类地区主要是东部沿海的经济发达地区，“十二五”“十三五”

重点推进一类区域	积极推进二类区域	鼓励推进三类区域
北京	湖北	山西
上海	福建	吉林
江苏	内蒙古	海南
浙江	辽宁	青海
广东	黑龙江	宁夏
山东	河北	河南
天津	安徽	广西
重庆	江西	四川
	湖南	贵州
	陕西	云南
		西藏
		甘肃
		新疆

图 5.3-2　地域维度区域类型划分

时期全国公共建筑节能改造重点城市、全国建筑能效提升重点城市。一类地区改造需求大、工作基础好、承担能力强，在全国既有公共建筑综合性能提升改造工作中主要承担“领头羊”的示范引领作用。

在政策制定方面，一类地区应率先出台相关政策和实施办法，做好与国家政策衔接。根据地区发展特点和基础现状，因地制宜进行顶层目标规划、组织结构及管理流程建设、补贴机制设计等。充分发挥在经济发展方面的优势，大胆探索创新机制模式，为其他地区开辟道路和指引方向。充分利用公共建筑数量种类多、综合性能改造需求丰富的特点，在改造示范推进过程中，总结归纳针对不同类型细化需求的管理实施工作经验，形成较为完备的既有公共建筑综合性能提升改造管理工作方案和政策体系，为其他地区相关工作开展提供可借鉴的经验。

在技术研究和标准体系建设方面，一类地区应当充分发挥较好的研究能力基础优势，针对多样化的需求特点，充分开展相关研究和应用工作，持续加大在新技术新产品方面的研发投入，攻克前沿难点技术，引领全国行业技术发展。基于良好的技术开发基础，同步开展相关技术的标准化工作，以标准规范推动新技术的应用和推广，地方标准与团体标准相互推动促进，逐步建立完整完善的既有公共建筑综合性能提升标准体系。

在市场模式探索方面，一类地区借助良好的融资环境和丰富的实施经验，在改造项目实施过程中，分析不同类型特点，创新模式应用，探索不同情景下的市场推动经验。通过对不同种类、不同方式市场模式具体应用经验的总结梳理，归纳适用于既有公共建筑综合性能提升改造项目的市场模式，为其他地区综合改造的市场推动奠定基础。

（2）积极推进二类地区

积极推进二类地区主要集中在中部地区及东北地区，虽然经济和城市化水平略低于一类地区，但是从公共建筑总量和发展趋势上看，二类地区是实现既有公共建筑综合改造经验全国推广应用的中坚力量。对于二类地区的综合改造工作，应定位明确，积极推进，最大限度激发地区改造工作活力，发挥地方特点优势，支撑全国综合改造工作发展。

政策推动方面，二类地区需要紧跟国家政策，充分考虑地区特点及定位，有侧重地进行政策的细化和实施。充分学习和吸收一类地区先进经验，基于自身在管理工作基础、公共建筑改造需求方面的特点进行本地化应用和改良，形成适用于本地特点的政策体系。在部分拥有较好基础的工作内容方向上，主动探索推进，充分发挥优势，打造自身特色鲜明的政策体系。

技术标准建设方面，二类地区重点对现有基础查漏补缺，学习承接一类地区先进技术经验，在本地化集成应用中充分考虑自身特点，探索总结新技术新方法在本地的适应性，建立适用于本地区应用的技术标准体系。

市场模式建设方面，二类地区往往具备较为明显的地区行业领域差异，产业的综合性和全面性相较于一类地区不足。在进行综合改造市场模式的学习和引进中，要充分考虑当地经济产业特点，发挥优势，规避劣势，实现对于综合改造市场应用的有效推进。

（3）鼓励推进三类地区

鼓励推进三类地区主要集中在我国西部地区，经济发展水平和城镇化率相对较低，公共建筑数量占比偏低，综合改造活动受技术、经济等综合制约。但这类地区面积大、范围广、省份多，未来发展潜力空间较大。因此，从长远来看，三类地区的既有公共建筑综合改造工作也需要同步进行推进，对三类地区进行相关政策、技术支持，鼓励其参与既有公共建筑综合性能改造。

三类地区在既有公共建筑综合性能提升改造工作中的重点是对于国家宏观政策的承接和对一类、二类地区发展先进经验的学习和筛选应用。在政策体系建设、技术标准研发及市场模式的推广中，三类地区通过对先进地区经验和自身既有公共建筑发展水平现状调研梳理，分析各项政策、技术、标准及市场模式在本地区应用的适应性，确定适用于本地区的工作方案，逐步推进本地区综合改造工作。受限于经济水平约束，在政策实施和项目示范开展工作中，要依托本地区基础特点，集中力量重点推动能耗较高、安全和环境性能较差的公共建筑综合性能提升改造工作，以重要项目示范效果带动地区整体发展。

5.3.3　地域维度路线图构建

基于以上对于不同地域分类的特点和重点工作分析，对上一章确立的“5亿 m^2 的节能和环境两项综合改造，且其中进一步进行安全改造的比例不低于30%”的综合改造目标进行任务分解，得到各分类地区改造目标值。遵循“重点率先、逐步推广”的工作原则，综合确定不同地域公共建筑综合性能提升改造的目标值如下。

重点推进一类地区包含北京、上海、江苏、浙江、广东、山东、天津、重庆等8个省市，此类地区工作基础好，经济承受能力强，可以承担相对较高的改造任务。以北京地区为例，“十一五”期间完成普通公共建筑的围护结构节能改造515.33万 m^2 和大型公共建筑的低成本节能改造825万 m^2，“十二五”期间完成既有公共建筑围护结构节能改造600万 m^2，完成大型公共建筑低成本节能改造1950万 m^2。以当前全国既有公共建筑改造进度情况为参考，制定重点推进一类地区既有公共建筑综合性能提升改造中长期总目标，划定每省（直辖市）节能、环境两项综合改造目标为0.2亿 m^2，共1.6亿 m^2，且其中进一步进行安全改造的比例不低于30%。

积极推进二类地区包含湖北、福建、内蒙古、辽宁、黑龙江、河北、安徽、江西、湖南、陕西等10个省份，此类地区工作基础及经济发展水平中等，相对于一类地区可以承担相对较低的改造任务。住房城乡建设部办公厅、银监会办公厅在《关于深化公共建筑能效提升重点城市建设有关工作的通知》中提出:“十三五”时期，各省、自治区、直辖市建设不少于1个公共建筑能效提升重点城市，直辖市、计划单列市、省会城市直接作为重点城市进行建设；直辖市公共建筑节能改造面积不少于500万 m^2，副省级城市不少于240万 m^2，其他城市不少于150万 m^2。依据此文件可知，每个省会城市改造目标不少于500万 m^2、副省级城市改造目标不少于240万 m^2、其他城市不少于150万 m^2。参考指导目标情况、考虑各省市改造实施能力，制定积极推进二类地区既有公共建筑综合性能提升改造中长期总目标为每省（自治区）0.17亿 m^2 共1.7亿 m^2 的节能和环境两项综合改造，且其中进一步进行安全改造的比例不低于30%。

鼓励推进三类地区包含山西、吉林、海南、青海、宁夏、河南、广西、四川、贵州、云南、西藏、甘肃、新疆等13个省份，此类地区经济发展和城市化发展水平相对落后，改造工作基础略差，承担相对较低的改造任务。综合考虑可落地可操作性情况，制定鼓励推进三类地区既有公共建筑综合性能提升改造中长期总目标为每省节能和环境两项综合改造目标为0.13亿 m^2，共1.7亿 m^2，且其中进一步进行安全改造的比例不低于30%。

综合以上分析，我国既有公共建筑综合性能改造地域维度路线图如图5.3-3所示。

重点推进一类区域		积极推进二类区域		鼓励推进三类区域	
分区目标	每省0.2亿 m^2	分区目标	每省0.17亿 m^2	分区目标	每省0.13亿 m^2
率先建设政策标准体系，探索创新技术市场模式，引领全国综合改造工作推进		积极跟进政策标准体系建设，因地制宜推动技术市场模式应用，支撑全国综合改造工作推进		鼓励跟随政策标准体系，筛选学习技术市场模式，参与全国综合改造工作推进	

图5.3-3 既有公共建筑综合改造地域维度路线图

第四节 类型维度改造推进路线

5.4.1 类型维度划分

公共建筑根据具体使用功能，可以分为办公商场、酒店、医院、学校、交通枢纽、文化体育场馆等多种类型，实际上各功能类型的公共建筑在使用时间、建筑体形及设备系统特点、能源消耗特征、建筑所有权形式等方面都存在较大差异。由此带来的既有公共建筑的能效、环境及安全等综合性能提升改造的需求和对应的工作推进流程也各具特性。对于我国既有公共建筑综合性能提升改造工作，遵循因势利导、循序渐进的原则，分析不同功能类型公共建筑需求特性，有针对性地制定适宜的推进路线。

依据建筑所有权形式、建筑主体行为特征、建筑主要功能用途三方面因素，可以将我国既有公共建筑划分为办公类、商业类、公益类三大类别。其中办公类建筑根据所有权形式不同，又可以分为政府办公建筑和商业办公建筑。办公类建筑特点主要为能耗及使用方式相对较为统一，有较好的规律性。商业类建筑包括酒店、商场等，主要特点是以经营为主要目标，能耗强度大，产权大部分不属于政府所有。公益类建筑包括学校、医院、公共场馆等，核心特性是主要用于公益服务，大部分为公有产权，相对具有较好的管理基础。

5.4.2 不同类型工作重点

（1）办公类

办公类建筑是公共建筑中数量最多、分布最广的建筑类型。相对于商业类和公益类建筑，办公建筑在设备系统形式、能耗特性和用户使用需求方面具有较好的一致性。在我国公共建筑改造工作历程中，办公建筑一直是工作推动的重点部分，在政策、技术、标准及市场各方面都积累了良好的工作基础。政府办公楼和商业办公楼由于产权形式不同，业主及使用者的改造意愿和改造出资情况的不同，在综合性能改造推进路径上需要区别对待。

政府办公建筑，产权归属政府，产权形式单一，开展改造活动受政府强制力直接影响，执行力较强，改造目标容易落实。在我国公共建筑节能改造工作中，政府办公建筑为我国其他办公建筑的节能改造技术积累和市场化推动起到了较好的表率作用。公共建筑的综合性能改造实施推进，仍然需要以政府类办公建筑作为“排头兵”，在前期较好的节能改造工作基础上，着重推进含安全在内的综合性能提升改造，加强安全与环境性能监测系统建设、探索完善的办公建筑全生命期的综合性能评价、改造、运行等相关技术和管理手段，为其他类型建筑综合性能提升改造积累基础。同时通过政府类办公建筑综合性能提升改造示范项目的实施，推广和强调建筑综合性能的概念和含义，促进公众对于公共建筑服务的全面性和终身性的了解。

政策规划和引导方面，在原公共机构节能改造管理流程基础上，进一步开展和完善综合性能提升改造相关工作。政府性办公建筑政策推动的重点是对于含安全在内的综合性能提升改造工作的引领和示范作用，强调对于安全、环境、能效的全面提升，倡导全生命期的建筑全面性能的关注和持续维护。真正将我国对于公共建筑的管理从建造环节延展到整个生命期中，提升建筑整体服务水平。

技术标准体系建设方面，借助于政府办公建筑管理执行力度强、投融资相对容易的优势，充分探索不同类型新兴技术的应用和集成。如推广建设公共建筑综合性能监测管理系统，为公共建筑综合性能提升工作积累数据基础。对建筑抗震加固、防火改造、能效提升、室内空气处理等相关领域技术体系应用梳理，形成较为全面的技术应用经验，为其他类型公共建筑改造形成技术积累和指导标准。

相对于政府办公建筑，商业办公建筑主要以营利性为目的，在建筑服务水平的提升方面需要有相关利益进行驱动。在环境和安全性能方面，商业办公建筑的改造动力主要来源为运营商、售卖及招租的需要，明确和直观的性能评价体系可以有效促进商业办公建筑对于环境和安全性能的关注。能效性能方面，随着近年来建筑节能工作的推进，对于能源消耗特点较为一致的办公类建筑，目前相关产业已经逐步成型，相对具有了一定的经济驱动和自发性。但是在安全改造方面，由于成本高、收益低，目前还难以推动自发实施。所以对于商业办公建筑，综合性能提升改造工作的重点是探索商业办公建筑综合性能改造的机制模式，逐步形成能够以市场自发驱动的综合改造产业。

在政策引导方面，商业办公建筑虽然执行能力低于政府类建筑，但是相对于其他商业类建筑，在改造工作基础上具有一定优势，可以作为商业类建筑改造的引领示范。因而，商业办公建筑综合性能提升改造工作重点是管理流程的建立和示范项目的推动。在流程建立方面，基于前期公共建筑节能管理工作的基础，补充和完善综合性能提升改造管理工作政策，建立对于既有公共建筑综合性能全生命期监管的管理流程和体系，为综合性能提升提供政策手段保障。在改造示范项目推动方面，考虑综合改造市场尚未形成，需要在对当前改造技术市场情况充分调研基础上，制定适宜的补贴政策，推动项目的实施应用。

技术市场模式建设方面，商业办公建筑综合性能提升改造能够承接政府类办公建筑探索的技术标准成果，同时又能为其他商业类办公建筑的应用提供市场化应用的模式探索。因而在技术市场模式建设方面，商业办公建筑的工作重点主要是研究技术产品的商业化应用模式，探索综合性能改造项目市场化实施的方法。结合全生命期的管理政策，加强商业办公建筑全生命周期的综合性能监测、检测和评价技术的研究，使商业办公建筑在租售过程中的综合性能指标明确可衡量比较，从而通过市场利益的驱动作用推动建筑业主对于建筑综合性能的主动关注。加强安全、节能和环境低成本改造技术研究探索，降低改造成本，提升改造效益，逐步推进公共建筑综合性能改造的市场化。

（2）商业类

商业建筑是公共建筑中能耗最高、能耗强度最大的建筑类型，多年来一直是我国节能改造的重点。相对于办公建筑，商业类建筑形式较为多样化，规模和使用特点差异较大。在改造驱动力方面，商场、宾馆等商业类建筑综合性能提升改造与商业办公建筑一样，突出特点是具有经营特性，需要有适宜的机制模式形成经济利益推动。另外出于形象塑造和吸引消费者的角度，商场、宾馆等商业类建筑基本上在一定年限内都会进行常规的室内外装修活动，如果能够建立完整的综合性能提升改造体系，可以将装修改造与综合性能提升改造进行结合，有效提升建筑综合性能，避免多次改造带来的资源浪费。

依据以上对商业类建筑特点分析，商业类建筑的建筑综合性能提升改造的工作重点是对适用于不同类型商业建筑的技术和市场模式进行探索应用。商业建筑的节能及环境改造技术方面，通过前期建筑节能工作的开展，已经具有一定技术市场基础。但是在安全改造技术的应用、综合性能的监测评价以及全过程的管理监督等方面，是未来需要加强发展的方向。所以对于商业建筑的综合性能提升改造工作，在政策引导方向同商业类办公建筑类似，需要加强综合性能提升改造管理流程的建设，同时配合适宜的补贴政策对不同类型的商业类建筑进行示范项目建设推动。在技术和市场模式方面，除了学习和承接办公类建筑中可以通用的技术措施手段外，对于不同类型的商业类建筑，还需要结合示范项目的应用探索不同应用情景下适宜的评价、设计、改造等综合性能提升相关技术，推动未来各类型商业建筑综合性能提升的市场化规模化应用。

（3）公益类

公益类在产权形式上绝大部分都是公有性质，与政府办公建筑相似，政府的权力决定了在财政资金允许的情况下，改造活动的执行力度相对较大。但是不同于政府办公类建筑，公益类建筑中包含类型较广，建筑体形及能源消耗特点等方面都有较大差异，但是相对而言，公益类建筑的各个分类数量较少，所以归为一类进行统一规划讨论。

受管理体制等方面影响，我国包括医疗、学校、交通等在内的公益类建筑的人均面积相对于发达国家还处于较低的水平。从实际使用情况看，也确实处于“供不应求”的状态，导致建筑服务强度偏高而室内环境、安全性等水平相对较低。随着我国经济水平和人民生活需求的逐步提高，未来医疗、学校等公益类建筑规模必然还具有较大的增长空间，而对于其综合性能的提升改造也将是未来公共建筑提升改造的重要部分。

公益类建筑综合性能提升改造的重点工作同政府类办公建筑类似，主要起到示范引领的作用。政策引导方面，对于医疗、学校、交通等分别针对其所在管理体制特点，制定适宜的综合性能提升改造相关政策和流程。除项目和技术示范外，利用公益类建筑面向公众服务的特点，加大相关宣传力度，提高建筑综合性能在公众中的认知和影响。技术标准体系建设和市场模式推广方面，公益类建筑涵盖建筑形式和设备系统种类多样，借助自身融资和实施执行方面的优势，能够探索研究较多新技术新模式的应用，为其他类型公共建筑形成不同类型技术和方法的模板效应。同时通过示范项目的开展，也能起到促进相关技术产品的市场化和产业化的作用。此外，对于医疗、学校等重点类型建筑，需要建立相应专用的管理方法流程和技术标准体系，使技术模式推广更有的放矢。

5.4.3　类型维度路线图构建

基于以上对于不同类型公共建筑的特点和重点工作分析，对上一章确立的“5亿m^2的节能和环境两项综合改造，且其中进一步进行安全改造的比例不低于30%”的目标任务进行分解，得到各类型改造目标值。遵循“公有引领、市场推动”的工作原则，综合考虑各类型公共建筑需求特点，确定不同功能类型公共建筑综合性能提升改造的目标值如下。

办公类公共建筑，数量多覆盖广，建筑特点较为统一，可以起到对于其他类型建筑在技术和模式方面的探索和引领作用。其中政府办公建筑，具有良好的执行力和融资能力，可以在安全改造示范方面承担更多的任务。考虑公共建筑占比及项目可实施性情况，制定办公类既有公共建筑综合性能提升改造中长期总目标为 1.5 亿 m^2 的节能和环境两项综合改造，其中进一步进行安全改造的比例不低于 30%。

商业类公共建筑，能耗高、形式多样，一直是节能和环境改造的重点方向。在三项综合性能改造方面基础相对薄弱，需要循序渐进逐步推动。综合参考商业建筑在公共建筑中的比重情况和在节能方面需求较高的特点，制定商业类既有公共建筑综合性能提升改造中长期总目标为 2.0 亿 m^2 的节能和环境两项综合改造，其中进一步进行安全改造的比例不低于 15%。

公益类公共建筑，各方面改造需求较高，且具有较好的实施基础和执行能力，可以在安全改造等初期重点承担改造任务，为其他类型建筑开辟道路。因此，将公益类建筑作为安全改造重点推进类型，综合考虑各类型公益建筑规模现状，制定公益类既有公共建筑综合性能提升改造中长期总目标为 1.5 亿 m^2 的节能和环境两项综合改造，其中进一步进行安全改造的比例不低于 50%。

综合以上类型维度下的分解目标和重点工作内容分析，绘制我国既有公共建筑综合性能改造地域维度路线图如图 5.4-1 所示。

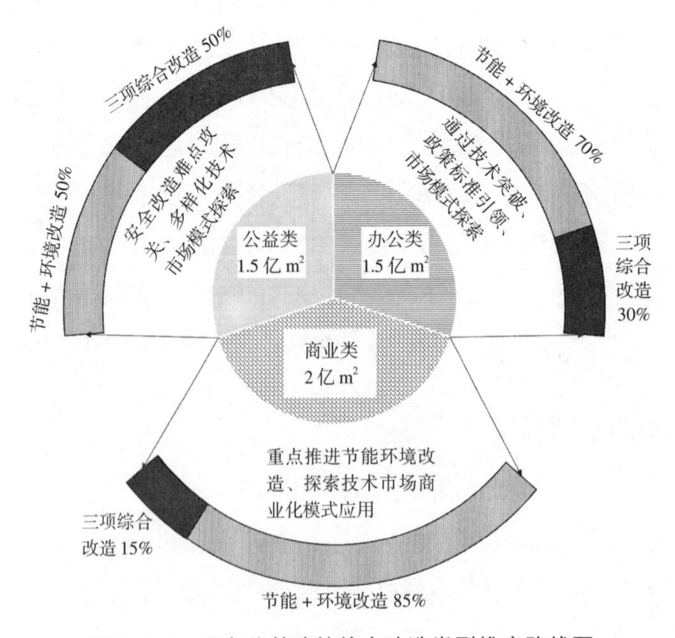

图 5.4-1 既有公共建筑综合改造类型维度路线图

第五节　多维度综合改造路线图

以上各节分别分析了不同时间阶段、不同地域和不同类型公共建筑对于我国中长期综合性能提升改造总任务目标的承担能力和工作重点，从时间维度、地域维度、类型维度构建了我国既有公共建筑综合改造推进路线。三个推进维度之间是相互交叉相互影响的，在时间维度，不同阶段内要考虑对于不同地域、不同类型公共建筑的实施推进，在不同地域维度也需要考虑不同类型公共建筑的特点，分开实施。本节基于以上各维度路线，继续深入分析各维度推进路径之间关系，以“时间维度—地域维度—类型维度”为顺序，建立多维度既有公共建筑综合性能提升改造路线图。

5.5.1　试点阶段的多维度综合改造推进路线

在试点阶段，改造总体目标为 2 亿 m^2，其中安全、节能和环境三项综合改造量不少于 30%，即为 0.6 亿 m^2。根据地域维度各地区推进路线规划，到 2030 年度，重点推进一类地区承担 2 亿 m^2，积极推进二类地区承担 1.7 亿 m^2，鼓励推进三类地区承担 1.3 亿 m^2。根据时间维度的推进进度比例要求，计算获得在试点阶段各地域分类的改造目标分别为重点推进一类地区每省承担 800 万 m^2，积极推进二类地区每省承担 700 万 m^2，鼓励推进三类区域每省承担 500 万 m^2。其中三项综合改造目标都为 30%，一类、二类、三类地区综合改造目标分别为 240 万 m^2、210 万 m^2 和 150 万 m^2。重点推进一类地区承担较大的改造任务目标，在机制、技术、模式等各方面进行探索，引导和带动二类和三类地区逐步开展综合改造工作。

进一步考虑类型维度中长期办公类建筑 1.5 亿 m^2、商业类建筑 2 亿 m^2 和公益类建筑 1.5 亿 m^2 的总目标，在试点阶段各类型公共建筑改造目标应为 0.6 亿 m^2、0.8 亿 m^2 和 0.6 亿 m^2。分解到不同地域分类，各省试点阶段目标分别为重点推进一类区域每省办公类、商业类和公益类公共建筑分别改造 240 万 m^2、320 万 m^2 和 240 万 m^2；积极推进二类区域每省办公类、商业类和公益类公共建筑分别改造 210 万 m^2、280 万 m^2 和 210 万 m^2；鼓励推进三类区域每省办公类、商业类和公益类公共建筑分别改造 150 万 m^2、200 万 m^2 和 150 万 m^2。其中办公类建筑、商业类建筑和公益类建筑的三项综合改造占比分别为 30%、15% 和

50%。在不同地域，根据不同类型特点进行综合改造工作推进，发挥政府办公和公益类建筑带头作用，兼顾商业类建筑的市场化应用推动。

综上分析，试点阶段我国既有公共建筑在地域和类型维度下的综合推进路径如图 5.5-1。

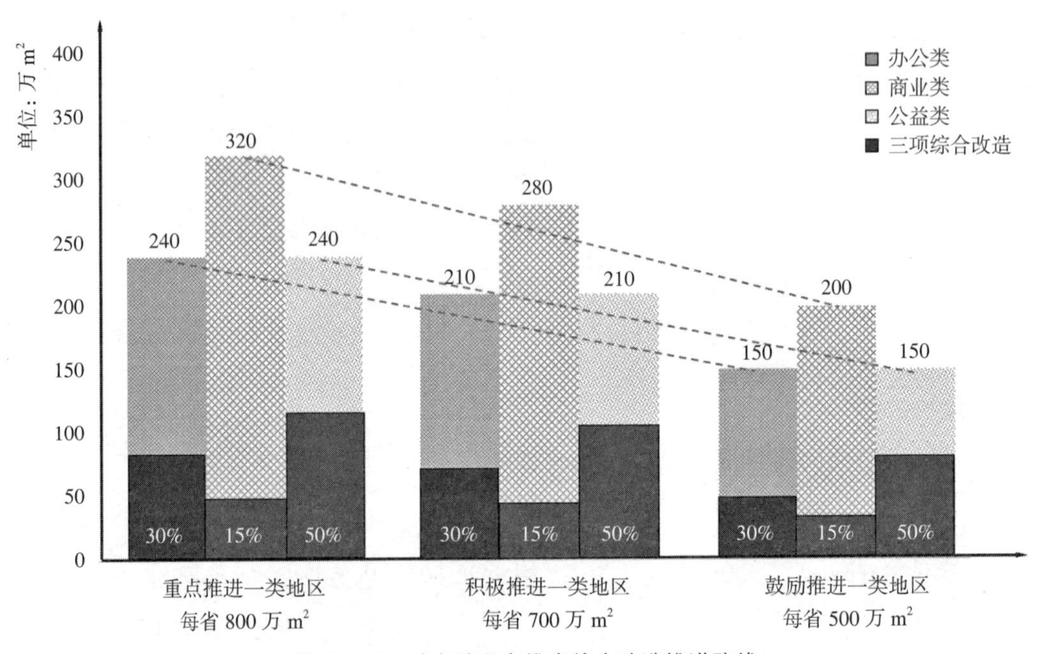

图 5.5-1 试点阶段多维度综合改造推进路线

5.5.2 推广阶段的多维度综合改造推进路线

在推广阶段，改造总体目标为 3 亿 m²，其中安全、节能和环境三项综合改造量不少于 30%，即为 0.9 亿 m²。根据地域维度各地区推进目标，结合时间维度的推进进度比例要求，可得在推广阶段各地域分类的改造目标分别为重点推进一类地区每省 1200 万 m²，积极推进二类地区每省 1000 万 m²，鼓励推进三类区域各省分别承担 800 万 m²。其中三项综合改造目标都为 30%，即一类、二类、三类地区综合改造目标分别为 360 万 m²、300 万 m² 和 240 万 m²。各地区在试点期形成的工作基础上，总结经验、深化应用。一类地区保持带头领先作用，二类和三类地区加紧跟随，共同促进既有公共建筑综合性能改造工作的市场化、规模化应用。

进一步考虑类型维度办公类建筑 1.5 亿 m²、商业类建筑 2 亿 m² 和公益类建筑 1.5 亿 m² 的中长期总目标，在推广阶段各类型公共建筑改造目标应为 0.9 亿 m²、1.2 亿 m² 和 0.9 亿 m²。分解到不同地域分类，各省推广阶段目标分别为重点推进一类区域每省办公类、商业类和公益类公共建筑分别改造360万m^2，480万m^2和360万m^2；积极推进二类区域每省办公类、商业类和公益类公共建筑分别改造300万m^2、400万m^2和300万m^2；鼓励推进三类区域每省办公类、商业类和公益类公共建筑分别改造240万m^2、320万m^2和240万m^2。其中办公类建筑、商业类建筑和公益类建筑的三项综合改造占比分别为30%、15%和50%。基于试点阶段各类型建筑综合改造工作实施经验，各地区之间相互学习借鉴，查漏补缺，逐步实现既有公共建筑综合性能改造工作全面开展。

综上分析，推广阶段我国既有公共建筑在地域和类型维度下的综合推进路径如图5.5-2。

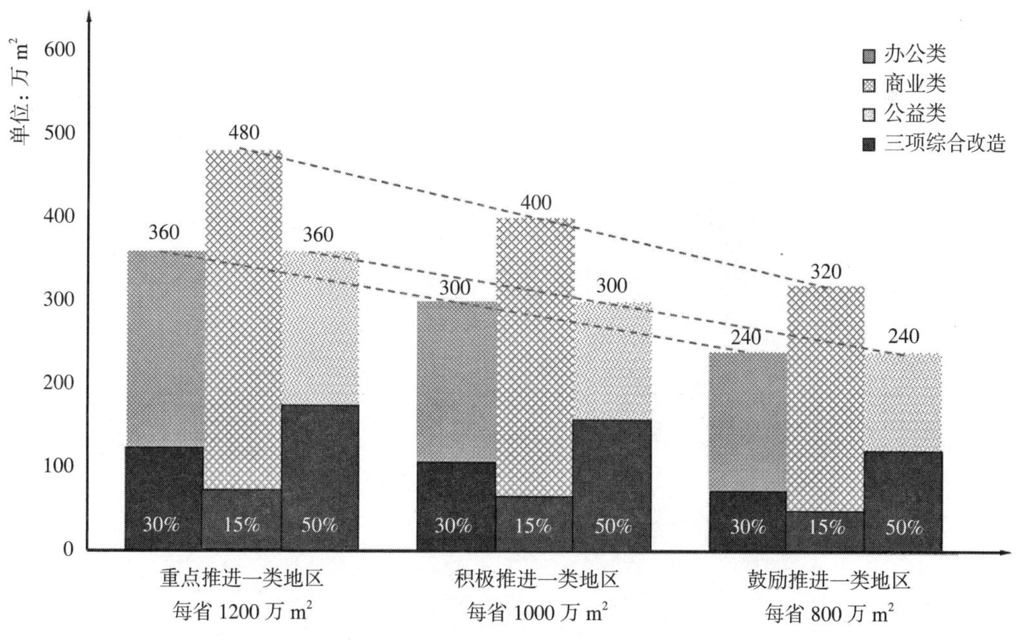

图5.5-2 推广阶段多维度综合改造推进路线

5.5.3 综合改造推进路线图

既有公共建筑的综合性能提升改造的推进实施，是一个受多因素影响，沿多维度推进、覆盖多方面任务内容的工作过程。以上各节在时间、地域和类型三个维度下分别进行了维度划分和重点工作内容分析，制定了各维度情况下的分解目标及推进实施路径。时间维度是综合性能改造工作推进的基础维度，时间维度推进路径注重在不同时间阶段工作内容之间的承接性，通过时间维度上工作成果的逐步积累，推进总目标的实现。地域维度是对我国不同发展水平地区的兼顾，通过对各地区因地制宜差异化的推动进度要求，实现基础好的地区率先发展，带动基础相对薄弱地区发展，最终实现对全国总目标实现的支撑。类型维度是考虑不同类型公共建筑需求差异进行的实施层面的推进路径研究，通过对各类型具体综合性能改造特点分析，制定适宜不同类型公共建筑的实施操作路线，指导综合性能提升改造工作的具体落地推进。三个维度的实施推进路径之间相辅相成，互相包含、相互促进。按照时间维度—地域维度—类型维度的顺序可以对我国既有公共建筑综合性能提升改造工作任务进行逐步细化分解，形成落实到不同区域、不同类型的具体分解目标以及在不同阶段、不同地域以及不同类型下，涵盖政策、技术、标准及市场多方面的实施推进路径和方法。最终形成我国基于多维度的既有公共建筑综合改造路线如图 5.5-3。

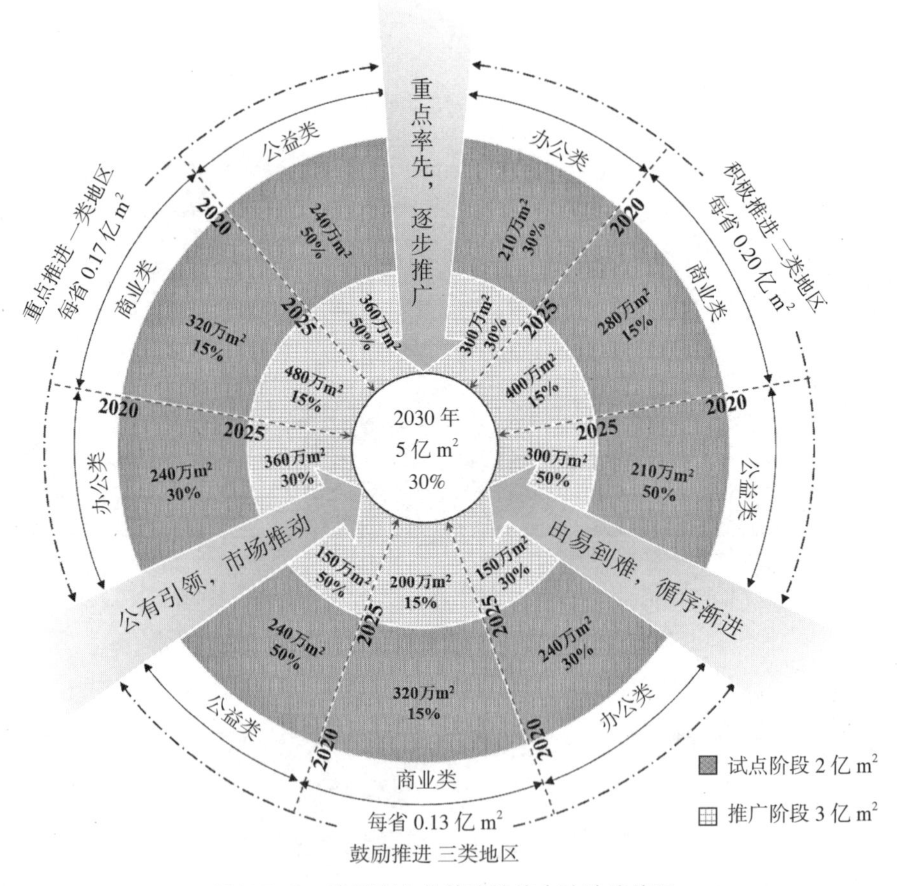

图 5.5-3　我国既有公共建筑综合改造路线图

第六章
既有公共建筑综合性能提升改造市场推进机制

第一节　市场推广驱动力分析

6.1.1　改造业主驱动力分析

业主作为综合性能提升的核心，是既有公共建筑综合性能提升改造的源驱动力。由于业主类型的多样化,我们需要对不同类业主进行分析。通过问卷调查，可以了解影响公共建筑改造的因素。而从另一个角度看，这些影响因素也是公共建筑改造的驱动力。公共建筑改造驱动力是指驱使公共建筑业主进行综合性改造的动力，主要分为内在驱动力和外在驱动力，内在驱动力是外在驱动的着力点。调查结果如图 6.1-1 所示。

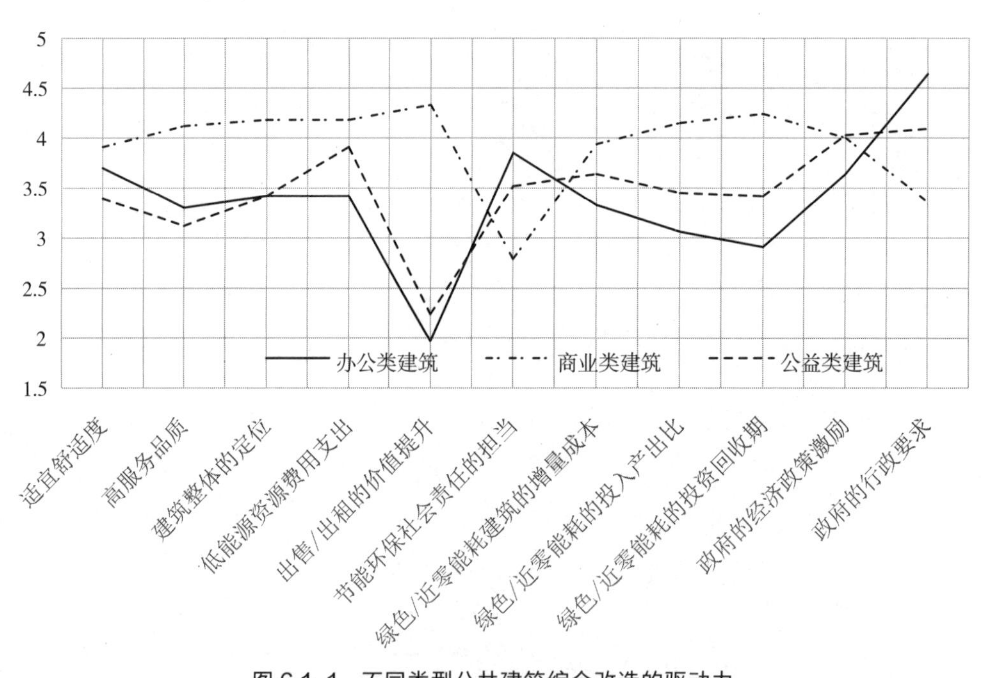

图 6.1-1　不同类型公共建筑综合改造的驱动力

从图 6.1-1 整体走势来看，最为显著的三点是：①不同类型公共建筑中，改造驱动力差异最大的是“出租 / 出售的价值提升”，其对商业类建筑的影响是对其他两类建筑影响的两倍甚至更多；②三类公共建筑中，最为相似的两类改造驱动力是“对社会的责任担当”及“绿色建筑的增量成本”，说明三类建筑拥有相似的社会角色及社会约束，这都进一步促使它们参与改造；③办公类建筑和公益类建筑性质最为相似，商业类建筑跟这两类建筑改造影响因素差距较大。这是由于改造原因有所差异：商业类建筑主要为了营利而进行相关改造，而办公类建筑及公益类建筑主要是基于节能降耗及提升舒适度目的而进行改造。

（1）办公类建筑综合性能改造利益诉求点分析

办公类建筑是既有公共建筑综合性能提升改造的重要领域，针对不同类型办公建筑，对改造的内在驱动力和外在驱动力进行分析，是完善市场推广模式、推动改造顺利进行的重要工作。不同类型办公建筑的内外驱动力分析如下：

1）政府类办公建筑

①内在改造驱动力

a. 延长建筑使用年限，提高房屋安全等级

房屋安全保障需求。由于建筑安全与办公人员的切身利益密切相关，随着既有建筑的使用年限增加，会存在建筑物承载力和刚度不足等安全隐患，影响使用安全。此外，提高房屋安全等级，可以确保办公人员和建筑周边人员人身安全，防止因建筑自身老旧损毁造成的意外伤害及对环境造成破坏。

b. 响应国家环保政策，担当节能环保责任

责任驱动。政府类办公建筑作为政府形象的代表，应该优先实施保证更高能效和环境要求的相关标准。政府作为国家行政机关，有着促进社会节能环保的责任和担当。作为公共建筑综合改造的推动者和维护者，政府要起带头表率作用，引导公共建筑进行综合改造，减少资源消耗。

c. 节约能耗开支，缓解财政压力

财政压力驱动。当前办公建筑的能源消耗一直居于较高的水平，而且政府能源费用一般由财政列支，随着能源价格的上涨和消耗的增加，这种开支还可能继续增长。对既有公共建筑进行综合改造，可以减少建筑能耗，带来长远的经济及社会效益，缓解财政压力。

d. 提升建筑质量，增强办公舒适度

住房品质需求。建筑在使用一定的年限后均有装修改造、提高性能的需要。对建筑进行安全及环境性能等综合改造，改善外部形象和内部工作环境，提升环境品质，有益于工作人员身心健康、提高办公效率，是改造的内在动力。

②外在改造驱动力

a. 上级政策管制，命令下放驱动

行政命令驱动。国家实行改造目标责任制和改造效果考核评价制度。将改造目标完成情况作为对地方政府及其负责人考核评价的内容，综合改造，政府先行。

b. 政府政策激励，树立良好形象

经济激励驱动。政府的激励政策对改造具有重要意义。政府通过一些中长期的经济激励政策，对积极进行改造的办公楼项目进行财政补贴，税收减免。鼓励和帮助改造方消除资金、技术、能力方面的障碍，激励和引导其积极投入改造工作。

2）商业类办公建筑

①内在改造驱动力

a. 提升建筑品质，增加租金收益

商业类办公建筑以营利为主要目的，安全性能改造可以提高建筑安全等级，美化办公环境，完善配套设施，提升建筑品质。高品质的办公环境必然会吸引更多的客户，带来更可观的收益。

b. 降低建筑能耗，节省经济开支

商业类办公建筑体量大、能耗大，通过节能改造，使用更先进的节能设备，采用更科学先进的节能管理技术可以带来能源费用的缩减，减少开支。利益是商业方最大的诉求点，是改造工作的内在驱动。

c. 提高建筑安全等级，延长使用年限

建筑结构的安全、良好的办公环境能给办公人员带来愉悦的心情。保障使用者的身心健康是企业长期发展的重要基石。提升建筑安全性能，延长建筑使用年限是每个企业追求的目标。

②外在改造驱动力

a. 市场竞争激烈

随着经济社会的发展及生活品质的提高，消费者择优消费意愿更强，行业间竞争压力巨大。高品质的办公环境，可以让企业在激烈的市场竞争中脱颖而出，提升品牌影响力，吸引更多的顾客，带来更大的商机。市场有序竞争是企业改造工作的强驱动力。

b. 政府政策激励

政府的激励政策如对积极进行改造的企业给予税收减免、技术补贴的激励，对达到政府能效提升要求的改造项目给予奖励。一方面会给企业带来直接的经济利益；另一方面受到奖励的企业会提升知名度和社会影响力，有利于企业的发展壮大。所以，政府的激励政策对商业办公楼改造的积极性提升具有重大作用。

（2）商业类建筑综合性能改造利益诉求点分析

商业类建筑主要有商场和各类商业服务业建筑。

1）内在改造驱动力

①租售价值提升

“出售 / 出租的价值提升”和“节能改造的投资回收期”是商业类建筑改造驱动力调研中得分最高的两个因素（图 6.1-1）。对商业类建筑进行节能改造或综合性能提升改造，优化商业建筑空间布局，完善公共配套设施，可实现其价值提升，增加租金回报率，有效缩短投资回收期。因此，租售价值的提升可以促使业主积极主动参加综合改造。

②能源费用降低

“能源资源费用支出的下降”在商业类建筑改造意愿调查中得分为 4.30（图 6.1-1），比较符合商业类建筑能耗较高的特点。商业类建筑通过对机电系统优化，以及使用更高能效的用能设备，可有效遏制能源过量消耗。商业类建筑的业主更倾向于节能改造降低能耗开支。

③服务品质提升

商业类建筑是以营利为目的的建筑，商业类建筑通过提升室内环境品质和优化空间布局来提高服务品质，让舒适度得到提升，也为业主带来更大的经济效益。因此服务品质的提升也是业主积极参加改造的一大驱动力。

④社会责任担当

商业类建筑改造可以给大型承包公司提供更多的发展机会，有利于刺激经济发展、提高就业率，另外综合性能提升改造可以拉动改造服务企业、制造业、建材行业的发展，促进国民经济的全面健康发展。业主自愿进行综合改造可以给其他类型建筑的改造树立良好形象，同时也体现了业主的社会责任担当。

2）外在改造驱动力

①政府政策管制

政府的强制政策管制是引导业主进行综合性能提升改造的重要驱动力，制度驱动是政府强制政策管制的重要手段之一。商业类建筑能耗较高，以往实践中政府针对高能耗既有公共建筑业主出台勒令整改措施，极大地推动了改造工作开展。

②政府政策激励

商业类建筑综合性能提升的市场潜力较大，政府通过采取激励或其他相关措施，逐步激发各市场主体的需求。大多数商业类建筑的业主在政府政策的激励下会积极参加改造。

③融资渠道宽泛

商业类建筑的改造资金可以自己承担，也可以通过绿色信贷、绿色债券等其他渠道融资。对于市场环境来说，宽泛的融资渠道、便捷且贷款利率较低的融资模式对业主进行提升改造具有较大的激励和促进作用。

④良好社会形象

商业类建筑进行综合改造，不仅可以提高能源利用率，而且对建筑品质带来较大提升，为后继改造者积累宝贵的改造经验，在社会上树立了业主主动改造的积极形象。商业类建筑业主为了维护良好的社会形象会积极参加综合改造。

（3）公益类建筑综合性能改造利益诉求点分析

公益类建筑主要分为学校、医院两大类型建筑。学校、医院等政府投资的公益类建筑介于商业类建筑与政府类建筑之间，但由于两者具有很高的相似性，所以可以进行整体分析。

1）内在改造驱动力

①积极响应政府号召，树立良好社会形象

学校及医院作为社会公益类建筑，在社会上也起着不可推卸的榜样作用，由图 6.1-1 可以发现，公益类建筑对于“节能环保责任担当”这项驱动力得分为 3.52 分，这是由于学校所承担的教育和示范责任使其具有较高的节能环保社会担当，而医院则承担救助病患、救死扶伤的责任，拥有极为积极的社会形象。响应政府号召进行改造，树立学校及医院在社会上的正面形象，扩大知名度是公益类建筑的改造驱动力之一。

②内在改造节能降耗，开源节流缩减开支

在政府政策保障的条件下，改造既有建筑提升相关能效，节约相关能耗费用是公益类建筑进行改造的另一大诉求点。相关文献研究表明，进行改造后在能耗方面可节约至少 20%。

③提高建筑安全等级，延长保障使用年限

针对公益类建筑，完善的安全保障是维持良好运营的前提。提高建筑的安全等级，有效保障建筑使用期使用者的安全，是一切改造进行的基石，因此进一步延长建筑使用年限是公益类建筑的基础诉求点。

④增强建筑舒适度，增加可行营利点

提升建筑使用环境及品质，可以显著提高经济性，这对公益类建筑而言无疑是驱动改造的一大动力。对于舒适度和服务品质的注重程度，公益类建筑对这两个因素的打分平均值为 3.26。学校和医院两类建筑的定位、功能、使用主体不同，学校类建筑的社会定位决定了其相较于其他类型建筑需要更高的舒适度和服务品质；同时，医院类建筑比学校类建筑的营利性更为显著，而高舒适度和高服务品质虽然会增加能源费用等支出，但更能够获得高就诊量及住院人数，从而增加医院的收入，提升医院的营业效益。

2）外在改造驱动力

①国家政策强制要求，推进绿色性能发展

2013 年国家发展改革委、住房和城乡建设部制定的《绿色建筑行动方案》，要求在“十二五”期间，完成公共建筑和公共机构办公建筑节能改造 1.2 亿 m^2。《绿色建筑行动方案》的颁布进一步推动了既有公共建筑改造，也推动了各省市对既有建筑综合改造各项标准和条例的颁布和施行。同时，表明了国家对于公共建筑改造的强制要求，以及提升绿色性能的决心。国家政策的提出，推动了公共建筑进行综合性能改造，成为其改造的外在驱动力之一。

②试点示范工程引领，带动绿色节能改造

自 1996 年以来我国分别在深圳、北京、天津和哈尔滨等地区开展公益类建筑节能改造试点示范，推动各地区节能改造工作实施。其产生的利益点激发其他未进行节能改造的建筑的积极性，对其他的既有公共建筑改造也起到了示范带动的作用，这种被动利好也不断驱使公益类建筑进行节能改造，成为其外在改造驱动力之一。

③生活要求不断提高，安全环境需求日增

改革开放 40 年以来，中国经济、社会发展迅速，城镇化率快速提升，人民的生活水平日益提高，2010 年以来我国新竣工建筑面积均保持在每年 12 亿 m^2 以上，公共建筑面积也与日俱增。但受建筑建设时技术水平有限、经济条件不完善等因素制约，一些既有公共建筑已出现功能无法适应生活需求、建筑环境品质差等现象。因此，人民日益增长的美好生活需要也不断驱动公共建筑进行安全及环境方面的综合性能提升改造，这是其另一大外在改造驱动力。

6.1.2 既有公共建筑综合性能改造的诉求点及效益点匹配分析

（1）办公类建筑

由图 6.1-2 中箭头指向可以看出，办公类建筑通过安全、节能和环境三方面的综合改造，在满足自身诉求点的同时给业主也带来了效益点，还可根据改造现状双方协商提出新的效益点，这些有利结果都可以很好地满足办公类建筑的改造需求和项目公司的营利目标。此外，由于政府类办公建筑工作性质单一，基本不具有营利性，因此，对于政府类办公建筑和商业类办公建筑，其内在改造驱动力最大区别点在于前者不存在通过改造提升租赁收入的效益点；外在改

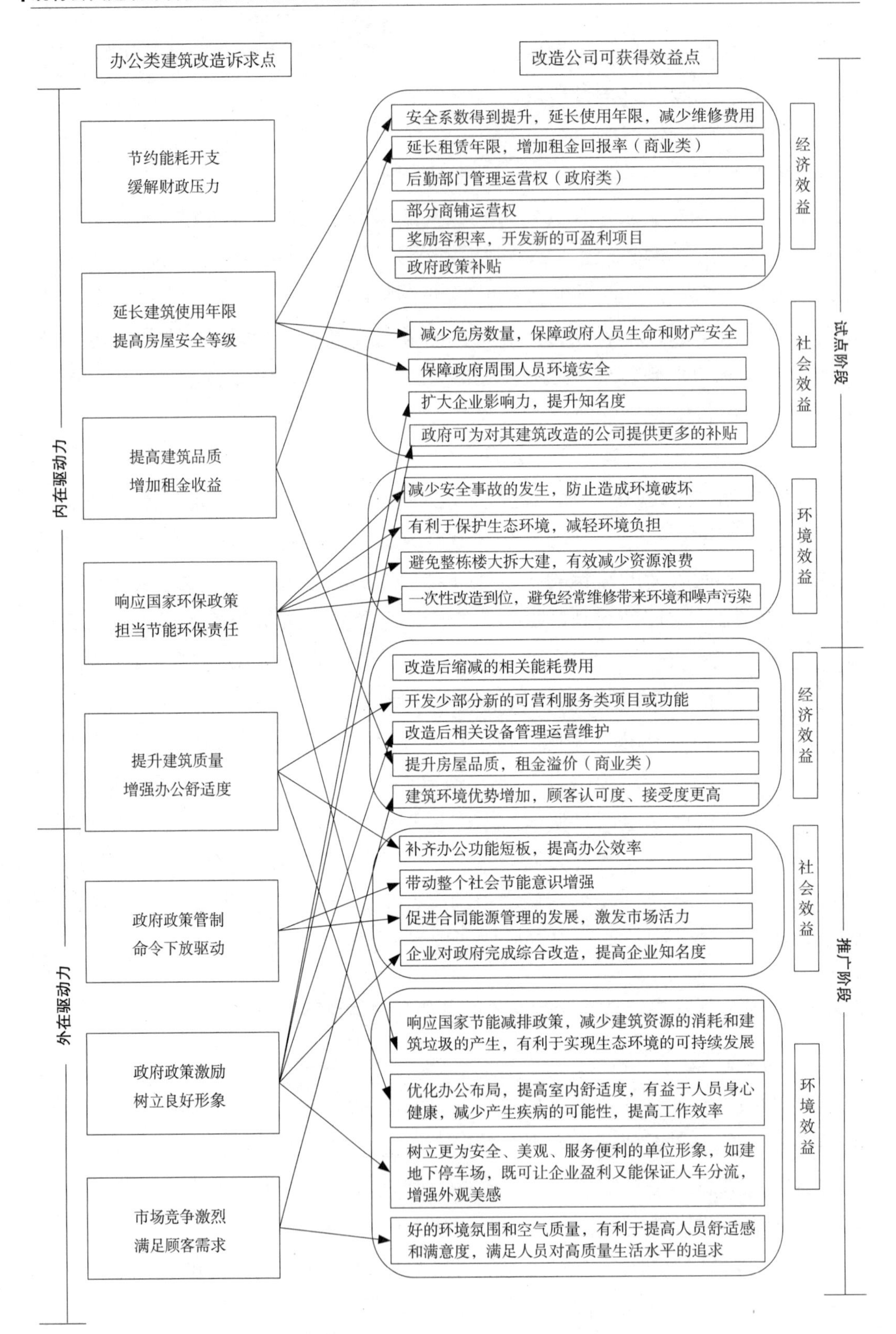

图 6.1–2　办公类既有建筑综合性能改造诉求点及效益点匹配分析图

造驱动力最大区别点在于政府办公类建筑偏向于响应国家政策号召，按照上级政府命令指示，推动改造项目的完成，而商业类办公建筑更偏向于市场化竞争，获得更好的商业利润。

（2）商业类建筑

由图 6.1-3 可知，在试点阶段业主方的改造驱动诉求点可以极好地与其可提供的改造效益点相匹配。首先可以满足商业类建筑在试点阶段着力节能改造的诉求；其次，在经济方面保证了改造公司的基本经济利益诉求。除了经济效益点外，业主方可以向改造方提供超出其基本诉求的社会效益，如“良好的社会形象”“社会责任担当”。这也意味着改造公司在基本经济效益获取的基础上，可以获取更多相关利益。

在推广阶段，业主改造的诉求除了试点阶段注重的节能改造外，还更加侧重安全和环境综合改造。试点阶段业主的诉求主要是基于节约能源方面的改造，而推广阶段诉求产生的利益可以更大化满足改造业主方与改造公司双方的经济利益，且关于环境效益及社会效益方面也呈现积极的反馈。

综上所述，商业类建筑综合改造利益诉求点和效益点匹配度较高。

（3）公益类建筑

由图 6.1-4 可以看到，公益类建筑改造从改造业主方“4 大内在驱动力 +2 大外在驱动力”角度出发分析，可为改造业主方提供 24 项效益点。

可以发现，业主方提出的改造驱动诉求点可以极好地与其可提供的改造效益点相匹配。首先在试点阶段，公益类建筑着重建筑安全改造的诉求可以很好地得到满足，且在经济方面保证了改造公司的基本经济利益诉求，为后续其他获利打下基础，改造公司也愿意参与改造。除了经济效益点外，业主方可以向改造方提供超出其基本诉求的社会效益。这也意味着改造公司在基本经济效益获取的基础上，可以获取更多相关利益。

在推广阶段，业主改造的诉求除了试点阶段主要强调的安全改造外，同时更加关注节能和环境综合改造。可以发现，推广阶段业主的诉求主要是基于舒适性和能效方面的提升改造，而这一诉求改造后产生的利益可以更大化满足改造业主方与改造公司双方关于经济的基础利益需求。关于环境方面及社会效益方面也呈现积极的反馈，这都极好地进行了交互匹配，在满足业主改造需求的同时，也满足了改造公司的利益需求，达到了双赢。

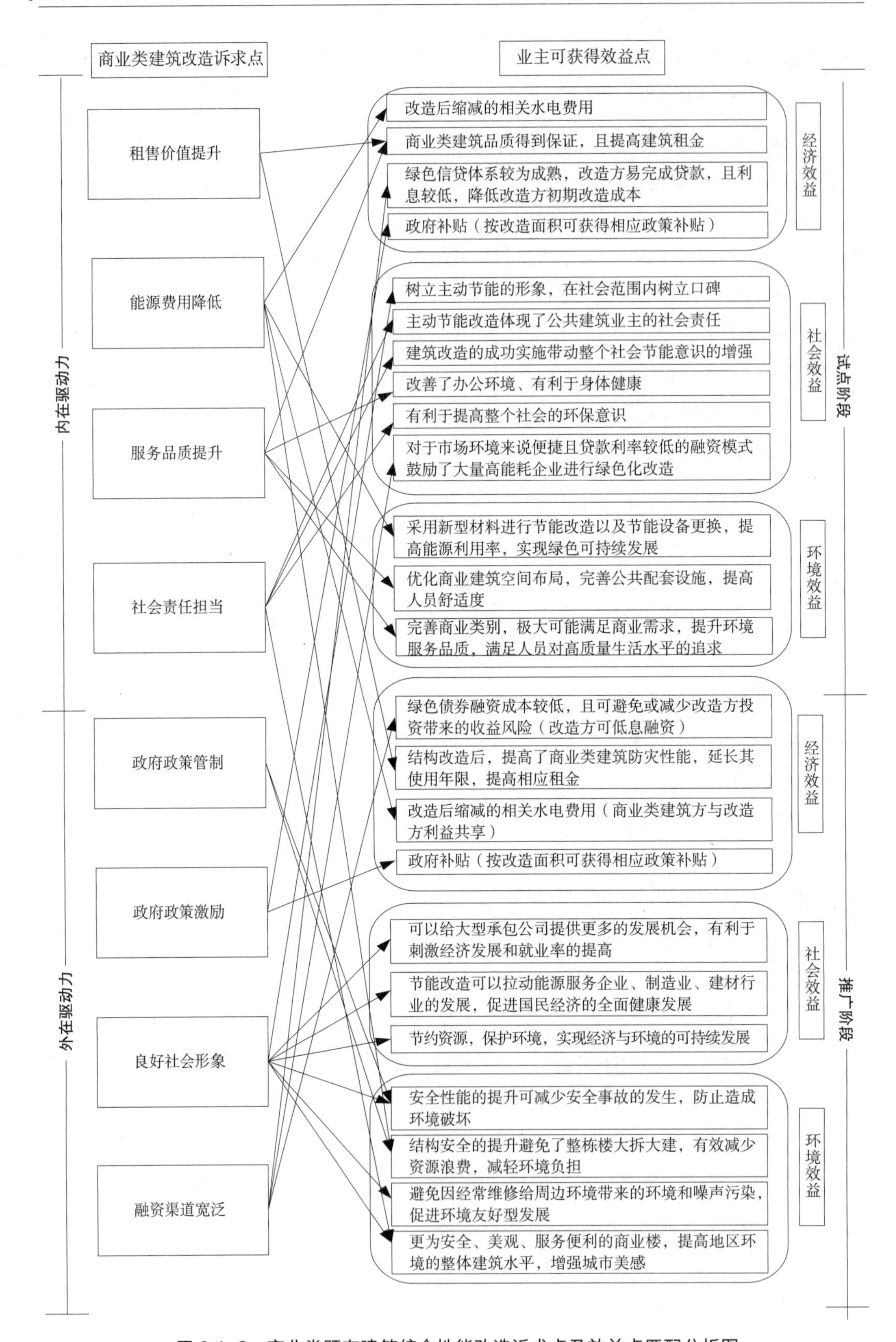

图 6.1-3　商业类既有建筑综合性能改造诉求点及效益点匹配分析图

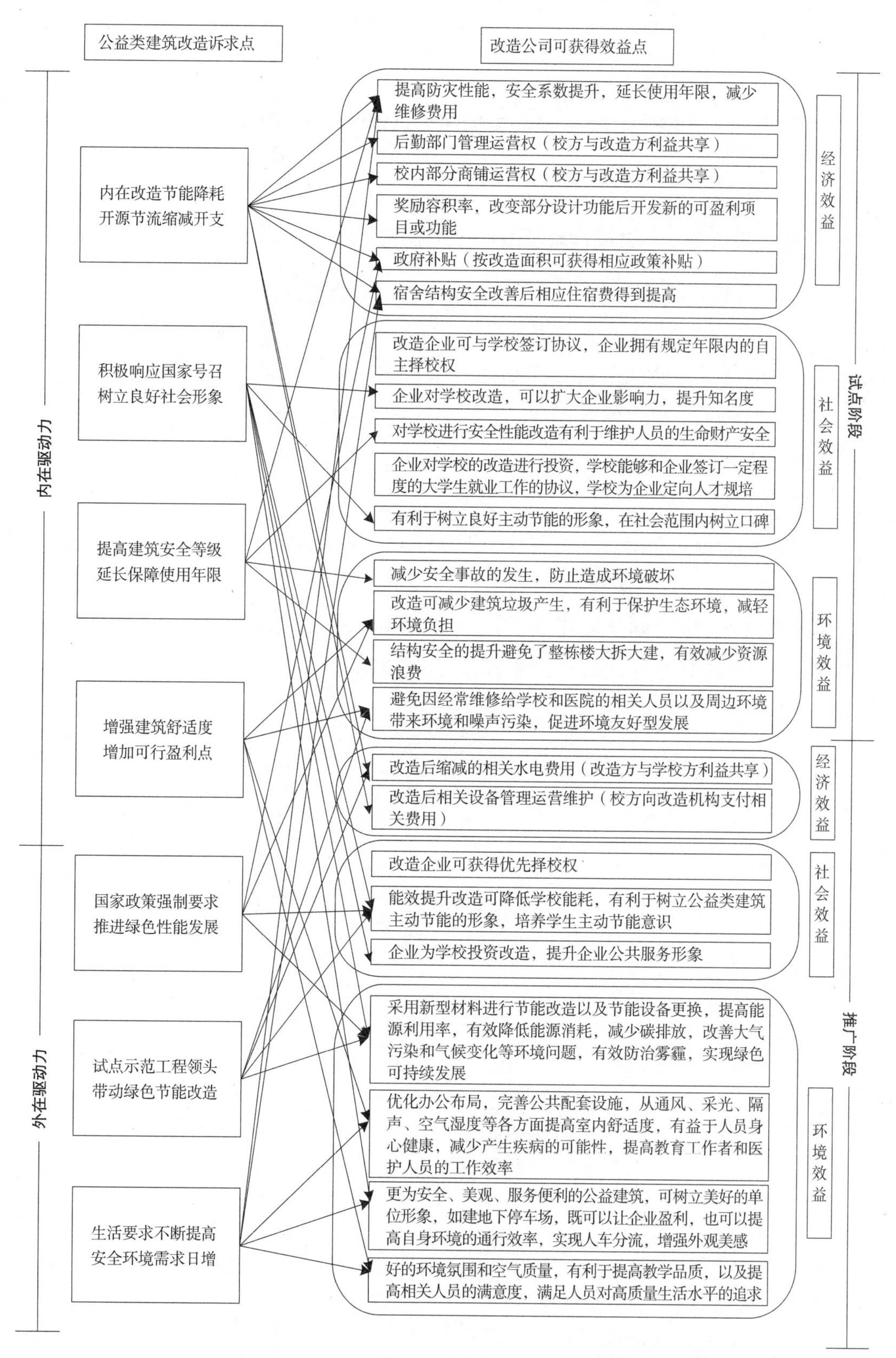

图 6.1-4　公益类既有建筑综合性能改造诉求点及效益点匹配分析图

第二节　市场推广模式融合创新

6.2.1　基于基础 BOT 建设模式及政府推动机制衍生改造模式

既有公共建筑综合性能提升改造过程中，强调了安全性能提升改造的重要性。虽然改造的适用模式我们仍在探索阶段，但参照并比对已有基础设施建设中的 BOT 模式后发现：在基础性结构安全改造阶段，进行安全性能方面改造时可以很好地借鉴已有成熟的 BOT 模式，进一步融合其他机制，即可衍生出多种适合改造阶段的新模式。

（1）“ROST”模式

ROST（Renew Operate Subsidy Transfer，简称 ROST）模式，即“更新–经营–补贴–转让”，该模式一般结构如图 6.2-1 所示，是基于 BOT 模式及政府政策推进机制融合创新后得到的，一般是由于项目风险较高，或项目的经济强度不高，收益不稳定，政府必须提供一定补贴。

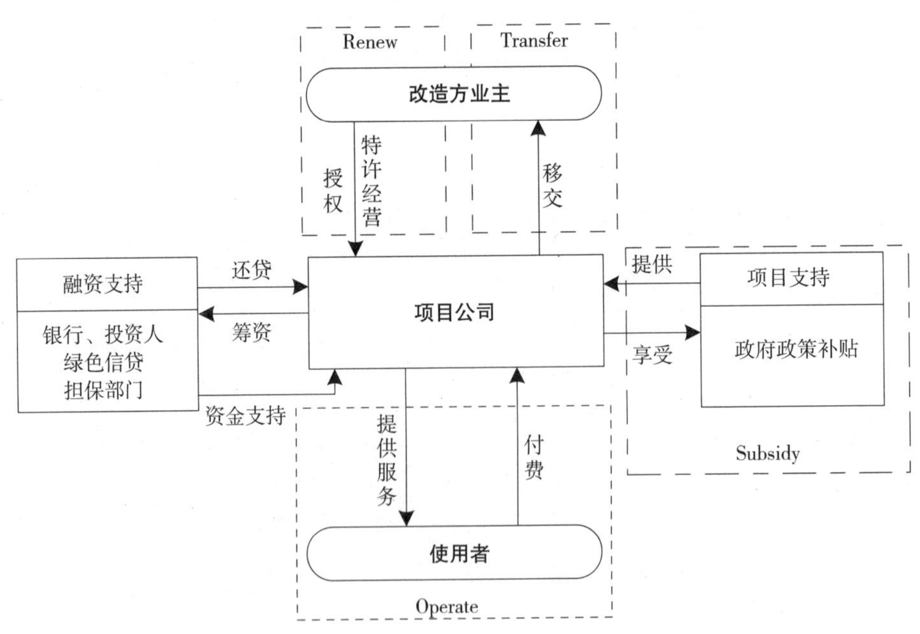

图 6.2-1 “ROST”模式一般结构示意图

运营模式即在政策允许情况下，借由相关政策扶持，由政府（或其他类型业主方）向改造公司颁布特许，允许其在一定时期内筹集资金进行既有公共建筑结构安全性能改造，约定双方享受经济政策补贴内容，并管理经营该设施及其相应的产品与服务。当特许期限结束时，改造公司按约定将该设施移交给政府（或其他类型业主方），转由政府（或其他类型业主方）指定部门经营和管理。

政府（或其他类型业主方）对该机构提供的公共产品或服务的数量和价格可以有所限制，但保证私人资本具有获取利润的机会。整个过程中的风险由政府（或其他类型业主方）和私人机构分担。

（2）“ROST+ 策权激励”模式（ROST 模式为主，策权激励模式为辅进行激励）

ROST+ 策权激励模式，如图 6.2-2 所示，该模式实质上是基于已提出的 ROST 模式，本着利益交换的核心，在改造前期，引入非改造公司的第三方资本企业，以改造业主方和第三方资本企业之间达成协议为前提，允许其在一定时期内提供改造资金，参与既有建筑结构性能改造。以业主方提供相应年限的相关非经济利益（如优先择校权、额外就医权等）作为交换，整个过程双方就效益点达成共识即可。

运营模式与 ROST 模式相同，仅在项目移交改造公司之前，与第三方资本签订协议，第三方企业仅提供资金享受相关权利政策，不参与改造具体实际过程。

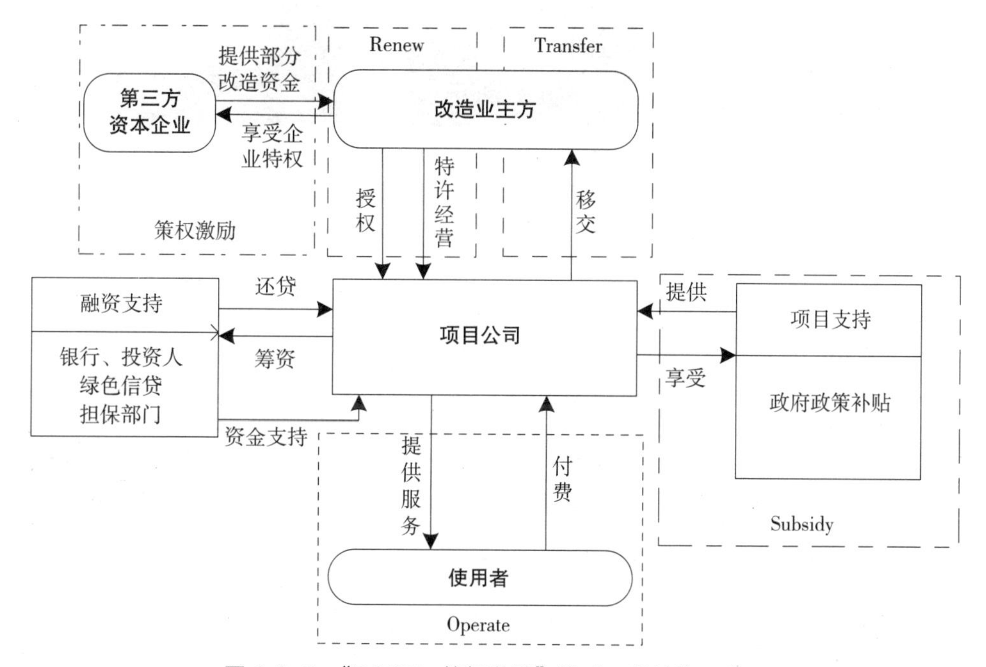

图 6.2-2 “ROST+ 策权激励”模式一般结构示意图

6.2.2 基于传统 EPC 模式及政策激励机制衍生改造模式

在推广阶段，大部分地区更多地会使用成熟的合同能源管理模式进行相关改造，但仍存在改造困难、资金保障不到位等现象，使得改造仅局限于节能提效单方面的改造，无法满足当下对环境、安全、节能多方位的改造要求。基于此，结合已有 BOT 衍生的变种模式及相关政府推进机制提出了新型融合改造模式。

（1）“ROST+EPC+ 政策激励”模式

为保证改造模式适应多方面的改造要求，在 ROST 模式的基础上，融合了合同能源管理模式。首先，保障基础安全性能改造实施 ROST 模式时，与改造公司签订能源系统改造合同，即改造公司进行能效等方面提升改造，与改造业主方在合同期共享节能效益，在改造公司收回投资并获得合理的利润后，合同结束，全部节能效益和节能设备归改造业主方所有。

考虑到合同能源管理模式虽然日趋成熟，但部分地区节能服务企业仍存在数量少、规模小的问题，节能改造工作难度大、周期长，需要政府更有力的支持，完善相关市场机制，保障改造服务企业的合法权益。进一步引入政府政策激励以推进改造，加大对改造服务企业的优惠政策、经济补贴，如政府采用贷款贴息和无偿资助的方式，鼓励和推动改造工作的进行，该融合模式一般结构如图 6.2-3 所示。

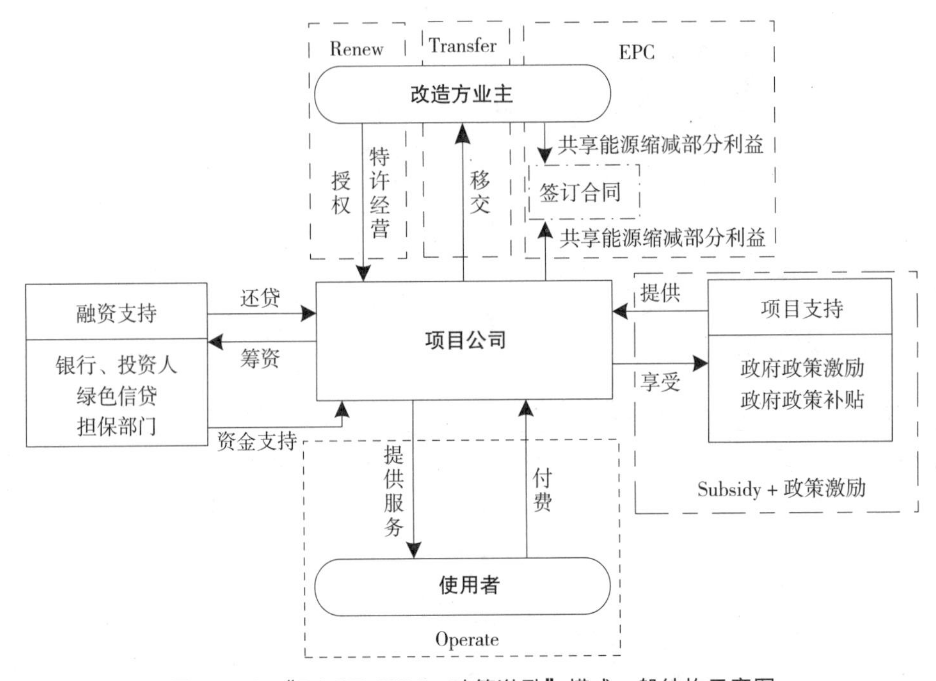

图 6.2-3 “ROST+EPC+ 政策激励”模式一般结构示意图

（2）“融资租赁型 EPC+ 政策激励”模式

“融资租赁型 EPC+ 政策激励”模式，如图 6.2-4 所示。即当政府通过政策鼓励业主进行建筑改造，部分地区经济水平有限，在综合改造阶段难以支付昂贵的设备改造费时，融资公司投资购买节能服务公司的改造设备和服务，并租赁给用户使用，根据协议定期向用户收取租赁费用。节能服务公司负责进行综合性能提升改造，并在合同期内进行测量验证，担保改造效果。项目合同结束后，改造设备由融资公司无偿移交给用户使用，后期所产生的节能收益归用户所有。

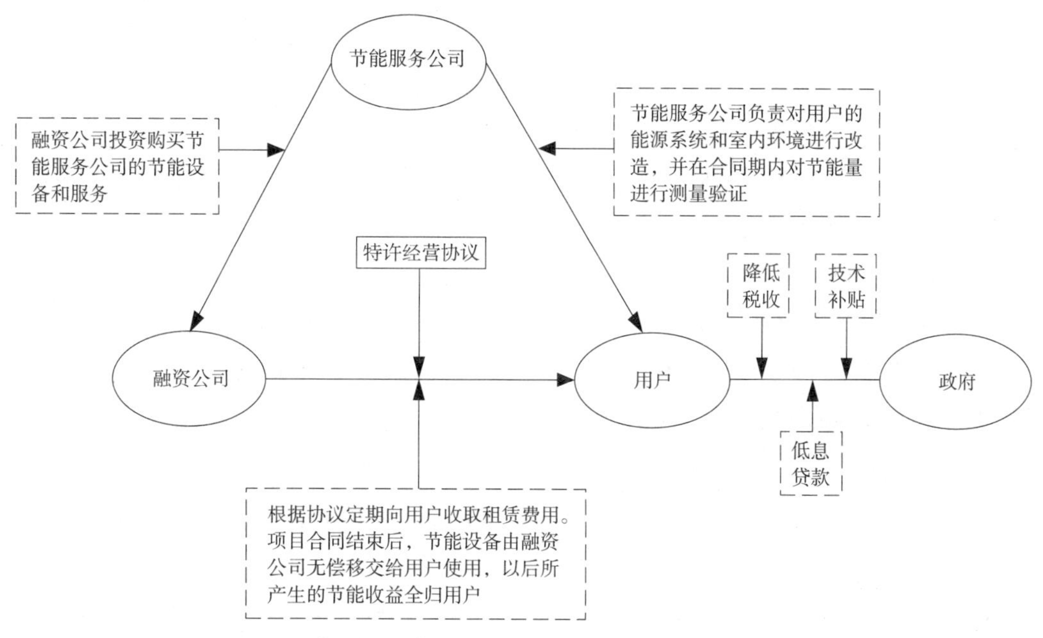

图 6.2-4 “融资租赁型 EPC+ 政策激励”模式一般结构示意图

（3）“能源费用托管型 EPC+ 政策激励”模式

能源费用托管型 EPC 模式，即用户委托改造服务公司出资进行能源系统的改造和运行管理，并按照双方约定将该能源系统的能源费用交给改造服务公司，节约的能源费用归改造服务公司。项目合同结束后，改造服务公司将改造设备无偿移交给用户使用，以后所产生的节能收益全归用户。

政府通过降低税收、提供技术补贴、出台低息贷款等政策鼓励业主进行节能改造，融资难的问题可通过合同能源管理解决。项目合同结束后，节能公司改造的节能设备无偿移交给用户使用，以后所产生的节能收益全归用户，这极大提高了业主参与改造的积极性。该融合模式的一般结构如图 6.2-5 所示。

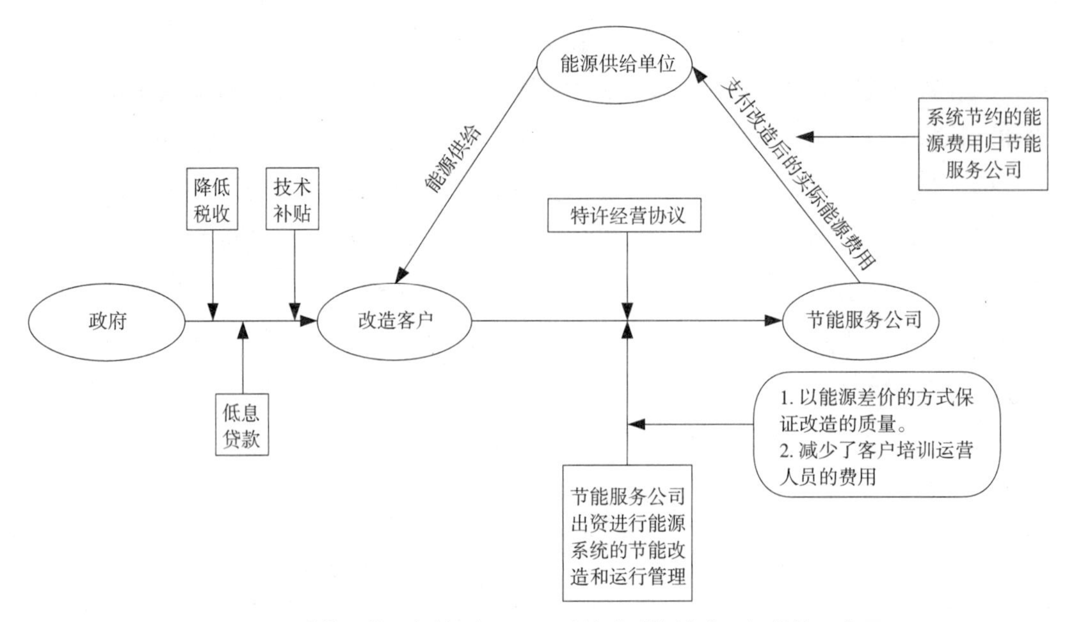

图 6.2-5 “能源费用托管型 EPC+ 政策激励”模式一般结构示意图

（4）“N-EPC”模式

N-EPC 模式（N 指 n 个供应链企业，EPC 指 Energy Performance Contracting，即合同能源管理模式）是在成熟 EPC 模式的基础上，在用能单位和节能服务企业之间加入一个国有企业背景的中间管理角色，用于分担传统 EPC 模式中两方参与者的部分职责，以解决现有 EPC 模式的机制困境，该模式一般结构如图 6.2-6 所示。其中，国有企业背景供应链管理公司和 EPC 节能服务公司共

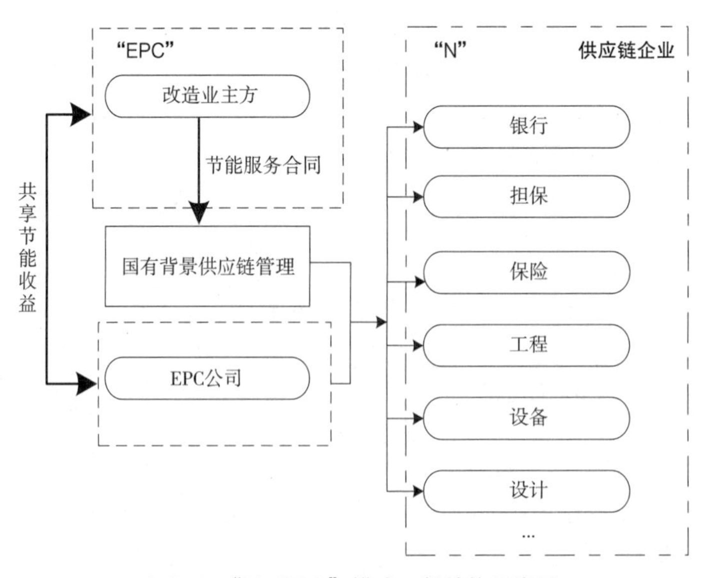

6.2-6 “N-EPC”模式一般结构示意图

同存在，管理公司接受政府部门授权，负责为用能单位或政府相关部门进行能源审计，并以审计结果为基础，选择节能技术，寻找合适的节能企业，根据自身条件选择自主设计或者合作设计。

6.2.3 基于已有其他模式及绿色金融政策衍生改造模式

（1）“ROST+绿色信贷”模式

绿色信贷常被称为可持续融资（Sustainable-Finance）或环境融资（Environmental-Finance）。此模式主要是为了扩大安全改造阶段的改造资金来源，解决融资困难的问题而引入，如图6.2-7所示。在应用ROST模式基础上，由政府提供改造期间政策补贴，改造方也通过绿色信贷融资向改造项目公司提供10%～20%的改造款项，这可降低改造项目公司回收成本的风险，且可缩短改造周期，鼓励更多公司参与投资改造。

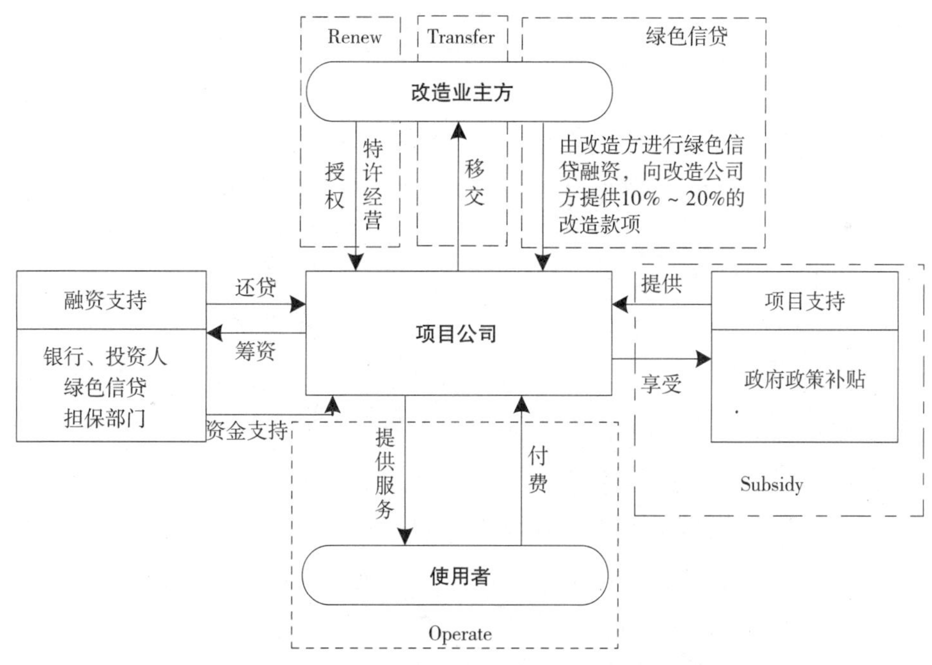

图6.2-7 “ROST+绿色信贷”模式一般结构示意图

（2）“ROST+EPC+绿色信贷”模式

基于已提出的ROST+EPC衍生模式，改造业主方通过绿色信贷融资向改造项目公司提供10%～20%的改造款项，可以降低改造项目公司回收成本的风险，且缩短改造周期，鼓励更多公司参与投资改造。为了保证节能量，改造方与项目公司签订节能服务合同，此模式主要提供多种补贴政策及改造资金来源，由改造业主方与多方签订合同。在改造初始阶段提供多重融资方式保证项目成功实施，缩短项目周期。该模式一般结构如图 6.2-8 所示。

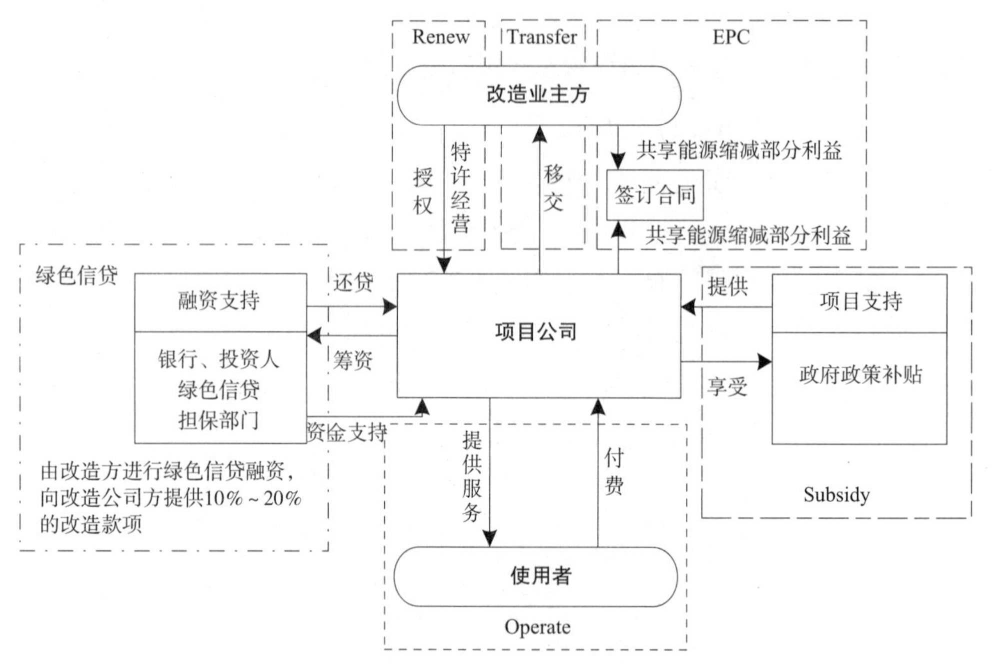

图 6.2-8 “ROST+EPC+ 绿色信贷”模式一般结构示意图

（3）“EPC+ 绿色信贷”模式

此模式主要针对先期改造重点为能效提升的公共建筑。联合体项目公司是一个负责投资、改造、合同期内运营的综合性公司，改造客户首先通过绿色信贷的方式进行融资并提供联合体项目公司 10% ~ 20% 的改造启动金，这就降低了联合体项目公司回收成本的风险，鼓励更多公司参与投资改造，其他改造款项由联合体项目公司安排融资并承担风险，在改造合同期（即项目特许经营期）内，由联合体项目公司负责节能改造后节能设备的运营、维修并支付能源供给单位节能改造后实际的能源费用，改造客户向联合体项目公司支付节能改造前的能源费用，联合体项目公司依靠两种费用的差额回收投资成本并获得合理利润。该融合模式一般结构如图 6.2-9 所示。

（4）“交钥匙总承包 + 绿色信贷”模式

绿色信贷体系较为成熟，改造方易完成贷款，且利息较低，降低了改造方初期改造成本。业主向银行申请绿色信贷，国家和地方环保局以及银监会对企业贷款项目进行环境评估，业主通过绿色信贷融资向承包商支付工程款并且对总承包项目进行过程控制和事后监督以保证建筑改造后综合环境有所提升。改造完成后，承包商将改造建筑移交给改造客户。该融合模式一般结构如图 6.2-10 所示。

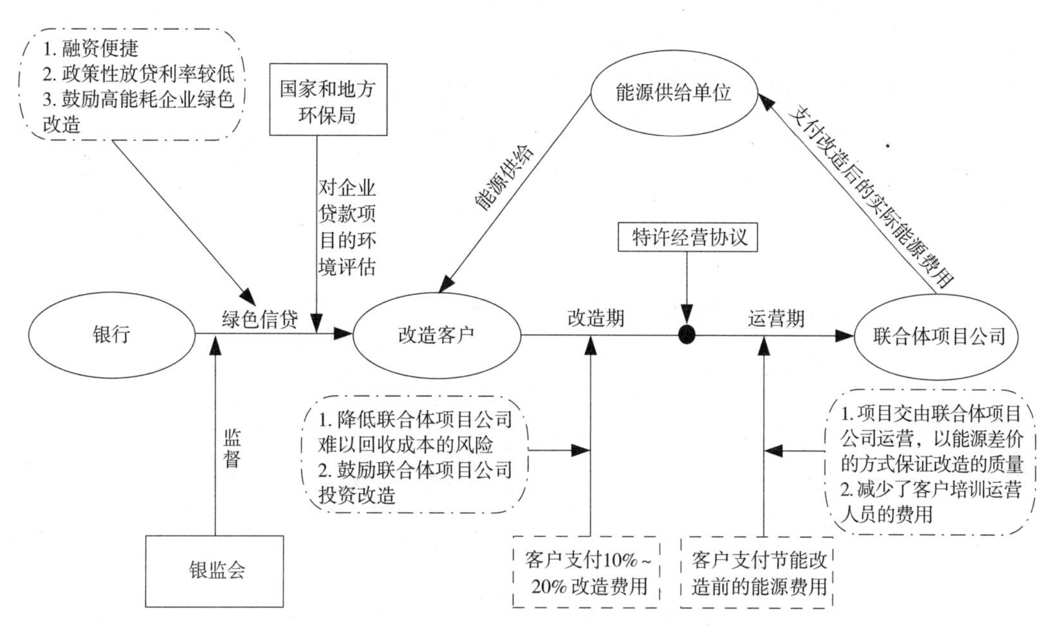

图 6.2-9　“EPC+ 绿色信贷”模式一般结构示意图

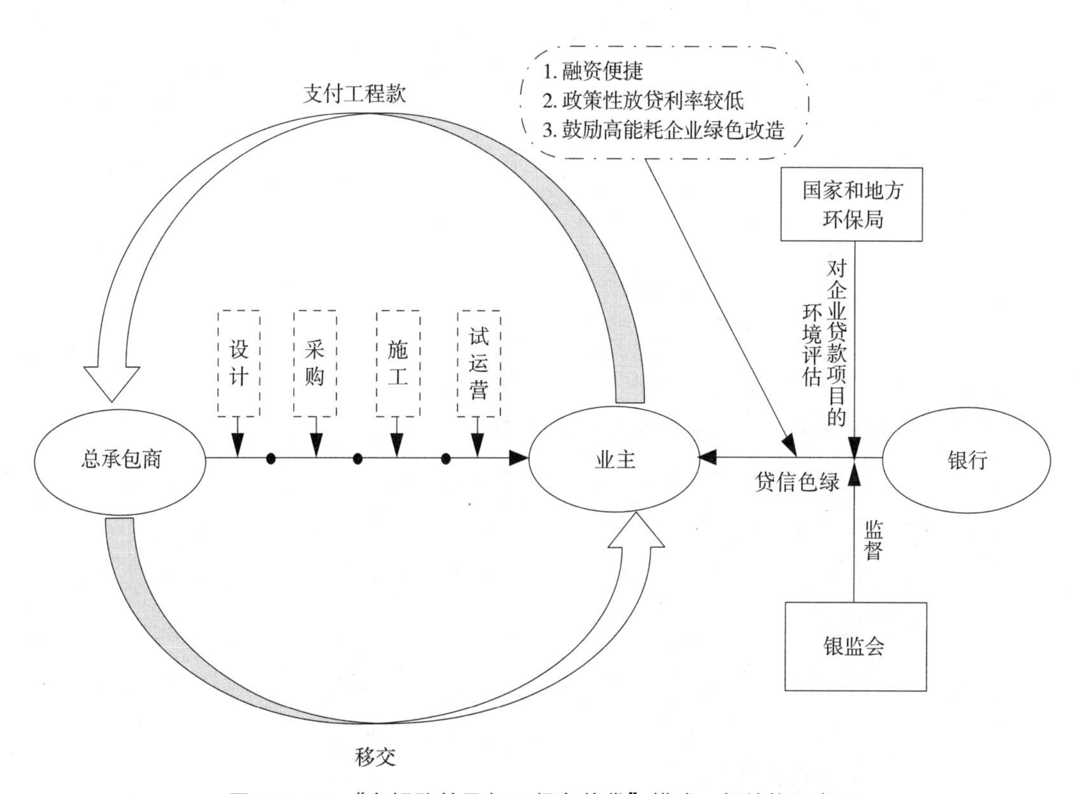

图 6.2-10　“交钥匙总承包 + 绿色信贷”模式一般结构示意图

（5）“交钥匙总承包＋绿色债券”模式

绿色债券在发达地区较为普遍，绿色债券融资成本较低，发行利率较普通债券有一定优势，并且绿色债券的专项财政补贴使得实际融资成本进一步降低。所以业主可以通过发行绿色债券融资，委托独立的部门或第三方监督，业主对总承包项目进行过程控制和事后监督以保证建筑改造后综合环境有所提升。改造完成后，承包商将商业类建筑移交给改造客户。该融合模式一般结构如图 6.2-11 所示。

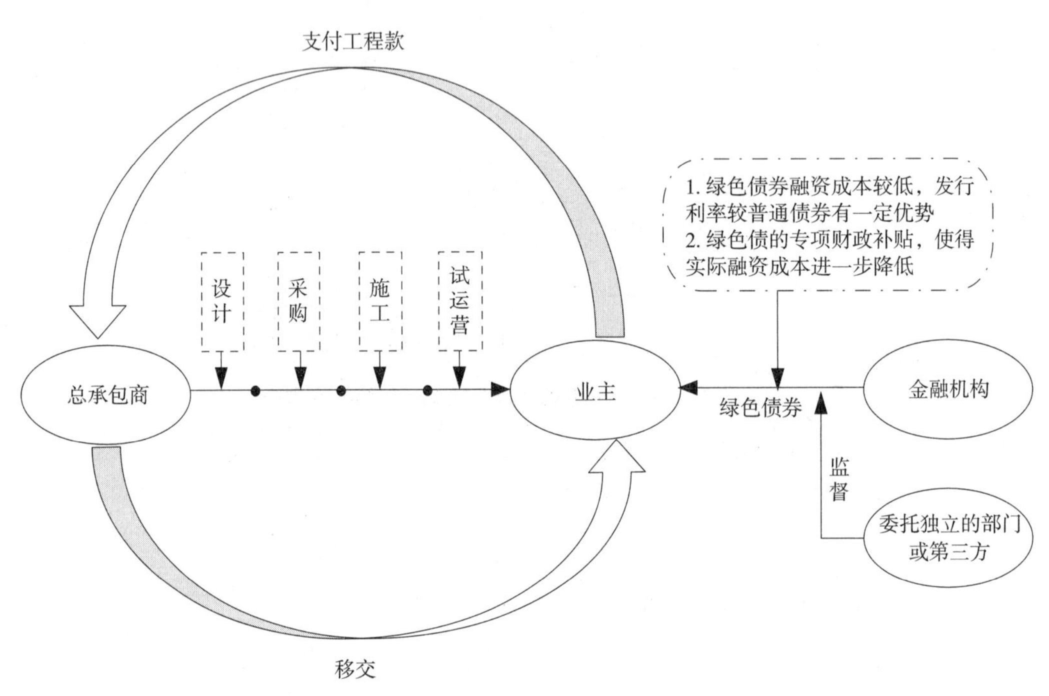

图 6.2-11 “交钥匙总承包＋绿色债券”模式一般结构示意图

（6）“政策激励＋绿色信贷＋交钥匙总承包”模式

政府通过降低税收、提供技术补贴等政策鼓励业主积极进行综合改造，推行绿色信贷拓宽业主融资渠道。绿色信贷体系较为成熟，项目公司易完成贷款，且利息较低。业主向银行申请绿色信贷，国家和地方环保局以及银监会对企业贷款项目进行环境评估，业主通过绿色信贷融资向承包商支付工程款并且对总承包项目进行过程控制和事后监督以保证公共建筑改造后综合环境有所提升。承包商按照合同约定对工程建设项目的设计、采购、施工、试运行等实行全过程或若干阶段的承包，改造完成后，承包商将改造建筑移交给改造客户。该融合模式一般结构如图 6.2-12 所示。

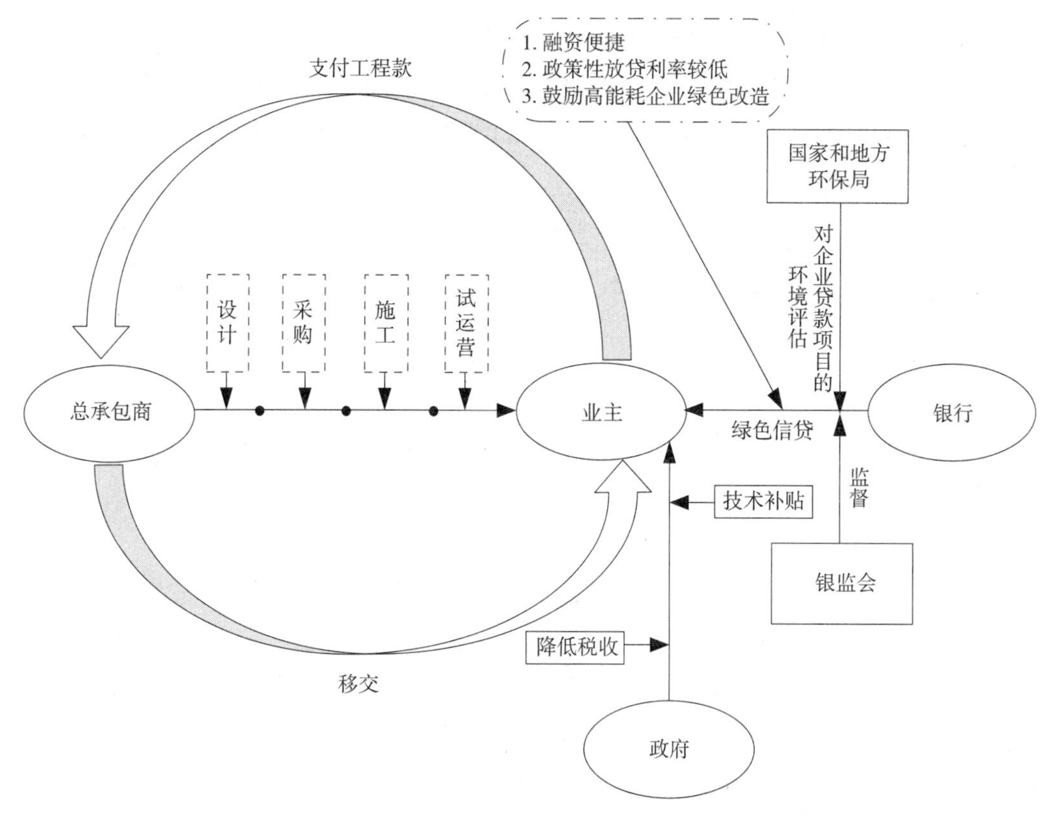

图 6.2-12 “政策激励 + 绿色信贷 + 交钥匙总承包”模式一般结构示意图

第三节　市场化模式选择机制

6.3.1　推广模式选择机制基础模型解析

我国当前正积极鼓励各级办公类、商业类及公益类建筑进行综合改造，虽然国家大力推进，但仍收效甚微，究其原因是没有针对不同地区找到适合的改造方法与改造模式。由此我们提出了上述第二节中的 12 种创新改造模式，针对不同地区不同类型建筑，利用“SWOT 分析——AHP 层次分析法”进行相关改造业主方与适合模式的有机匹配，选择出最适宜的改造推广模式。

首先针对各改造模式进行 SWOT 分析，利用 AHP 层次分析法得出各模式影响要素的重要程度，确定各模式优势及劣势。其次，对改造业主方进行 SWOT 分析，利用 AHP 层次分析法进行重要影响因素提取，找到不同地区不同类型建筑影响力度最强的制约要素。最后，针对不同改造业主方的改造制约因素，匹配出最合适的改造模式，补足其改造短板，提升现有改造能力。

AHP 模型选择理论解释：

根据表 6.3-1 中 AHP 重要比例标度，运用德尔菲两两比较法，其中 *RI* 为平均随机一致性指标，对各个随机样本矩阵计算其一致性指标值如表 6.3-2 所示。

元素相对重要性的比例标度　　表 6.3-1

标度	含义
1	两个元素相比同等重要
3	两个元素相比，前者比后者略为重要
5	两个元素相比，前者比后者相当重要
7	两个元素相比，前者比后者明显重要
9	两个元素相比，前者比后者绝对重要
2、4、6、8	上述相邻判断的中间值
倒数	若元素 *i* 与元素 *j* 相比的 *aij*，则元素 *j* 与元素 *i* 相比得 1/*a*

平均随机一致性指标　　表 6.3-2

n	1	2	3	4	5	6	7	8	9	10	11	12	13	14	15
RI	0	0	0.58	0.9	1.12	1.24	1.32	1.41	1.45	1.49	1.51	1.54	1.56	1.58	1.59

根据指标体系，利用上述标度法，通过专家咨询法问卷调查，选取本领域 12 位专家：安全领域 3 位专家，节能领域 3 位专家，环境领域 3 位专家，金融领域 3 位专家。对 12 项具体指标进行力度测算，采用 9 级标记法（表 6.3-1）分别对指标的重要程度进行打分，其中优势与机遇为正值，劣势与威胁为负值，绝对值越大，实现程度越高。力度 = 评分 × 权重，总力度 = 各指标力度之和，计算优势组总力度 S′、劣势组总力度 W′、机遇组总力度 O′、威胁组总力度 T′，然后对打分结果进行内部讨论和归纳，最后，改造业主方总力度最大的组别与改造模式总力度最大的组别匹配出最合适的改造模式。

6.3.2 不同推广模式 SWOT 分析

为了进一步扩大既有公共建筑改造面积，提升既有公共建筑综合性能，更好地在不同地区进行改造推广，对提出的创新融合模式进行 SWOT 分析，分析其优势、劣势、机会及威胁。

（1）“ROST”模式

“ROST”模式相较于其他模式最大区别是借助政府职能，提供相关经济激励，极大地激发改造方参与改造的积极性并缓解资金短缺问题（表 6.3-3）。

改造模式 SWOT 分析 表 6.3-3

优势（S）	S_1：盘活社会私人成本，让私人资本在运营中获得利益
	S_2：借助政府职能，激发投资改造的积极性，推动改造项目的完成
	S_3：在整个综合改造过程中，改造资金短缺问题得以缓解
劣势（W）	W_1：ROST 模式实施依据少，各方接受度有限
	W_2：在运营期间，需要投入较大的监管力度
	W_3：前期准备工作多，较复杂
机会（O）	O_1：国家相关政策支持
	O_2：融资方式不断创新
	O_3：有先进城市示范带头，给其他城市提供经验借鉴
威胁（T）	T_1：宏观环境复杂且不确定
	T_2：相关配套机制不完善，缺少咨询服务
	T_3：综合改造时间长，不确定性因素较多

运用模型分析各组 $CR=CI/RI<0.10$，均通过一致性检验，总体来看，优势（S′）> 机会（O′）> 劣势（W′）> 威胁（T′），优势对“ROST”模式影响力度最大。

（2）“EPC+ 绿色信贷”模式

“EPC+ 绿色信贷”模式最大的特点是项目融资便捷且联合体项目公司依靠能源费用差价回收投资成本并获得合理利润，降低联合体项目公司回收成本的风险（表 6.3-4）。

改造模式 SWOT 分析 表 6.3-4

优势（S）	S_1：项目公司改造经验丰富，可规避一定的改造风险
	S_2：以能源差价的方式回收改造成本，降低客户融资风险
	S_3：合同能源管理模式的节能效率高，改造收益可观
劣势（W）	W_1：由于中国的合同能源管理事业刚刚起步，许多人对合同能源管理的了解不够
	W_2：业务规模和从业人数还相对不足，尤其缺少技术过硬、专业本领强，会控制风险，还能与人沟通的复合型人才
	W_3：投入产出周期长，企业要进行后续投入面临很大的资金压力
机会（O）	O_1：国家相关政策支持 EPC 的发展
	O_2：绿色金融发展迅速
	O_3：国家相关政策要求能耗较高企业节能减排
威胁（T）	T_1：相关配套法律、政策不够完善
	T_2：改造积极性不高
	T_3：政府监管部门、行业协会执行力弱
	T_4：改造目标不明确

运用模型分析各组 $CR=CI/RI<0.10$，均通过一致性检验，总体来看，优势（S′）> 机会（O′）> 劣势（W′）> 威胁（T′），优势对“EPC+ 绿色信贷”模式影响力度最大。

（3）“能源费用托管型 EPC+ 政策激励”模式

“能源费用托管型 EPC+ 政策激励”模式最大的特点是政府出台相关政策提高能源服务公司参与改造的积极性，能源服务公司通过提高能源效率降低能源费用，并按照合同约定拥有全部或部分能源费用（表 6.3-5）。

改造模式 SWOT 分析　　表 6.3-5

优势（S）	S_1：改造公司提供的综合性能改造更专业，改造结果有保证
	S_2：有效降低业主的融资风险
	S_3：政府提供政策激励可以降低改造风险，提升改造积极性
	S_4：合同能源管理项目的节能效率高、收益可观
劣势（W）	W_1：改造公司自身实力有待提高
	W_2：综合性能改造成果缺乏权威的第三方评估机构
	W_3：综合改造投入产出周期长，企业要进行后续投入，资金压力大
机会（O）	O_1：国家支持相关改造模式的发展
	O_2：国家政策激励各类建筑实施综合性能改造
	O_3：国家要求能耗较高企业节能减排
威胁（T）	T_1：相关配套法律、政策不够完善
	T_2：改造方业主综合性能改造意识薄弱、积极性不高
	T_3：政府监管部门、行业协会执行力弱

运用模型分析各组 $CR=CI/RI<0.10$，均通过一致性检验，总体来看，优势（S′）> 机会（O′）> 劣势（W′）> 威胁（T′），优势对“能源费用托管型 EPC+ 政策激励”改造模式影响力度最大。

（4）“融资租赁型 EPC+ 政策激励”模式

“融资租赁型 EPC+ 政策激励”模式最大的特点是融资公司投资购买节能服务公司的改造设备和服务，并租赁给用户使用，根据协议定期向用户收取租赁费用，这样更好地解决了改造公司融资难的困难，并且通过政府政策激励提高改造积极性（表 6.3-6）。

运用模型分析各组 $CR=CI/RI<0.10$，均通过一致性检验，总体来看，机会（O′）> 优势（S′）> 劣势（W′）> 威胁（T′），机会对“融资租赁型 EPC+ 政策激励”模式影响力度最大。

改造模式 SWOT 分析　　表 6.3-6

优势（S）	S_1：政府提供政策激励可以降低改造风险，提升改造积极性
	S_2：可以解决缺乏先进的改造设备和专业的技术人才问题
	S_3：合同能源管理项目的节能效率高、技术先进
劣势（W）	W_1：改造项目公司自身实力有待提高
	W_2：综合性能改造成果缺乏权威的第三方评估机构
	W_3：落后地区回收成本风险较大
机会（O）	O_1：国家政策支持相关改造模式的发展
	O_2：有先进城市的示范带头，给其他城市提供经验借鉴
	O_3：国家相关政策激励业主进行综合性能改造，业主积极性高
威胁（T）	T_1：相关配套法律、政策不够完善
	T_2：改造方业主综合性能改造意识薄弱、积极性不高
	T_3：融资体系不够完善，融资渠道较为单一，融资较为困难

（5）“ROST+EPC+ 绿色信贷”模式

“ROST+EPC+ 绿色信贷”模式最大的特点是在综合性能改造的基础上改造业主方通过绿色信贷降低了改造项目公司回收成本的风险，且缩短改造周期，鼓励更多公司参与投资改造（表 6.3-7）。

改造模式 SWOT 分析　　表 6.3-7

优势（S）	S_1：融资能力强，实现强效风险分担
	S_2：资金筹措渠道更加多元化，项目更有效地缩短投资回收周期
	S_3：EPC 模式较为成熟，经验案例较多
劣势（W）	W_1：综合性能改造过程中不确定性大以及对风险评估不充分
	W_2：相关法律法规仍不完善，管理存在一定漏洞
	W_3：新老模式融合存在一定不完善性
机会（O）	O_1：国家相关政策大力扶持，整体大环境较为积极
	O_2：国家鼓励建筑改造相关模式的发展
	O_3：有科学合理的经济激励政策
威胁（T）	T_1：综合性能改造技术市场供求矛盾较大
	T_2：综合性能改造市场缺乏完善的体制，投资市场不规范
	T_3：合同期间产生的改造成果只能通过第三方机构认证

运用模型分析各组 $CR=CI/RI<0.10$，均通过一致性检验，总体来看，机会（O′）>优势（S′）>劣势（W′）>威胁（T′），机会对“ROST+EPC+ 绿色信贷”模式影响力度最大。

（6）“ROST+EPC+ 政策激励”模式

“ROST+EPC+ 政策激励”模式最大的特点是在 ROST 模式的基础上，融合合同能源管理模式，并进一步引入政府政策激励以推进改造，加大对改造服务企业的优惠政策、经济补贴，鼓励和推动改造工作的进行（表 6.3-8）。

改造模式 SWOT 分析　　表 6.3-8

优势（S）	S_1：利用私人投资，政府改造资金短缺问题得以缓解
	S_2：借助政策激励，激发投资改造的积极性，推动改造项目的完成
	S_3：资金筹措渠道更加多元化，项目更有效地缩短投资回收周期
劣势（W）	W_1：创新 ROST 模式实施依据少
	W_2：前期准备工作多
	W_3：相关改造项目的企业发展尚不成熟、融资较难
机会（O）	O_1：国家相关政策支持
	O_2：很多企业愿意与政府机关合作
	O_3：有先进城市示范带头，成功经验可以借鉴
威胁（T）	T_1：宏观环境复杂且不确定
	T_2：政策环境有待完善
	T_3：相关配套机制不完善，缺少咨询服务

运用模型分析各组 $CR=CI/RI<0.10$，均通过一致性检验，总体来看，优势（S′）> 机会（O′）> 劣势（W′）> 威胁（T′），优势对“ROST+EPC+ 政策激励”模式影响力度最大。

（7）“交钥匙总承包 + 绿色债券”模式

“交钥匙总承包 + 绿色债券”模式相较于其他模式最大区别是绿色债券融资成本较低，交钥匙总承包模式简化了合同组织关系，有利于业主管理，业主对总承包项目进行过程控制和事后监督以保证建筑改造后综合环境提升（表 6.3-9）。

改造模式 SWOT 分析　　表 6.3-9

优势（S）	S_1：金融环境有利，绿色债券融资成本较低，发行利率较普通债券有一定优势并且绿色债券有专项财政补贴
	S_2：该模式发展得比较成熟，相对应的配套机制比较完善
	S_3：交钥匙总承包模式简化了合同组织关系，有利于业主管理
劣势（W）	W_1：具有总承包能力的承包商数量较少
	W_2：承包商承担的风险较大，因此工程项目的效益、质量完全取决于承包商的经验及水平
	W_3：工程的造价可能较高

续表

机会（O）	O_1：相关法律规范日益健全
	O_2：国家相关政策的支持，支持总承包模式的发展
	O_3：绿色金融发展迅速
威胁（T）	T_1：相关配套法律、政策不够完善
	T_2：行业规范不够
	T_3：绿色债券普及率较低，仅适用于上市的商业公司使用

运用模型分析各组 $CR=CI/RI<0.10$，均通过一致性检验，总体来看，优势（S′）>劣势（W′）>威胁（T′）>机会（O′），优势对“交钥匙总承包＋绿色债券”模式影响力度最大。

（8）“交钥匙总承包＋绿色信贷”模式

“交钥匙总承包＋绿色信贷”模式相较于其他模式最大区别是绿色信贷体系较为成熟，贷款利息低，业主融资风险较小，业主对总承包项目进行过程控制和事后监督以保证建筑改造后综合环境有所提升（表 6.3-10）。

改造模式 SWOT 分析　　表 6.3-10

优势（S）	S_1：绿色信贷体系较为成熟，贷款利率低，业主融资风险较小
	S_2：交钥匙总承包模式项目责任单一，简化合同组织关系，有利于业主管理
	S_3：项目实行总价包干（不可调价），因此业主投资成本在早期即可保证
劣势（W）	W_1：具有总承包能力的承包商数量较少
	W_2：承包商承担的风险较大，因此工程项目的效益、质量完全取决于承包商的经验及水平
	W_3：工程的造价可能较高
机会（O）	O_1：相关法律规范日益健全
	O_2：模式发展较为成熟，降低业主投资风险
	O_3：绿色金融发展迅速，解决融资难的问题
威胁（T）	T_1：相关配套法律、政策不够完善
	T_2：行业规范不够
	T_3：绿色信贷普及范围有限

运用模型分析各组 $CR=CI/RI<0.10$，均通过一致性检验，总体来看，机会（O′）>劣势（W′）>优势（S′）>威胁（T′），机会对“交钥匙总承包＋绿色信贷”模式影响力度最大。

（9）“政策激励＋绿色信贷＋交钥匙总承包”模式

“政策激励＋绿色信贷＋交钥匙总承包”模式最大的特点在于政府通过降低税收、提供技术补贴等鼓励业主积极进行综合改造，且绿色信贷拓宽业主融资渠道，项目公司易完成低息贷款（表 6.3-11）。

改造模式 SWOT 分析 表 6.3–11

优势（S）	S_1：项目实行总价包干（不可调价），因此业主的投资成本早期可得到保证
	S_2：政府提供政策激励可以降低改造风险，提升改造积极性，吸引更多的企业进行改造
	S_3：绿色信贷体系较为成熟，与政府激励政策相互配合，有力降低业主融资风险
劣势（W）	W_1：具有总承包能力的承包商数量较少
	W_2：承包商承担的风险较大，因此工程项目的效益、质量完全取决于承包商的经验及水平
	W_3：绿色信贷推广具有局限性
机会（O）	O_1：相关法律规范日益健全
	O_2：国家相关政策的支持总承包模式的发展
	O_3：绿色金融发展迅速
威胁（T）	T_1：相关配套法律、政策不够完善
	T_2：行业规范不够
	T_3：用能单位节能意识薄弱、积极性不高

运用模型分析各组 $CR=CI/RI<0.10$，均通过一致性检验，总体来看，优势（S′）> 劣势（W′）> 威胁（T′）> 机会（O′），优势对“政策激励 + 绿色信贷 + 交钥匙总承包”模式影响力度最大。

（10）“ROST+ 绿色信贷”模式

“ROST+ 绿色信贷”模式可有效解决改造项目资金来源不足，非营利性改造项目无收益来源的问题，可缩短改造周期，为国家既有公共建筑改造任务作出贡献（表 6.3-12）。

改造模式 SWOT 分析 表 6.3–12

优势（S）	S_1：有效缩短投资回收期
	S_2：政府在结构改造阶段提供保障，公司愿意参与绿色获利模式并承担一定风险
	S_3：资金来源趋于多元化，绿色信贷有利于获取资金支持
劣势（W）	W_1：新型模式执行过程中需要确认合同文件多
	W_2：绿色信贷激励机制不到位、约束机制不完善
	W_3：新型模式认可度及接受度有限
机会（O）	O_1：创造了一个较好的建筑改造环境
	O_2：模式相关配套措施较为完善
	O_3：有科学合理的国家政策支持
威胁（T）	T_1：综合改造技术供求矛盾较大
	T_2：改造市场缺乏完善的体制，投资市场不规范
	T_3：缺乏改造竞争力

运用模型分析各组 $CR=CI/RI<0.10$，均通过一致性检验，总体来看，机会（O′）> 劣势（W′）> 优势（S′）> 威胁（T′），机会对“ROST+ 绿色信贷”模式影响力度最大。

（11）“ROST+ 策权激励”模式

“ROST+ 策权激励”模式最大特点是提出非经济因素激励，刺激更多私人企业参与改造，极大解决了改造资金欠缺的问题，并一定程度上实现改造方及私人企业双赢（表 6.3-13）。

相关模式 SWOT 分析　　表 6.3-13

优势（S）	S_1：政府提供相应政策激励力度较大，资金来源趋于多元化
	S_2：融资能力强，实现强效风险分担
	S_3：引入非经济因素激励，对改造公司有一定吸引力
劣势（W）	W_1：对新型模式认可度有限，接受程度有限
	W_2：建筑节能改造周期较长
	W_3：非经济利益有限
机会（O）	O_1：国家相关政策支持
	O_2：市场建筑节能改造意识逐步加强
	O_3：有先进城市试点示范带头，提供安全改造的经验
威胁（T）	T_1：改造市场缺乏完善的体制
	T_2：改造市场缺乏良好的竞争力
	T_3：市场主体能动性较差

运用模型分析各组 $CR=CI/RI<0.10$，均通过一致性检验，总体来看，机会（O′）> 优势（S′）> 劣势（W′）> 威胁（T′），机会对“ROST+ 策权激励”模式影响力度最大。

（12）“N-EPC”模式

“N-EPC”模式最大优势是引入国企作为改造参与第三方，对改造双方都是极好的约束和保障，激发改造方参与改造的积极性。在改造地区随着参与改造第三方国企数量的增加，可进一步扩大既有公共建筑改造项目的潜在影响力（表 6.3-14）。

相关模式 SWOT 分析　　表 6.3-14

优势（S）	S_1：融资能力强，资金筹措渠道多元化，实现强效风险分担
	S_2：有效缩短投资回收期，使投资收益期提前
	S_3：EPC 模式较为成熟，各方接受意愿较强，且引入国企作为第三方是综合改造时强有力的保障

续表

劣势（W）	W_1：新型模式的推广有一定困难
	W_2：改造过程中不确定性以及对风险评估的不充分
	W_3：相关法律法规的缺失，以及国字头企业为担保，存在一定监管漏洞
机会（O）	O_1：国家相关政策支持建筑改造的发展
	O_2：政府对既有公共建筑节能改造的号召力度大
	O_3：试点阶段已创造良好改造环境，第二阶段综合推广时改造改造意识加强
威胁（T）	T_1：综合改造阶段能效只能通过第三方机构认证，准确性有待加强
	T_2：用能单位改造意识薄弱、积极性不高
	T_3：政府监管部门、行业协会执行力弱

运用模型分析各组 $CR=CI/RI<0.10$，均通过一致性检验，总体来看，机会（O′）>优势（S′）>劣势（W′）>威胁（T′），机会对“N-EPC”模式影响力度最大。

通过对融合创新后的改造模式进行“SWOT—AHP 分析”，得出了融合创新模式在市场推广中的最大优势。下面将对改造业主方进行相关分析，挖掘改造方业主在改造过程中的诉求点，进而寻求最佳的改造模式，更好更快地推动各地区改造面积的进一步扩大。

6.3.3 分阶段、分地区既有公共建筑 SWOT 分析

（1）办公类建筑

1）试点阶段

①政府类办公建筑

a. 重点推进地区、积极推进地区

此类地区，政治、经济、文化、社会水平较高，实施综合性能改造时效性更强，政府自身承担的社会责任和带头表率作用更高，且依靠自己的公信力和社会影响力，通过一些优惠措施易吸引社会资本参与投资改造。为寻求最佳匹配模式对改造方业主意愿进行 SWOT 分析（表 6.3-15）：

改造方业主意愿 SWOT 分析　　表 6.3-15

优势（S）	S_1：通过改造，节约能耗开支
	S_2：延长建筑使用年限，提高房屋安全等级
	S_3：积极响应国家政策，树立良好政府形象

续表

劣势（W）	W_1：政府财政限制，改造资金不足
	W_2：综合改造投入较大，回收期长，风险较大
	W_3：改造收益较低
机会（O）	O_1：国家相关政策支持
	O_2：很多企业愿意与政府机关合作
	O_3：有较好的建筑节能改造环境
威胁（T）	T_1：宏观环境复杂且不确定
	T_2：针对性强的财政激励、金融扶持等政策体系有待完善
	T_3：短期内政府债务会无形中增加

运用模型分析各组 $CR=CI/RI<0.10$，均通过一致性检验，总体来看，劣势（W′）>机会（O′）>优势（S′）>威胁（T′），劣势对业主改造意愿影响力度最大。

b. 鼓励推进地区

该类地区经济发展落后，项目吸引力不足，需要上级政府更有力的经济补贴和政策倾斜促使改造。为寻求最佳匹配模式对改造方业主意愿进行 SWOT 分析（表 6.3-16）：

改造方业主意愿 SWOT 分析　　表 6.3-16

优势（S）	S_1：可以降低能耗，节约能源费用
	S_2：有利于政府树立良好形象
	S_3：延长建筑使用年限，提高房屋安全等级
劣势（W）	W_1：政府财政限制，改造资金不足
	W_2：综合改造投入较大，回收期长，风险较大
	W_3：改造收益较低
机会（O）	O_1：国家相关政策支持，针对既有公共建筑综合改造陆续下发相关文件支持改造项目的发展
	O_2：上级政府的经济激励或强制性政策
	O_3：社会的环保意识提高，推动企业进行建筑改造
威胁（T）	T_1：宏观环境复杂且不确定
	T_2：政策落实缺乏时效性
	T_3：短期内政府债务会无形中增加

运用模型分析各组 $CR=CI/RI<0.10$，均通过一致性检验，总体来看，劣势（W′）>机会（O′）>优势（S′）>威胁（T′），劣势对业主改造意愿影响力度最大。

小结：在试点阶段，政府类办公建筑改造 SWOT 分析结果整体表现出劣势影响力度最大，即政府在参与安全性能改造的最大瓶颈在于改造资金不足，财政资金周转困难。

②商业类办公建筑

a. 重点推进地区

该类地区经济发达，城市容貌更新速度快，同行之间竞争激烈，业主改造积极性较高。为寻求最佳匹配模式对改造方业主意愿进行 SWOT 分析（表 6.3-17）：

改造方业主意愿 SWOT 分析 表 6.3-17

优势（S）	S_1：优化办公环境，提高办公效率
	S_2：降低能耗，节约能源费用
	S_3：提升建筑品质，提高建筑租金
	S_4：提升住房品质，提高商业竞争力
劣势（W）	W_1：项目实施成本较高，回收期长，改造积极性不高
	W_2：改造投资存在一定的风险
	W_3：节能改造在我国的发展尚不成熟，缺乏改造经验
机会（O）	O_1：国家相关政策的支持，鼓励企业进行建筑改造
	O_2：绿色金融创新产品多，企业融资渠道拓宽
	O_3：社会的环保意识提高，推动企业进行建筑改造
威胁（T）	T_1：宏观环境复杂且不确定性高
	T_2：改造后的商业建筑社会认可度不确定
	T_3：政策落实缺乏时效性

运用模型分析各组 $CR=CI/RI<0.10$，均通过一致性检验，总体来看，劣势（W′）> 优势（S′）> 机会（O′）> 威胁（T′），劣势对业主改造意愿影响力度最大。

b. 积极推进地区

该类地区经济发展水平欠发达，融资方式有限，业主改造积极性不高。为寻求最佳匹配模式对改造方业主意愿进行 SWOT 分析（表 6.3-18）：

改造方业主意愿 SWOT 分析 表 6.3-18

优势（S）	S_1：优化办公环境，提高办公效率
	S_2：降低能耗，节约能源费用
	S_3：提升建筑品质，提高建筑租金
	S_4：提升住房品质，提高商业竞争力
劣势（W）	W_1：项目实施成本较高，回收期长
	W_2：融资困难，项目改造吸引力不足
	W_3：缺乏改造经验，改造项目风险较大
	W_4：改造动力不足

续表

机会（O）	O_1：国家相关政策的支持，鼓励企业进行建筑改造
	O_2：有先进城市的示范带头，给其他城市提供经验借鉴
	O_3：社会的环保意识提高，推动企业进行建筑改造
威胁（T）	T_1：宏观环境复杂且不确定
	T_2：相关配套机制不完善
	T_3：政策落实缺乏时效性

运用模型分析各组 $CR=CI/RI<0.10$，均通过一致性检验，总体来看，劣势（W′）>优势（S′）>机会（O′）>威胁（T′），劣势对业主改造意愿影响力度最大。

c. 鼓励推进地区

该类地区经济发展落后，改造公司技术不成熟，经验匮乏，融资比较困难，改造积极性有待提高。为寻求最佳匹配模式对改造方业主意愿进行 SWOT 分析（表 6.3-19）：

改造方业主意愿 SWOT 分析　　表 6.3-19

优势（S）	S_1：降低能耗，节约能源费用
	S_2：提升建筑品质，提高建筑租金
	S_3：优化办公环境，提高办公效率
劣势（W）	W_1：缺乏改造经验，改造项目风险较大
	W_2：融资困难，项目改造吸引力不足
	W_3：改造收益难以预估，项目风险较大
机会（O）	O_1：国家相关政策支持 EPC 的发展
	O_2：国家相关政策激励业主节能改造，业主积极性高
	O_3：有先进城市的示范带头，给其他城市提供经验借鉴
威胁（T）	T_1：相关配套法律、政策不够完善
	T_2：用能单位节能意识薄弱、积极性不高
	T_3：融资体系不够完善，融资渠道较为单一，融资较为困难

运用模型分析各组 $CR=CI/RI<0.10$，均通过一致性检验，总体来看，劣势（W′）>优势（S′）>机会（O′）>威胁（T′），劣势对业主改造意愿影响力度最大。

小结：在试点阶段，商业类办公建筑改造 SWOT 分析结果整体表现出劣势影响力度最大，即商业建筑业主参与节能、环境性能改造的最大瓶颈在于节能改造在我国尚不成熟，改造经验不足，加之改造投资存在一定风险，改造方业主融资较困难。

2）推广阶段

①政府类办公建筑

a. 重点推进地区、积极推进地区

该类地区经济较发达，业主节能意识较高，改造积极性也比较高。同时绿色金融的发展更成熟，可以为节能服务企业提供更广泛的融资渠道。为寻求最佳匹配模式，对改造方业主意愿进行 SWOT 分析（表 6.3-20）：

改造方业主意愿 SWOT 分析　　表 6.3-20

优势（S）	S_1：降低能耗，节约能源费用
	S_2：有利于政府树立良好形象
	S_3：有利于保护环境，实现绿色可持续发展
劣势（W）	W_1：政府财政限制，改造资金不足
	W_2：综合改造投入较大，回收期长，风险较大
	W_3：节能项目过程中的不确定性以及对风险评估的不充分性
机会（O）	O_1：国家相关政策支持，针对既有公共建筑综合改造陆续下发相关文件支持改造项目的发展
	O_2：政府节能环保的社会责任担当
	O_3：人们节能环保意识提高
威胁（T）	T_1：宏观环境复杂且不确定
	T_2：相关配套机制不完善，缺少咨询服务的提供
	T_3：短期内政府债务会增加

运用模型分析各组 $CR=CI/RI<0.10$，均通过一致性检验，总体来看，威胁（T′）> 优势（S′）> 机会（O′）> 劣势（W′），威胁对业主改造意愿影响力度最大。

b. 鼓励推进地区

该类地区政府改造资金落实困难，合同能源管理发展不成熟，改造积极性较低，需要政府更有力的支持政策。为寻求最佳匹配模式对改造方业主意愿进行 SWOT 分析（表 6.3-21）：

改造方业主意愿 SWOT 分析　　表 6.3-21

优势（S）	S_1：降低能耗，节约能源费用
	S_2：有利于政府树立良好形象
	S_3：有利于保护环境，实现绿色可持续发展
劣势（W）	W_1：政府财政限制，改造资金不足
	W_2：综合改造投入较大，回收期长，风险较大
	W_3：经济发展落后，节能改造经验匮乏，项目吸引力不足

续表

机会（O）	O_1：国家相关政策支持，政策体系不断完善
	O_2：上级政府的经济激励或强制性政策
	O_3：人们节能环保意识提高
威胁（T）	T_1：宏观环境复杂且不确定
	T_2：政策的落实缺乏时效性
	T_3：短期内政府债务会增加

运用模型分析各组 $CR=CI/RI<0.10$，均通过一致性检验，总体来看，劣势（W′）> 优势（S′）> 机会（O′）> 威胁（T′），劣势对业主改造意愿影响力度最大。

小结：在推广阶段，政府类办公建筑改造 SWOT 分析结果在重点推进地区、鼓励推进地区表现出威胁影响力度最大，这是由于这两类地区经济发展水平处于极端位置，改造面临的宏观市场环境复杂和政府自身发展状况不佳。在积极推进地区表现出劣势影响力度最大，即改造资金不足对政府参与改造是最不利的。

②商业类办公建筑

a. 重点推进地区

该类地区经济发达，融资渠道多，人们对生活品质追求较高，建筑环境对比明显，会促使业主主动参与改造。为寻求最佳匹配模式对改造方业主意愿进行 SWOT 分析（表 6.3-22）：

改造方业主意愿 SWOT 分析　　表 6.3-22

优势（S）	S_1：优化办公环境，提高办公效率
	S_2：提升建筑安全等级，延长使用年限，减少维修费用
	S_3：提升建筑品质，提高建筑租金
劣势（W）	W_1：融资困难，项目吸引力不足
	W_2：改造项目合同组织较为复杂，业主缺乏管理经验
	W_3：改造投资存在一定的风险
机会（O）	O_1：国家相关政策的支持，鼓励企业进行建筑改造
	O_2：绿色金融产品创新多，企业融资渠道拓宽
	O_3：社会的环保意识提高，推动企业进行建筑改造
威胁（T）	T_1：宏观环境复杂且不确定
	T_2：相关配套机制不完善
	T_3：政策落实缺乏时效性

运用模型分析各组 $CR=CI/RI<0.10$，均通过一致性检验，总体来看，威胁（T′）> 优势（S′）> 机会（O′）> 劣势（W′），威胁对业主改造意愿影响力度最大。

b. 积极推进地区

该类地区经济欠发达，建筑环境改善空间较大，融资方式较为宽泛，业主改造积极性较高。为寻求最佳匹配模式对改造方业主意愿进行 SWOT 分析（表 6.3-23）：

改造方业主意愿 SWOT 分析　　表 6.3-23

优势（S）	S_1：优化办公环境，提高办公效率
	S_2：提升建筑安全等级，延长使用年限，减少维修费用
	S_3：提升建筑品质，提高建筑租金
劣势（W）	W_1：融资困难，项目吸引力不足
	W_2：改造项目不确定性较大，业主投资风险较高
	W_3：相关法律法规不健全
机会（O）	O_1：国家相关政策的支持，鼓励企业进行建筑改造
	O_2：绿色金融产品创新多，企业融资渠道拓宽
	O_3：社会的环保意识提高，推动企业进行建筑改造
威胁（T）	T_1：政策环境有待完善
	T_2：相关配套机制不完善
	T_3：宏观环境复杂且不确定性

运用模型分析各组 $CR=CI/RI<0.10$，均通过一致性检验，总体来看，劣势（W′）> 优势（S′）> 机会（O′）> 威胁（T′），劣势对业主改造意愿影响力度最大。

c. 鼓励推进地区

该类地区经济发展不均衡，改造公司技术不成熟，融资风险较高，业主节能意识参差不齐，改造积极性有待提高。为寻求最佳匹配模式对改造方业主意愿进行 SWOT 分析（表 6.3-24）：

改造方业主意愿 SWOT 分析　　表 6.3-24

优势（S）	S_1：优化办公环境，提高办公效率
	S_2：提升建筑安全等级，延长使用年限，减少维修费用
	S_3：提升建筑品质，提高建筑租金
劣势（W）	W_1：融资困难，项目吸引力不足
	W_2：业主改造缺乏动力，改造积极性不高
	W_3：改造项目不确定性较大，业主投资风险较高

续表

机会（O）	O_1：国家相关政策的支持，鼓励企业进行建筑改造
	O_2：有先进城市的示范带头，给其他城市提供经验借鉴
	O_3：绿色金融产品创新多，企业融资渠道拓宽
威胁（T）	T_1：政策环境有待完善
	T_2：相关配套机制不完善
	T_3：宏观环境复杂且不确定

运用模型分析各组 $CR=CI/RI<0.10$，均通过一致性检验，总体来看，劣势（W′）>机会（O′）>优势（S′）>威胁（T′），劣势对业主改造意愿影响力度最大。

小结：在推广阶段，商业类办公建筑改造 SWOT 分析结果在重点推进地区表现出威胁影响力度最大，这是由于重点改造地区虽经济发展水平较高，改造技术成熟但市场大环境更新速度快，改造风险系数较高。在积极推进地区和鼓励推进地区表现出劣势影响力度最大，即两个地区改造的最大瓶颈都是融资困难。

（2）商业类建筑

1）试点阶段

①重点推进地区

该类地区经济比较发达，业主节能意识较高，融资渠道宽泛，业主改造积极性也比较高。为寻求最佳匹配模式对改造方业主进行 SWOT 分析（表 6.3-25）：

业主方 SWOT 分析　　表 6.3-25

优势（S）	S_1：降低能耗，节约能源费用
	S_2：提升建筑品质，提高建筑租金
	S_3：有利于改善办公环境，有利于身体健康
	S_4：有利于树立业主主动节能的形象，在社会范围内树立口碑
劣势（W）	W_1：缺乏改造经验，改造项目风险较大
	W_2：改造收益难以预估，项目风险较大
	W_3：融资困难，项目改造吸引力不足
机会（O）	O_1：国家相关政策的支持，鼓励企业进行建筑改造
	O_2：金融支持力度较大，新型融资政策较多，融资渠道宽泛
	O_3：社会的环保意识提高，推动企业进行建筑改造
威胁（T）	T_1：政策落实缺乏时效性
	T_2：宏观环境复杂且不确定
	T_3：改造后的商业建筑社会认可度不确定

运用模型分析各组 $CR=CI/RI<0.10$，均通过一致性检验，总体来看，劣势（W′）>机会（O′）>威胁（T′）>优势（S′），劣势对业主改造意愿影响力度最大。

②积极推进地区

该类地区经济发展水平不高，融资方式有限，业主改造积极性不高。为寻求最佳匹配模式对改造方业主进行 SWOT 分析（表 6.3-26）：

业主方 SWOT 分析　　表 6.3-26

优势（S）	S_1：降低能耗，节约能源费用
	S_2：提升建筑品质，提高建筑租金
	S_3：有利于改善办公环境，有利于身体健康
劣势（W）	W_1：缺乏改造经验，改造项目风险较大
	W_2：改造收益难以预估，项目风险较大
	W_3：融资困难，项目改造吸引力不足
	W_4：改造动力不足
机会（O）	O_1：国家相关政策的支持，鼓励企业进行建筑改造
	O_2：国家财政补贴力度较大，激励企业进行建筑改造
	O_3：社会的环保意识提高，推动企业进行建筑改造
威胁（T）	T_1：政策环境有待完善
	T_2：宏观环境复杂且不确定性
	T_3：相关配套机制不完善

运用模型分析各组 $CR=CI/RI<0.10$，均通过一致性检验，总体来看，劣势（W′）>优势（S′）>机会（O′）>威胁（T′），劣势对业主改造意愿影响力度最大。

③鼓励推进地区

该类地区经济发展落后，融资比较困难，业主节能意识较低，改造积极性较低。为寻求最佳匹配模式对改造方业主进行 SWOT 分析（表 6.3-27）：

业主方 SWOT 分析　　表 6.3-27

优势（S）	S_1：降低能耗，节约能源费用
	S_2：提升建筑品质，提高建筑租金
	S_3：有利于改善办公环境，有利于身体健康
劣势（W）	W_1：技术条件不成熟，缺乏先进的设备和相关高素质人才
	W_2：融资困难，项目改造吸引力不足
	W_3：改造收益难以预估，项目风险较大

续表

机会（O）	O_1：国家相关政策的支持，鼓励企业进行建筑改造
	O_2：国家财政补贴力度较大，激励企业进行建筑改造
	O_3：社会的环保意识提高，推动企业进行建筑改造
威胁（T）	T_1：政策环境有待完善
	T_2：宏观环境复杂且不确定
	T_3：新型融资体系不成熟，融资较为困难

运用模型分析各组 $CR=CI/RI<0.10$，均通过一致性检验，总体来看，劣势（W′）>机会（O′）>优势（S′）>威胁（T′），劣势对业主改造意愿影响力度最大。

小结：综合考量，在试点阶段，商业类建筑“劣势”点对改造业主方影响最大，对于重点推进地区来说，经济发展水平较高，但是项目收益难以预估，改造风险较大；而对于积极推进地区和鼓励推进地区来说，经济发展水平不高、融资难、技术条件不成熟是阻碍既有建筑综合改造的关键因素。另外，试点阶段改造风险较大，业主改造动力不足，这是三个地区的通病。

2）推广阶段

①重点推进地区

该类地区经济发达，业主节能意识高，主动参与意识较强。为寻求最佳匹配模式对改造方业主进行 SWOT 分析（表 6.3-28）：

业主方 SWOT 分析　　表 6.3-28

优势（S）	S_1：综合改造后可以降低能耗，节约能源费用
	S_2：提升建筑品质，提高建筑租金
	S_3：进行结构改造后可以提升建筑安全等级，减少维修费用，延长其使用年限
劣势（W）	W_1：融资风险大，回收成本周期较长
	W_2：相关配套机制不完善
	W_3：改造项目合同组织较为复杂，业主缺乏管理经验
机会（O）	O_1：社会环保意识较高，可以推动建筑改造
	O_2：国家相关政策的支持，鼓励企业进行建筑改造
	O_3：金融支持力度较大，新型融资政策较多且体系较为成熟
威胁（T）	T_1：政策环境有待完善
	T_2：宏观环境复杂且不确定
	T_3：相关配套机制不完善

运用模型分析各组 $CR=CI/RI<0.10$，均通过一致性检验，总体来看，劣势（W′）> 机会（O′）> 威胁（T′）> 优势（S′），劣势对业主改造意愿影响力度最大。

②积极推进地区

该类地区经济较为发达，融资方式较为宽泛，业主改造积极性较高。为寻求最佳匹配模式对改造方业主进行 SWOT 分析（表 6.3-29）：

业主方 SWOT 分析　　表 6.3-29

优势（S）	S_1：综合改造后可以降低能耗，节约能源费用
	S_2：提升建筑品质，提高建筑租金
	S_3：进行结构改造后可以提升建筑安全等级，减少维修费用，延长其使用年限
劣势（W）	W_1：融资困难，项目吸引力不足
	W_2：改造项目不确定性较大，业主投资风险较高
	W_3：相关法律政策不够完善
机会（O）	O_1：社会环保意识较高，可以推动建筑改造
	O_2：国家相关政策的支持，鼓励企业进行建筑改造
	O_3：金融支持力度较大，新型融资政策较多，融资渠道宽泛
威胁（T）	T_1：政策环境有待完善
	T_2：宏观环境复杂且不确定
	T_3：相关配套机制不完善

运用模型分析各组 $CR=CI/RI<0.10$，均通过一致性检验，总体来看，劣势（W′）> 威胁（T′）> 优势（S′）> 机会（O′），劣势对业主改造意愿影响力度最大。

③鼓励推进地区

该类地区经济发展不均衡，融资模式单一，业主节能意识参差不齐，改造积极性也不尽相同。为寻求最佳匹配模式对改造方业主进行 SWOT 分析（表 6.3-30）：

业主方 SWOT 分析　　表 6.3-30

优势（S）	S_1：综合改造后可以降低能耗，节约能源费用
	S_2：提升建筑品质，提高建筑租金
	S_3：进行结构改造后可以提升建筑安全等级，减少维修费用，延长其使用年限
劣势（W）	W_1：融资困难，项目吸引力不足
	W_2：业主缺乏改造动力，改造积极性不高
	W_3：改造项目不确定性较大，业主投资风险较高

续表

机会（O）	O_1：社会环保意识较高，可以推动建筑改造
	O_2：国家相关政策的支持，鼓励企业进行建筑改造
	O_3：金融支持力度较大，新型融资政策较多，融资渠道宽泛
威胁（T）	T_1：政策环境有待完善
	T_2：宏观环境复杂且不确定性
	T_3：相关配套机制不完善

运用模型分析各组 $CR=CI/RI<0.10$，均通过一致性检验，总体来看，劣势（W′）>威胁（T′）>优势（S′）>机会（O′），劣势对业主改造意愿影响力度最大。

小结：综合考量，在试点阶段商业类建筑“劣势”点对改造业主方影响最大，对于重点推进地区和积极推进地区来说，经济发展水平较高，但是相关配套机制不够完善，业主投资风险较高仍旧是不可规避的缺陷；而对于鼓励推进地区来说，经济发展水平相对落后、融资难、业主改造积极性不高等问题依旧很突出。

（3）公益类建筑

1）试点阶段

①重点推进地区

该类地区经济发达、对政策响应程度快、改造相关经验丰富、愿意进行新模式尝试、容错程度较高。为寻求最佳匹配模式对改造方业主进行 SWOT 分析（表 6.3-31）：

业主方 SWOT 分析　　表 6.3-31

优势（S）	S_1：响应国家相关要求积极
	S_2：树立良好的社会形象
	S_3：地区经济发达，愿意尝试新型合作融资模式
劣势（W）	W_1：虽然政策经济环境活跃，但建筑改造的管理系统仍不成熟
	W_2：建筑安全改造周期耗时长、成本高、风险大
	W_3：缺少资金，项目资金吸引力度不足
机会（O）	O_1：国家相关政策的支持，鼓励企业进行建筑改造
	O_2：金融支持力度较大，新型融资政策较多，融资渠道宽泛
	O_3：有适宜改造的大环境
威胁（T）	T_1：相关配套机制不完善，缺少安全改造咨询服务
	T_2：宏观环境复杂且不确定
	T_3：改造后的建筑社会认可度不确定

运用模型分析各组 $CR=CI/RI<0.10$，均通过一致性检验，总体来看，威胁（T′）>机会（O′）>优势（S′）>劣势（W′），威胁对业主改造意愿影响力度最大。

②积极推进地区

该类地区对新型模式的接受度有限，以额外奖励的形式，作为吸引改造方参与改造项目的附加条件。为寻求最佳匹配模式对改造方业主进行 SWOT 分析（表 6.3-32）：

业主方 SWOT 分析　　表 6.3-32

优势（S）	S_1：有效减少资源浪费、保护环境，促进环境友好型发展
	S_2：防灾、抗震性能以及安全系数得到提升
	S_3：大力提倡企业与建筑改造方合作，以非经济类利益做交换促成合作
劣势（W）	W_1：建筑节能改造的管理系统不成熟
	W_2：缺少资金，项目资金吸引力度不足
	W_3：地区有改造经验公司较少，收益有限
机会（O）	O_1：国家相关政策的大力支持
	O_2：有先进城市的试点示范带头，给其他城市提供改造的经验
	O_3：融资方式不断创新
威胁（T）	T_1：相关配套机制不完善，缺少安全改造咨询服务
	T_2：建筑改造企业发展动力不足，技术落后
	T_3：政策、经济环境仍不完善，有待改善

运用模型分析各组 $CR=CI/RI<0.10$，均通过一致性检验，总体来看，威胁（T′）>优势（S′）>机会（O′）>劣势（W′），威胁对业主改造意愿影响力度最大。

③鼓励推进地区

该类地区接受程度及执行力度较低，更多的是政府作为主要抓手推进相关发展，政府激励政策无疑是为改造公司坚持改造注入了一剂强心针。为寻求最佳匹配模式对改造方业主进行 SWOT 分析（表 6.3-33）：

业主方 SWOT 分析　　表 6.3-33

优势（S）	S_1：公益类建筑运营方式趋于多元化
	S_2：避免了整栋楼大拆大建，有效减少资源浪费
	S_3：政府占主导地位鼓励进行建筑改造
劣势（W）	W_1：建筑改造周期耗时长，项目吸引力度不足，融资困难
	W_2：建筑改造管理系统不成熟，各方接受度低
	W_3：改造风险较大，投资收益有限

续表

机会（O）	O_1：先进城市试点示范带头，有可借鉴的改造经验
	O_2：国家财政补贴力度较大，激励企业进行建筑改造
	O_3：金融支持力度大，政府主导推广较为稳妥
威胁（T）	T_1：改造企业发展动力不足、技术落后
	T_2：综合改造普及力度不够，改造较为困难
	T_3：缺乏既有公共建筑综合改造的环境氛围

运用模型分析各组 $CR=CI/RI<0.10$，均通过一致性检验，总体来看，劣势（W′）> 机会（O′）> 威胁（T′）> 优势（S′），劣势对业主改造意愿影响力度最大。

小结：综合考量，在试点阶段公益类建筑重点推进、积极推进地区“威胁”对改造业主方影响最大，主要因为在这两类地区经济发展较快，对于劣势中最主要的融资因素可以找到较好的解决途径，而关于威胁点提到的内容更为不易解决，影响力度更大。在鼓励推进地区“劣势”点对改造业主方影响最大，主要因为在鼓励推进地区经济发展较落后、融资困难，因此劣势中强调的资金问题影响力度更大。

2）推广阶段

①重点推进地区

该类地区可实行相关新型融合模式进行改造，尽可能多地增加各方收益保证项目。为寻求最佳匹配模式对改造方业主进行 SWOT 分析（表 6.3-34）：

业主方 SWOT 分析　　表 6.3-34

优势（S）	S_1：业主方愿意尝试新型合作融资模式
	S_2：国家政策支持力度大，各改造方改造意愿较强
	S_3：进行综合改造后可以提升建筑安全等级及环境舒适度，减少维修费用，延长其使用年限
劣势（W）	W_1：建筑综合改造政策仍需完善
	W_2：项目资金吸引力度不足，缺少资金
	W_3：建筑改造管理体系不成熟
机会（O）	O_1：有较好的建筑节能改造环境
	O_2：社会改造意识加强，国家相关政策也支持鼓励企业进行建筑改造
	O_3：金融支持力度较大，新型融资政策较多且体系较为成熟
威胁（T）	T_1：相关配套机制不完善，缺少咨询服务的提供
	T_2：宏观环境复杂且不确定
	T_3：建筑综合改造企业发展仍有限且大部分处于探索阶段

运用模型分析各组 $CR=CI/RI<0.10$，均通过一致性检验，总体来看，劣势（W′）> 机会（O′）> 优势（S′）>威胁（T′），劣势对业主改造意愿影响力度最大。

②积极推进地区

考虑到扩大推广这一要求，主要采取更加稳妥且经验较成熟的做法，用以调动各方改造积极性。为寻求最佳匹配模式对改造方业主进行 SWOT 分析（表 6.3-35）：

业主方 SWOT 分析　表 6.3-35

优势（S）	S_1：有利于提升社会形象，有效减少资源浪费，促进环境友好型发展
	S_2：综合改造可以提升建筑品质，提高建筑租金
	S_3：大力提倡企业与建筑改造方合作，以非经济类利益做交换促成合作
劣势（W）	W_1：改造资金有限，融资困难，项目吸引力不足
	W_2：建筑综合改造的合作体系不成熟，合作风险较大
	W_3：地区有完整改造经验公司较少
机会（O）	O_1：社会环保意识较高，可以推动建筑综合改造
	O_2：国家相关政策支持，鼓励企业进行建筑改造
	O_3：有先进城市的试点示范带头，给其他城市提供改造的经验
威胁（T）	T_1：建筑改造企业发展力不足、技术落后
	T_2：整体宏观环境复杂且不确定
	T_3：政策环境有待改善

运用模型分析各组 $CR=CI/RI<0.10$，均通过一致性检验，总体来看，威胁（T′）> 机会（O′）>优势（S′）> 劣势（W′），威胁对业主改造意愿影响力度最大。

③鼓励推进地区

该类地区综合改造可以在改造方完成试点阶段改造，实现改造盈利后再进行安全结构改造投资，引入国有企业使整个改造项目有所保障。为寻求最佳匹配模式对改造方业主进行 SWOT 分析（表 6.3-36）：

业主方 SWOT 分析　表 6.3-36

优势（S）	S_1：已有经验有很好的可借鉴性，第二阶段针对综合改造可以提升综合性能
	S_2：提升建筑品质，提高建筑租金
	S_3：政府占主导地位鼓励并把控各类建筑进行改造

续表

劣势（W）	W_1：项目吸引力度不足，融资困难
	W_2：建筑改造周期耗时长
	W_3：改造项目不确定性较大，改造意愿较小，各方接受度有限
机会（O）	O_1：先进城市的试点示范带头，有可借鉴的节能改造的经验
	O_2：国家相关政策的支持鼓励业主方进行改造
	O_3：金融支持力度大，政府主导推广较为稳妥
威胁（T）	T_1：建筑改造企业发展动力不足、技术落后
	T_2：改造意识普及力度不够，改造较为困难
	T_3：缺乏既有公共建筑综合改造的环境氛围

运用模型分析各组 $CR=CI/RI<0.10$，均通过一致性检验，总体来看，劣势（W′）> 机会（O′）> 优势（S′）>威胁（T′），劣势对业主改造意愿影响力度最大。

小结：在推广阶段公益类建筑在重点推进、积极推进地区“威胁”对改造业主方影响最大，但重点推进地区主要是由于整体环境较复杂，更多地受政策因素影响；而鼓励推进地区更多受不易融资及各方参与意愿有限等主要劣势影响。在积极推进地区“威胁”点对改造业主方影响最大，主要因为在积极推进地区虽然有一定经济基础且也愿意尝试新模式改造，但整体管理经验较少，受技术制约威胁较大。

6.3.4　分阶段不同类型既有公共建筑市场推广模式匹配分析

（1）办公类建筑模式匹配

1）试点阶段

①政府类办公建筑

对 6.3.2 节模式分析结论及试点阶段重点推进地区、积极推进地区、鼓励推进地区业主改造意愿结论进行匹配，分析后得出 ROST 模式最适合该阶段该类地区办公类既有公共建筑改造，匹配分析图如图 6.3-1。

由于政府办公建筑工作性质单一，基本不具营利性，创新 ROST 模式中增加政府政策补贴手段，借助政府职能激发企业改造积极性，增强改造项目吸引力，同时盘活私人成本参与改造，更好地解决政府改造资金周转困难的劣势，故 ROST 模式适合政府类办公建筑在试点阶段的改造工作。

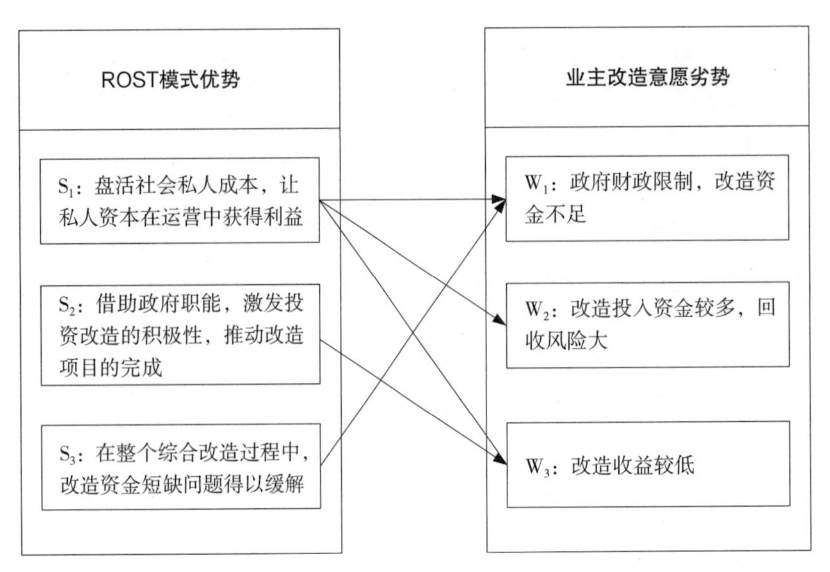

图 6.3-1 改造方改造模式匹配分析图

②商业类办公建筑

a. 重点推进地区

对 6.3.2 节模式分析结论及试点阶段重点推进地区业主改造意愿结论进行匹配，分析后得出“EPC+ 绿色信贷”模式最适合该阶段该地区办公类既有公共建筑改造，匹配分析图如图 6.3-2。

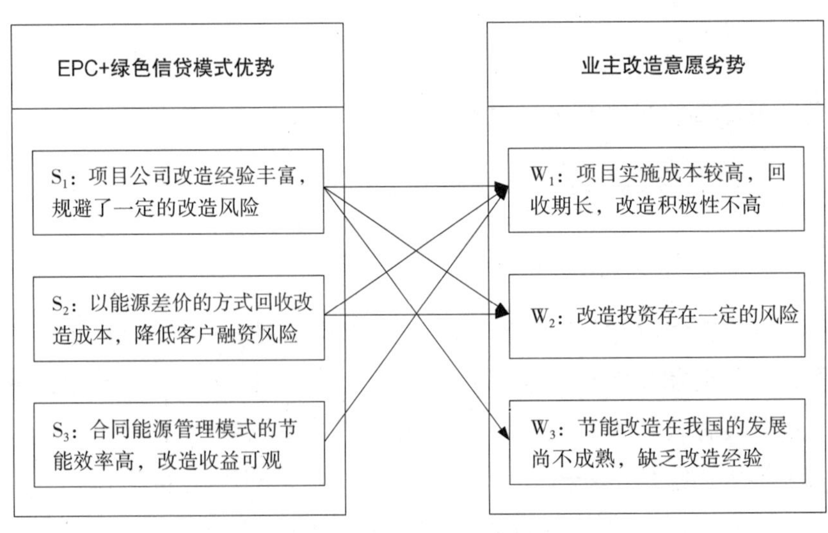

图 6.3-2 改造方改造模式匹配分析图

在重点推进地区，商业类办公建筑改造受劣势影响力度最大，由于 EPC+ 绿色信贷模式采用能源差价的方式回收改造成本，可降低客户的融资风险，更好地解决改造项目改造成本较高、回收期长的劣势问题，且项目公司改造经验丰富降低了改造风险，使得业主参与改造的积极性更高。故“EPC+ 绿色信贷”模式适合该地区商业类办公建筑在试点阶段的改造工作。

b. 积极推进地区

将 6.3.2 节模式分析结论及试点阶段积极推进地区业主改造意愿结论进行匹配，分析后得出“能源费用托管型 EPC+ 政策激励”模式最适合该阶段该地区办公类既有公共建筑改造，匹配分析图如图 6.3-3。

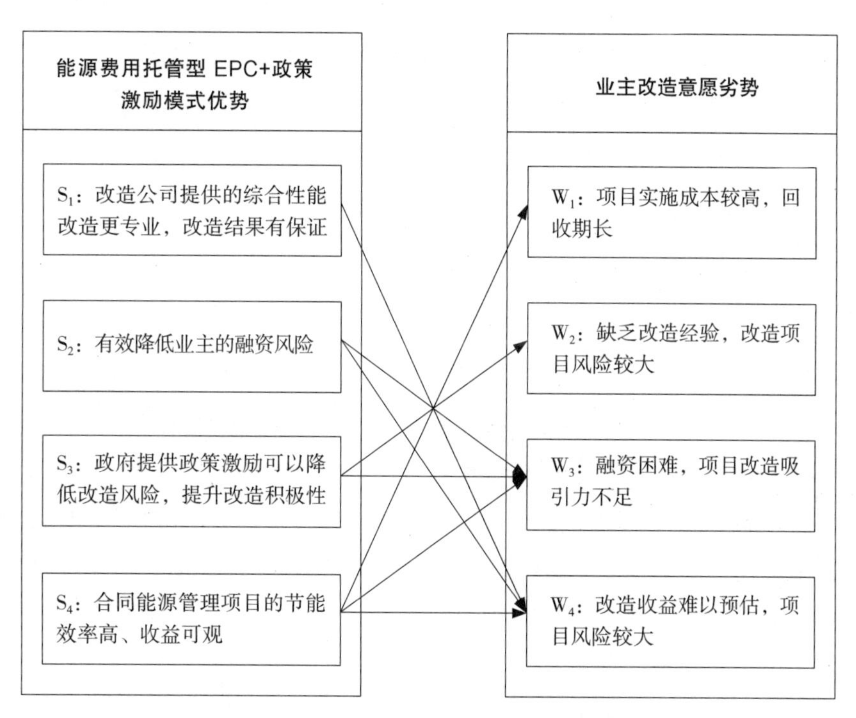

图 6.3-3　改造方改造模式匹配分析图

在积极推进地区，商业类办公建筑改造受劣势影响力度最大，能源费用托管型 EPC+ 政策激励模式一方面在该地区有较成熟的改造经验可以降低改造风险，另一方面借助能源费用托管的形式解决业主改造融资困难的劣势问题，并且发挥政府职能，提供政策激励使得项目改造吸引力度增大，故能源费用托管型 EPC+ 政策激励模式适合该地区商业类办公建筑在试点阶段的改造工作。

c. 鼓励推进地区

对 6.3.2 节模式分析结论及试点阶段鼓励推进地区业主改造意愿结论进行匹配，分析后得出融资租赁型 EPC+ 政策激励模式最适合该阶段该地区办公类既有公共建筑改造，匹配分析图如图 6.3-4。

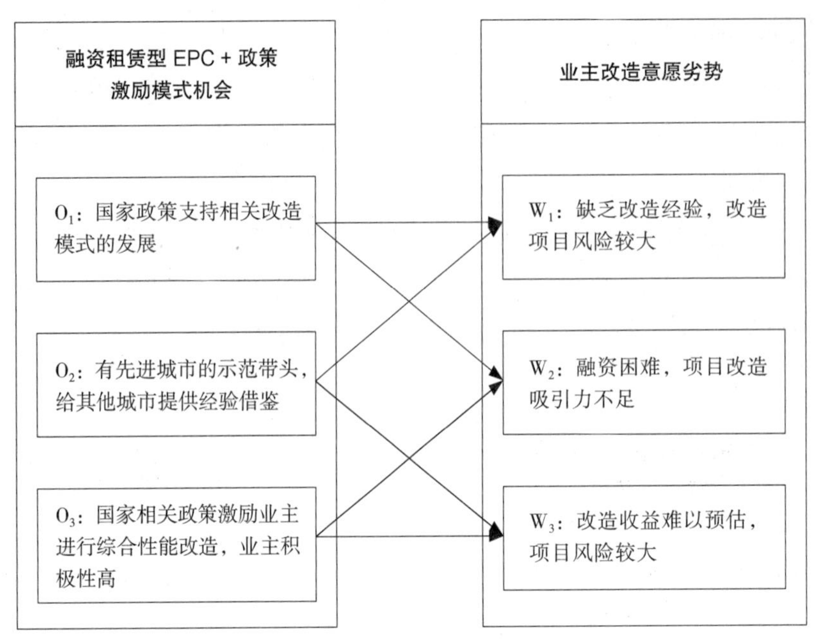

图 6.3-4　改造方改造模式匹配分析图

在鼓励推进地区，商业类办公建筑改造受劣势影响力度最大，融资租赁型 EPC+ 政策激励模式一方面有先进城市的示范带头，在鼓励推进地区可借鉴的改造经验较多，降低了改造项目的风险，使改造收益更有可观，另一方面，发挥政府职能，提供政策激励使得项目改造吸引力度增大，故融资租赁型 EPC+ 政策激励模式适合该地区商业类办公建筑在试点阶段的改造工作。

2）推广阶段

①政府类办公建筑

a. 重点推进地区、积极推进地区

将 6.3.2 节模式分析结论及推广阶段重点推进地区、积极推进地区业主改造意愿结论进行匹配，分析后得出 ROST+EPC+ 绿色信贷模式最适合该阶段该地区办公类既有公共建筑改造，匹配分析图如图 6.3-5。

在重点推进地区和积极推进地区，政府类办公建筑改造受威胁影响力度最大，此类地区综合改造服务产业发展迅速，专业化的改造服务公司数量较多，规模更大，国家和各地方政府出台的政策体系较完善，借助绿色信贷解决合同能源管理融资难的问题，可更好地弥补改造方业主自己投资改造的资金困难问题，且降低业主面临的改造风险。故 ROST+EPC+ 绿色信贷模式适合该地区政府类办公建筑在推广阶段的改造工作。

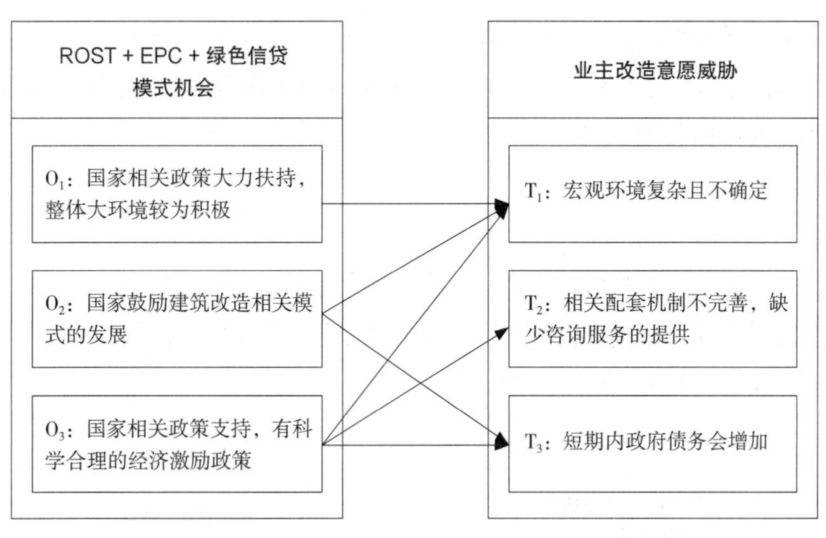

图 6.3-5　改造方改造模式匹配分析图

b. 鼓励推进地区

对 6.3.2 节模式分析结论及推广阶段鼓励推进地区业主改造意愿结论进行匹配，分析后得出 ROST+EPC+ 政策激励模式适合该阶段该地区办公类既有公共建筑改造，匹配分析图如图 6.3-6。

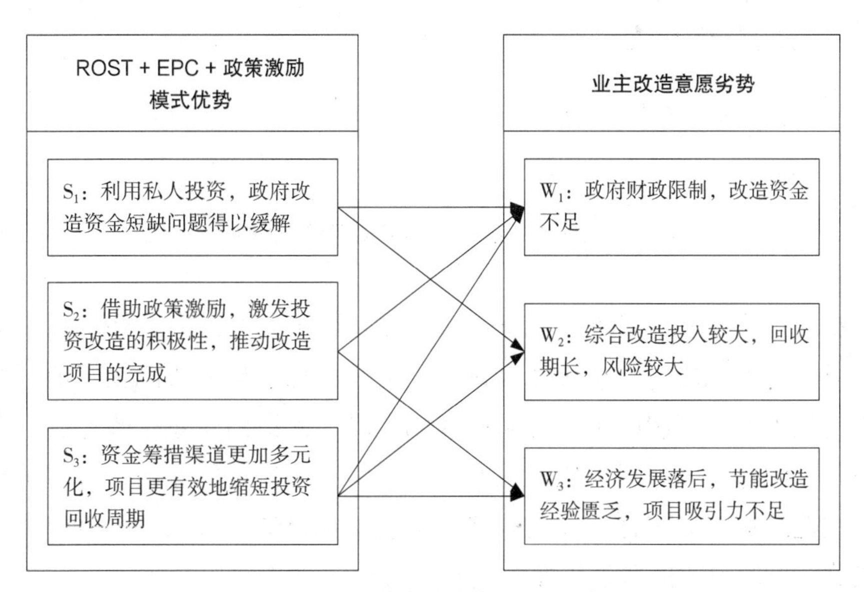

图 6.3-6　改造方改造模式匹配分析图

对于鼓励推进地区，采用合同能源管理进行节能改造能缓解政府改造资金不足的困难，但该地区合同能源管理的发展不成熟，节能服务企业公司数量少，需要政府更有力的支持政策，完善相关市场机制，保障改造服务企业的合法权益，另外引入政府参与，提升改造项目的吸引力，降低综合改造时改造业主的风险，推动改造工作的进行。故 ROST+EPC+ 政策激励模式适合该地区政府类办公建筑在推广阶段的改造工作。

②商业类办公建筑

a. 重点推进地区

对 6.3.2 节模式分析结论及推广阶段重点推进地区业主改造意愿结论进行匹配，分析后得出交钥匙总承包 + 绿色债券模式最适合该阶段该地区办公类既有公共建筑改造，匹配分析图如图 6.3-7。

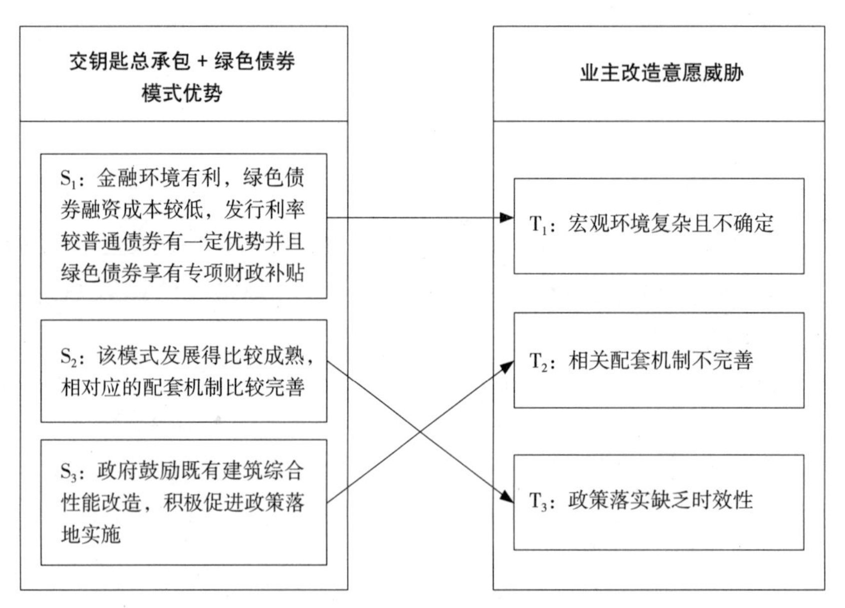

图 6.3-7　改造方改造模式匹配分析图

在重点推进地区，商业类办公建筑受威胁影响力度最大，经济发展速度快的同时面临的宏观环境复杂程度也较高，交钥匙总承包模式能较好地规避业主在改造过程中因政策制度不完善而造成的风险，保证商业建筑改造后综合环境有所提升。此外，该地区绿色债券发行较容易，市场接受度高，可解决环境项目公司改造融资难的问题，故交钥匙总承包 + 绿色债券模式适合该地区商业类办公建筑在推广阶段的改造工作。

b. 积极推进地区

对 6.3.2 节模式分析结论及推广阶段积极推进地区业主改造意愿结论进行匹配，分析后得出交钥匙总承包 + 绿色信贷模式最适合该阶段该地区办公类既有公共建筑改造，匹配分析图如图 6.3-8。

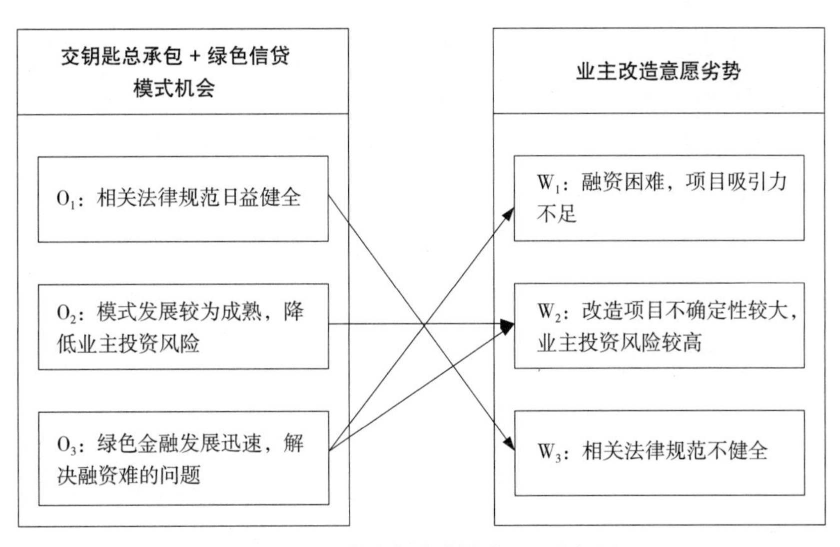

图 6.3-8　改造方改造模式匹配分析图

在积极推进地区，绿色债券发行存在局限性，绿色信贷体系较为成熟，项目公司易完成贷款，且利息较低，可解决项目公司综合改造过程中资金需求大、改造融资难的问题，故交钥匙总承包 + 绿色信贷模式适合该地区商业类办公建筑在推广阶段的改造工作。

c. 鼓励推进地区

对 6.3.2 节模式分析结论及推广阶段鼓励推进地区业主改造意愿结论进行匹配，分析后得出政策激励 + 绿色信贷 + 交钥匙总承包模式最适合该阶段该地区办公类既有公共建筑改造，匹配分析图如图 6.3-9。

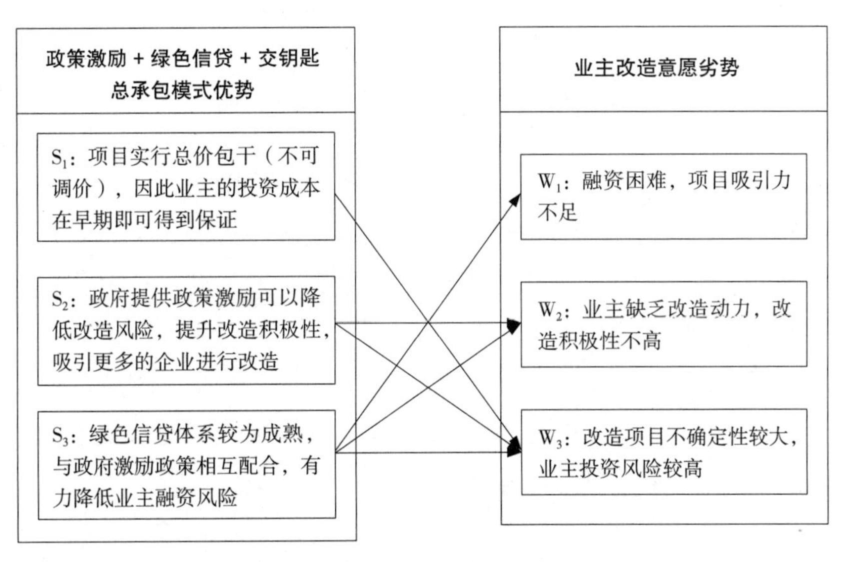

图 6.3-9　改造方改造模式匹配分析图

在鼓励推进地区，商业类办公建筑受劣势影响力度最大，由于业主改造融资困难，改造动力不足，采用交钥匙总承包模式可转移业主参与改造承担的风险，绿色信贷可解决项目公司改造融资难的问题，激发项目公司改造积极性，加之政府通过政策激励，更好地推动经济发展水平落后地区的改造工作进程。故政策激励 + 绿色信贷 + 交钥匙总承包模式适合该地区商业类办公建筑在推广阶段的改造工作。

（2）商业类建筑模式匹配

1）试点阶段

①重点推进地区

对 6.3.2 节模式分析结论及试点阶段重点推进地区业主改造意愿结论进行匹配，分析后得出“绿色信贷 +EPC”模式最适合试点阶段重点推进地区商业类既有公共建筑，匹配分析图如图 6.3-10。

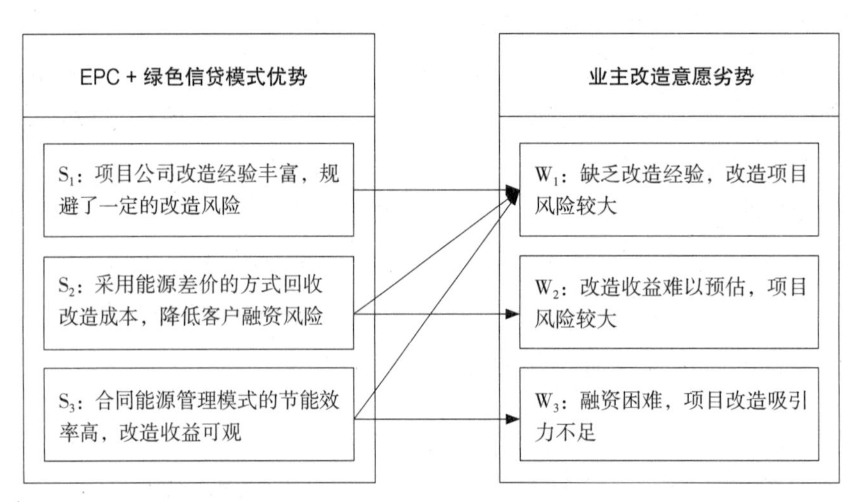

图 6.3-10　改造方改造模式匹配分析图

由于该地区经济比较发达，业主节能意识较高，融资渠道宽泛，业主改造积极性也比较高。绿色信贷 +EPC 模式不仅改造收益可观，而且采用能源差价的方式回收改造成本，降低业主融资风险，因而采用此模式最为合适。

②积极推进地区

对 6.3.2 节模式分析结论及试点阶段积极推进地区业主改造意愿结论进行匹配，分析后得出能源费用托管型 EPC+ 政策激励模式最适合试点阶段积极推进地区商业类既有公共建筑，匹配分析图如图 6.3-11。

由于该地区经济发展水平不高，融资方式有限，业主改造积极性不高。能源费用托管型 EPC+ 政策激励模式中政府通过政策鼓励业主进行节能改造，融

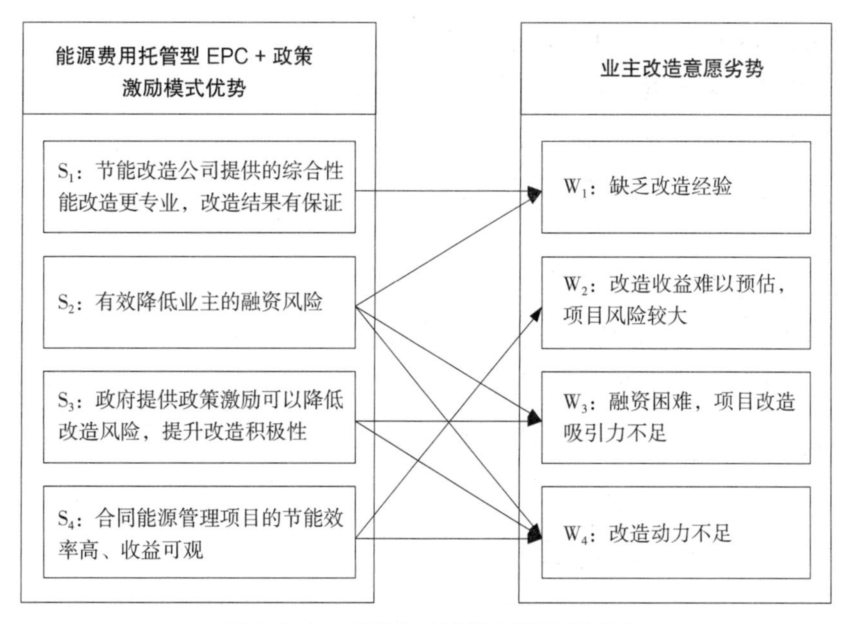

图 6.3-11　改造方改造模式匹配分析图

资难的问题可通过合同能源管理解决，项目合同结束后，节能公司改造设备无偿移交给用户使用，以后所产生的节能收益归业主所有。这极大提高了业主参与改造的积极性，因而采用能源费用托管型 EPC+ 政策激励模式最为合适。

③鼓励推进地区

对 6.3.2 节模式分析结论及试点阶段鼓励推进地区业主改造意愿结论进行匹配，分析后得出融资租赁型 EPC+ 政策激励模式最适合试点阶段鼓励推进地区商业类既有公共建筑，匹配分析图如图 6.3-12。

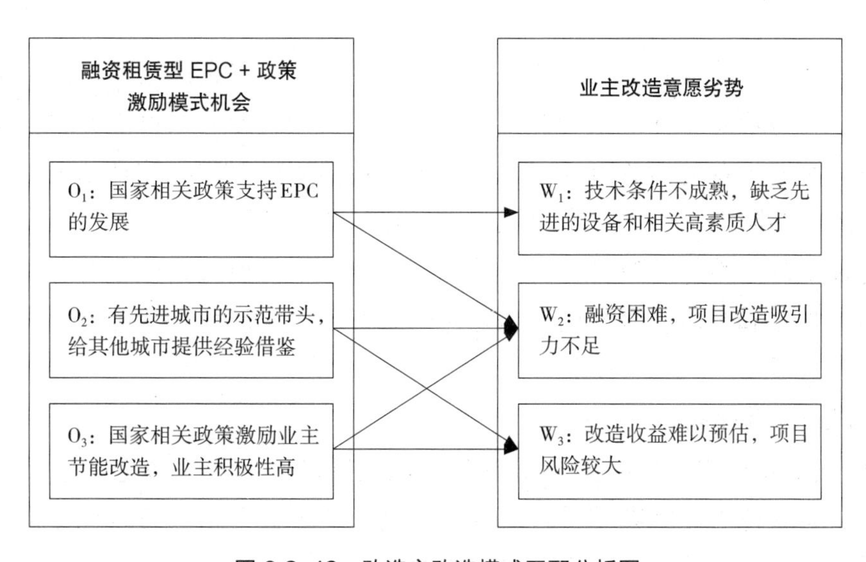

图 6.3-12　改造方改造模式匹配分析图

由于该地区处于经济比较落后地带，融资比较困难，业主改造积极性较低。融资租赁型 EPC+ 政策激励模式中政府通过政策鼓励业主进行改造，部分地区经济水平有限，难以支付昂贵的改造设备费用，此时可通过租赁的方式使用改造设备达到改造效果，因此，采用此模式最合适。

2）推广阶段

①重点推进地区

对 6.3.2 节模式分析结论及试点阶段重点推进地区业主改造意愿结论进行匹配，分析后得出“交钥匙总承包 + 绿色债券”模式最适合推广阶段重点推进地区商业类既有公共建筑，匹配分析图如图 6.3-13。

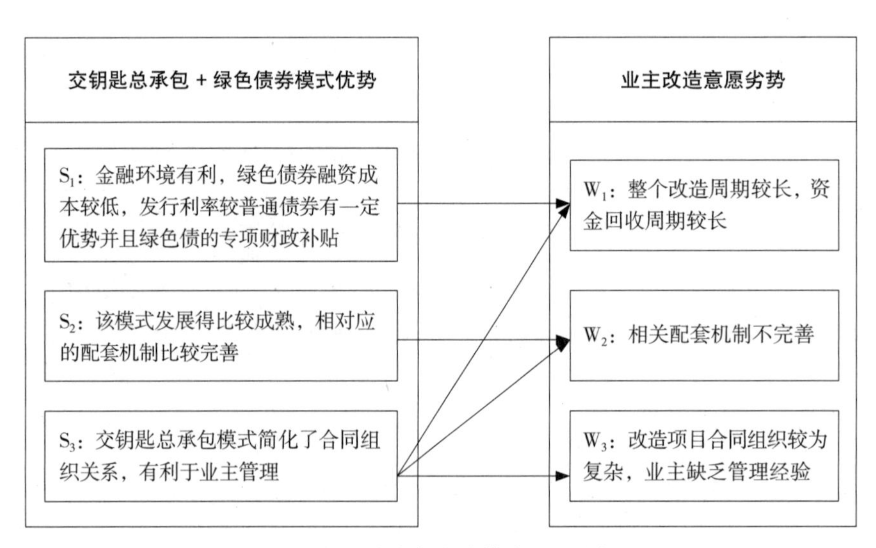

图 6.3-13　改造方改造模式匹配分析图

由于该阶段重点推进地区经济发达，业主主动参与意识较强。交钥匙总承包 + 绿色债券模式中绿色债券在发达地区发行较为普遍，绿色债券融资成本较低，发行利率较普通债券有一定优势并且绿色债券的专项财政补贴使得实际融资成本进一步降低，所以业主可以通过发行绿色债券融资。推广阶段的改造关注商业建筑综合性能的提升，可以采取交钥匙总承包模式，业主对总承包项目进行过程控制和事后监督以保证商业建筑改造后综合环境有所提升，因此采用此模式最合适。

②积极推进地区

对 6.3.2 节模式分析结论及试点阶段积极推进地区业主改造意愿结论进行匹配，分析后得出交钥匙总承包 + 绿色信贷模式最适合推广阶段积极推进地区商业类既有公共建筑，匹配分析图如图 6.3-14。

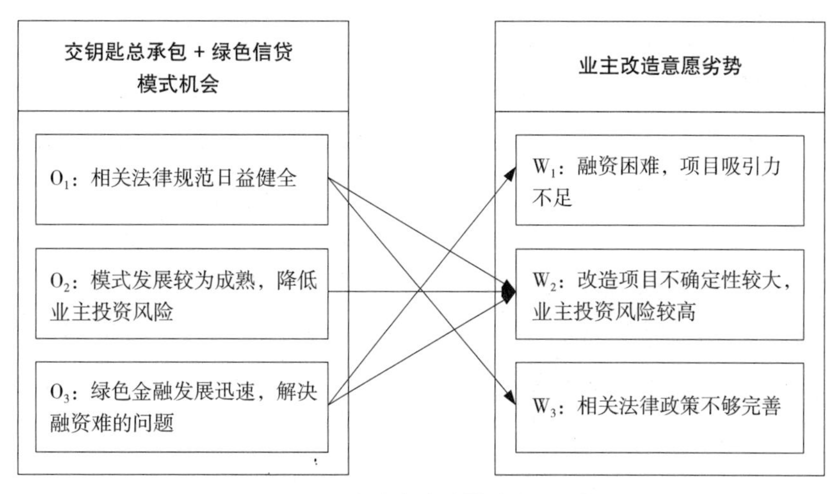

图 6.3-14　改造方改造模式匹配分析图

由于该地区经济较为发达，融资方式较为宽泛，业主改造积极性较高。推广阶段的改造关注商业建筑综合性能的提升，可以采取交钥匙总承包模式，而该阶段各种绿色金融政策将会推广开来，积极推进地区的业主可通过绿色信贷进行融资，绿色信贷体系较为成熟，项目公司易完成贷款，且利息较低，因此在此阶段采用交钥匙总承包＋绿色信贷模式最合适。

③鼓励推进地区

对 6.3.2 节模式分析结论及试点阶段鼓励推进地区业主改造意愿结论进行匹配，分析后得出政策激励＋绿色信贷＋交钥匙总承包模式最适合推广阶段鼓励推进地区商业类既有公共建筑，匹配分析图如图 6.3-15。

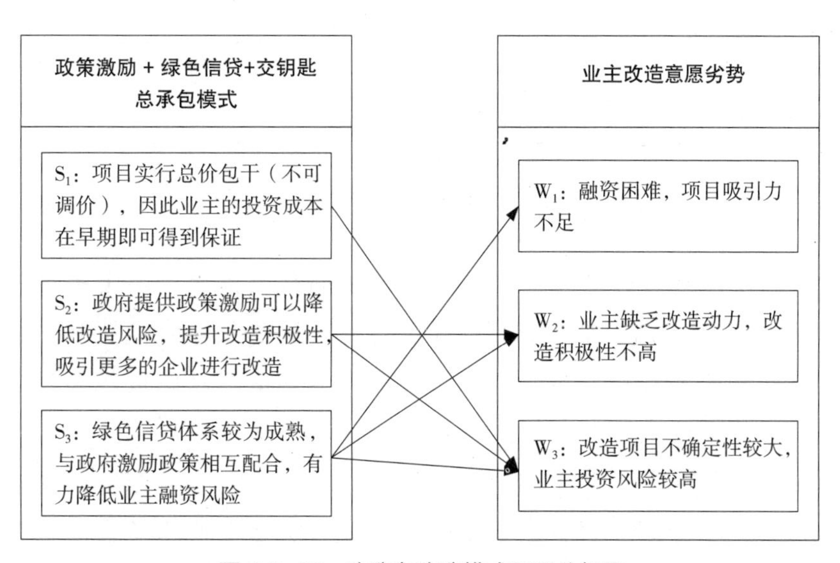

图 6.3-15　改造方改造模式匹配分析图

由于该地区经济发展不均衡，融资模式单一，业主改造积极性不尽相同。该模式下，政府通过降低税收、提供技术补贴等政策鼓励业主积极进行改造，推行绿色信贷拓宽业主融资渠道，绿色信贷体系较为成熟，项目公司易完成贷款，且利息较低。推广阶段的改造关注商业建筑综合性能的提升，采取交钥匙总承包模式，承包商按照合同约定对工程建设项目的设计、采购、施工、试运行等实行全过程或若干阶段的承包。业主对总承包项目进行过程控制和事后监督以保证商业建筑改造后综合环境有所提升。改造完成后，承包商将商业建筑移交给改造客户。因此，采用最为综合全面的政策激励＋绿色信贷＋交钥匙总承包模式最合适。

（3）公益类建筑模式匹配

1）试点阶段

①重点推进地区

对 6.3.2 节模式分析结论及试点阶段重点推进地区业主改造意愿结论进行匹配，分析后得出 ROST+ 绿色信贷模式最合适该阶段该地区公益类既有公共建筑综合性能提升改造，匹配分析图如图 6.3-16。

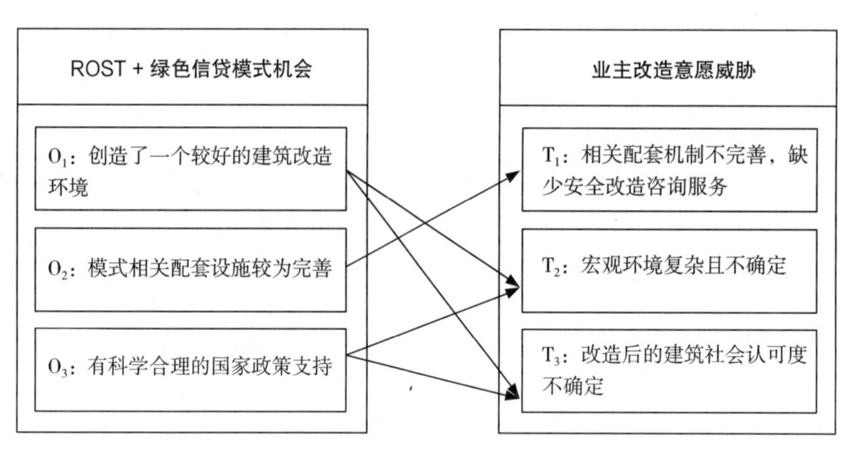

图 6.3-16　改造方改造模式匹配分析图

由于重点推进地区改造方及改造公司对政府政策依赖，但也愿意承担一定风险进行新型获利尝试，而 ROST+ 绿色信贷的新型融合模式既考虑到改造方愿意承担一定风险贷款进行建筑物改造的意愿与决心，又通过相关政府财政补贴给予改造公司信心，因此采用此模式最为合适。

②积极推进地区

将 6.3.2 节模式分析结论及试点阶段积极推进地区业主改造意愿结论进行匹配，分析后得出 ROST+ 策权激励模式最合适该阶段该地区公益类既有公共建筑改造，匹配分析图如图 6.3-17。

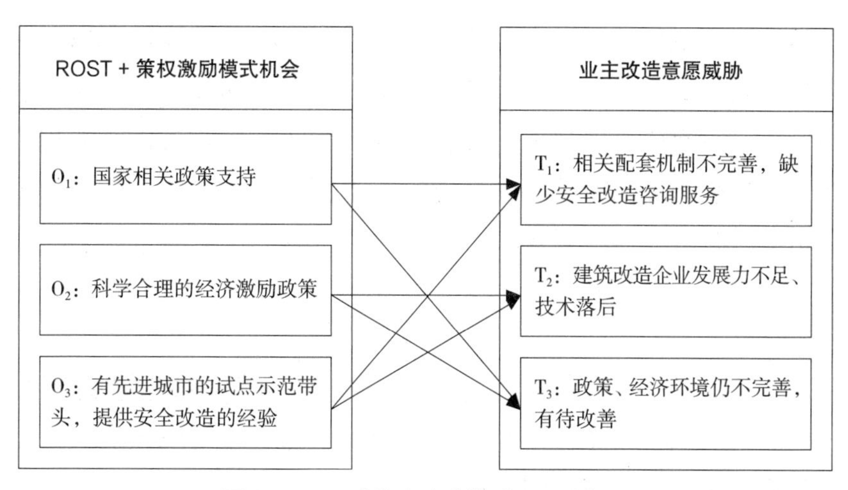

图 6.3-17 改造方改造模式匹配分析图

相较于重点推进地区，积极推进地区对新型模式的接受度有限，更倾向于接受实际利益进而达成改造意愿。在改造积极推进地区以额外奖励的形式，作为吸引改造方参与改造项目的附加条件。改造公司在与改造方签订改造合同时，按照改造面积及改造时间确认具体改造时间，提高改造的吸引力，从而吸引更多的改造项目公司参与改造，因此采用 ROST+ 策权激励模式最合适。

③鼓励推进地区

对 6.3.2 节模式分析结论及试点阶段鼓励推进地区业主改造意愿结论进行匹配，分析后得出 ROST 模式最适合该阶段该地区公益类既有公共建筑改造，匹配分析图如图 6.3-18。

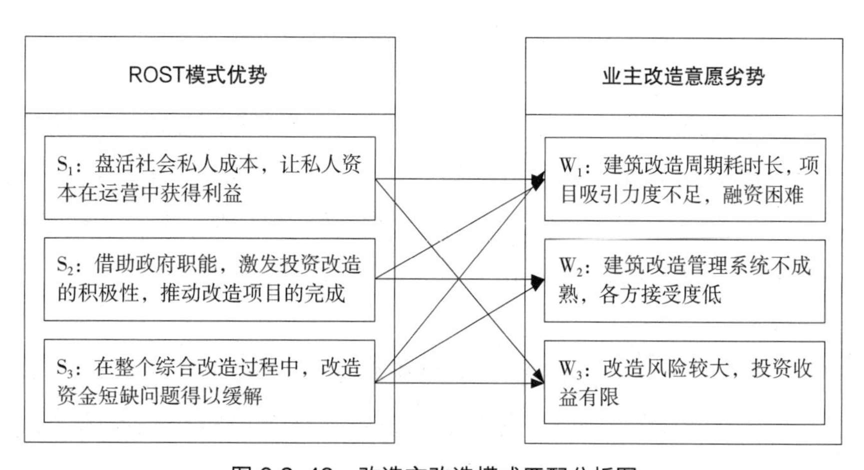

图 6.3-18 改造方改造模式匹配分析图

在鼓励推进地区只采用最传统的 ROST 模式，即在改造方和改造公司签订协议的基础上政府进行一定补贴。采取这一模式的主要原因是基于对此地区经济、管理体系及对新模式响应程度的考量。鼓励推进地区各省市 GDP 在全国排名较弱，对新型政策接受程度及执行力度较低，更多的是政府作为主要抓手推进相关发展，对政府补贴依赖度高。除此以外，鼓励推进地区的相关改造环境不成熟，改造公司的相关改造意愿有限，采用 ROST 模式由政府主导无疑是为改造公司坚持改造注入一剂强心针。

2）推广阶段

①重点推进地区

对 6.3.2 节模式分析结论及推广阶段重点推进地区业主改造意愿结论进行匹配，分析后得出 ROST+EPC+ 绿色信贷模式最适合该阶段该地区公益类既有公共建筑改造，匹配分析图如图 6.3-19。

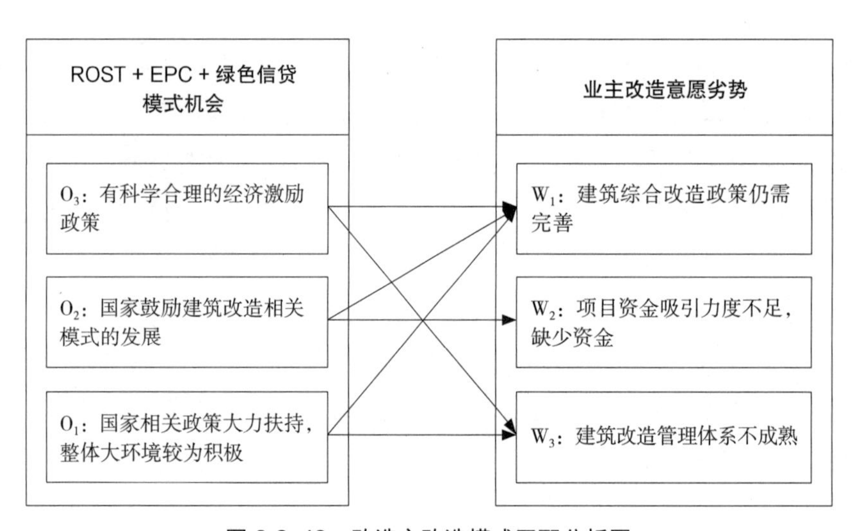

图 6.3-19　改造方改造模式匹配分析图

推广阶段基于结构安全改造进行既有公共建筑综合性能提升，在重点推进地区可实行相关新型融合模式进行改造，尽可能多地增加各方收益，保证项目进行。引入绿色信贷及 EPC 模式可以扩大改造资金来源，吸引改造公司参与。因此 ROST+EPC+ 绿色信贷模式最为合适。

②积极推进地区

对 6.3.2 节模式分析结论及推广阶段积极推进地区业主改造意愿结论进行匹配，分析后得出 ROST+EPC+ 政策激励模式最适合该阶段该地区公益类既有公共建筑改造，匹配分析图如图 6.3-20。

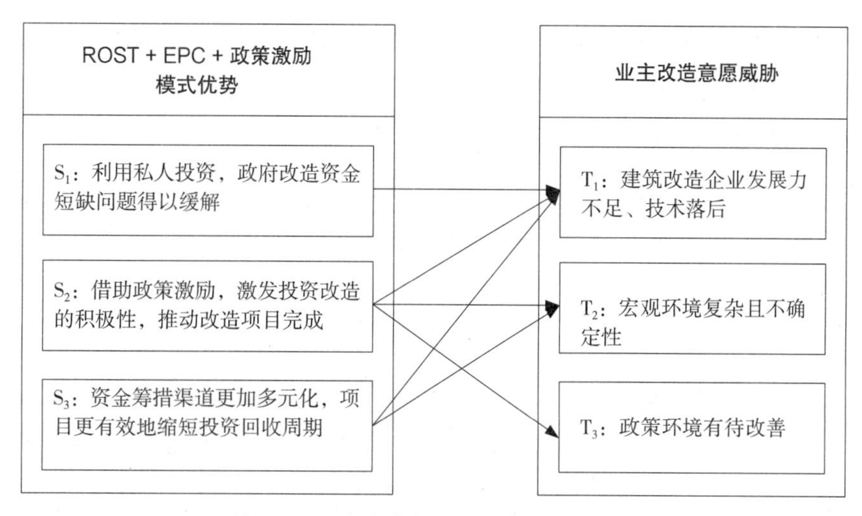

图 6.3-20　改造方改造模式匹配分析图

在积极推广地区，在第一阶段推广模式的基础上，考虑到扩大推广这一要求，主要采取更加稳妥且经验较成熟的做法，以调动各方改造积极性。因此采用 ROST+EPC+ 政策激励模式最合适。

③鼓励推进地区

对 6.3.2 节模式分析结论及推广阶段鼓励推进地区业主改造意愿结论进行匹配，分析后得出 N-EPC 模式最适合该阶段该地区公益类既有公共建筑改造，匹配分析图如图 6.3-21。

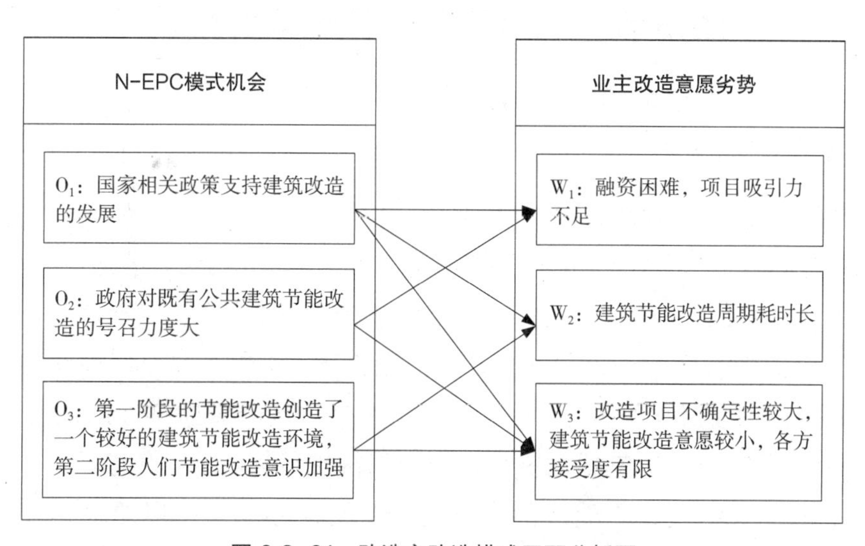

图 6.3-21　改造方改造模式匹配分析图

针对鼓励推进地区，可以尝试先行推广能效提升及室内环境改造，先行进行节能部分的改造可以吸引鼓励推进地区改造公司参与。在改造后有所收益后进行结构安全综合改造，引入国资背景企业也使整个改造项目有所保障。因此 N-EPC 模式最为合适。

总结：针对不同阶段不同地区的既有公共建筑改造项目，应采用最适合的改造模式进行综合改造。综合考虑上述匹配关系，给出针对不同阶段不同地区不同类型的改造模式建议表，如表 6.3-37 所示。

既有公共建筑综合性能改造模式建议表　　表 6.3-37

<table>
<tr><th colspan="2" rowspan="3">建筑类别</th><th colspan="6">改造阶段</th></tr>
<tr><th colspan="3">第一阶段：试点阶段</th><th colspan="3">第二阶段：推广阶段</th></tr>
<tr><th>重点推进</th><th>积极推进</th><th>鼓励推进</th><th>重点推进</th><th>积极推进</th><th>鼓励推进</th></tr>
<tr><td rowspan="2">办公类</td><td>政府办公</td><td>ROST</td><td>ROST</td><td>ROST</td><td>ROST+EPC+绿色信贷</td><td>ROST+EPC+绿色信贷</td><td>ROST+EPC+ 政策激励</td></tr>
<tr><td>商业办公</td><td>EPC+ 绿色信贷</td><td>能源费用托管型 EPC+ 政策激励</td><td>融资租赁型 EPC+ 政策激励</td><td>交钥匙总承包 + 绿色债券</td><td>交钥匙总承包 + 绿色信贷</td><td>政策激励 + 绿色信贷 + 交钥匙总承包</td></tr>
<tr><td colspan="2">商业类</td><td>绿色信贷 +EPC</td><td>能源费用托管型 EPC+ 政策激励</td><td>融资租赁型 EPC+ 政策激励</td><td>交钥匙总承包 + 绿色债券</td><td>交钥匙总承包 + 绿色信贷</td><td>政策激励 + 绿色信贷 + 交钥匙总承包</td></tr>
<tr><td colspan="2">公益类</td><td>ROST+ 绿色信贷</td><td>ROST+ 策权激励</td><td>ROST</td><td>ROST+EPC+绿色信贷</td><td>ROST+EPC+政策激励</td><td>N-EPC</td></tr>
</table>

第四节　改造模式可行性案例分析

6.4.1　案例简介与分析

（1）深圳大运中心改造项目（ROT 模式）

深圳大运中心位于深圳市龙岗区龙翔大道，是举办 2011 年第 26 届世界大学生夏季运动会的主场馆区，也是深圳实施文化立市战略、发展体育产业、推广全民健身的中心区。该建筑于 2010 年底完工，成为深圳地标性建筑。世界大学生夏季运动会成功举办之后，深圳大运中心的运营维护遇到了难题，每年高达 6000 万元的维护成本成为深圳市政府的沉重负担。

政府采用 ROT 模式将建成的大运场馆交给佳兆业集团以总运营商的身份进行运营管理，双方约定期限届满后，再由佳兆业将全部设施移交给政府部门。为破解赛后场馆持续亏损的难题，深圳市政府同意把大运中心周边 1km^2 的土地资源交给龙岗区开发运营，并与大运中心联动对接。佳兆业依托于场馆的平台，把体育与文化乃至会展、商业有机串联起来，把体育产业链植入商业运营模式中，对化解大型体育场馆赛后运营财务可持续性难题进行了有益尝试。

分析：案例当中，对深圳大运中心采用ROT模式进行运营维护管理取得了显著成效。针对既有政府办公建筑结构安全改造范围广、数量多的特点，加之部分地方政府财政压力大，故也可以采用ROT模式进行改造。

可改进点：既有建筑改造采用ROT模式是可行的，但由于改造项目风险较高，项目的经济强度较低，收益不稳定，因此，为达到建筑改造目的，在政策允许情况下，政府出台相关政策为项目公司或其他融资企业提供经济补贴或政策扶持，可推动既有建筑改造项目的完成。

（2）宝山区政府改造项目（合同能源管理模式）

宝山区政府机关大院为集中式办公场所，总建筑面积2.97万m^2，主要用能为电力。通过引入社会资金和技术手段，以合同能源管理模式对机关大院开展节能改造。

这一模式实现后，机关大院共更换各类高效节能的LED灯具7500个，在确保照度和色温等主要技术参数满足办公的基础上年节电量达到35.38万kWh。中央空调是耗电“大老鼠”,2017年,宝山区机管局采用“设计施工一体化”方式，由中国建筑技术集团有限公司对机关大院中央空调设备系统及配套项目进行综合改造。经测算，改造后预计年节电量约为45万kWh，年节约运行成本约40.6万元。

分析：案例当中，上海宝山区政府办公楼进行合同能源改造，改造带来了巨大效益。基于合同能源管理模式，能源服务企业为政府提供节能改造一系列配套服务，减少了政府办公楼的能耗，提高了运行效率，并以减少的能源费用来支付节能项目全部成本。此外，改造还能减少有害物质的排放，保护生态环境。

可改进点：既有公共建筑综合性能提升改造采用合同能源管理模式是可行的，但在实际推广中也存在一些弊端，例如融资困难，这种情况降低了业主参与改造的热情，同时也增加了施工方履约获取施工款项的风险，业主改造的外在驱动力减少，显然，这不利于既有建筑改造的推广。因此，需要引进新的融资方式以弥补现有融资方式的不足。

（3）深圳市业务楼改造总承包项目（EPC总承包）

该项目为深圳市建设工程质量监督和检测实验业务楼安全整治工程。本次改造内容包括结构安全性改造、节能改造、功能提升改造以及运营管理提升四个方面，该建筑改造后将作为深圳市政府性办公楼使用，使用年限延长30年。项目的业主采用了EPC总承包模式对该改造项目进行发包，总包单位将该两栋楼的设计工作分别分包给了两家设计单位，由总包单位统一进行管理协调，总包商选择了一家施工分包商对两栋楼进行改造施工。业主也聘请了咨询单位对于项目管理进行咨询指导。改造后的建筑取得了既有建筑改造绿色建筑三星标识，打造为既有公共建筑改造的示范性项目。项目组织机构如图 6.4-1 所示。

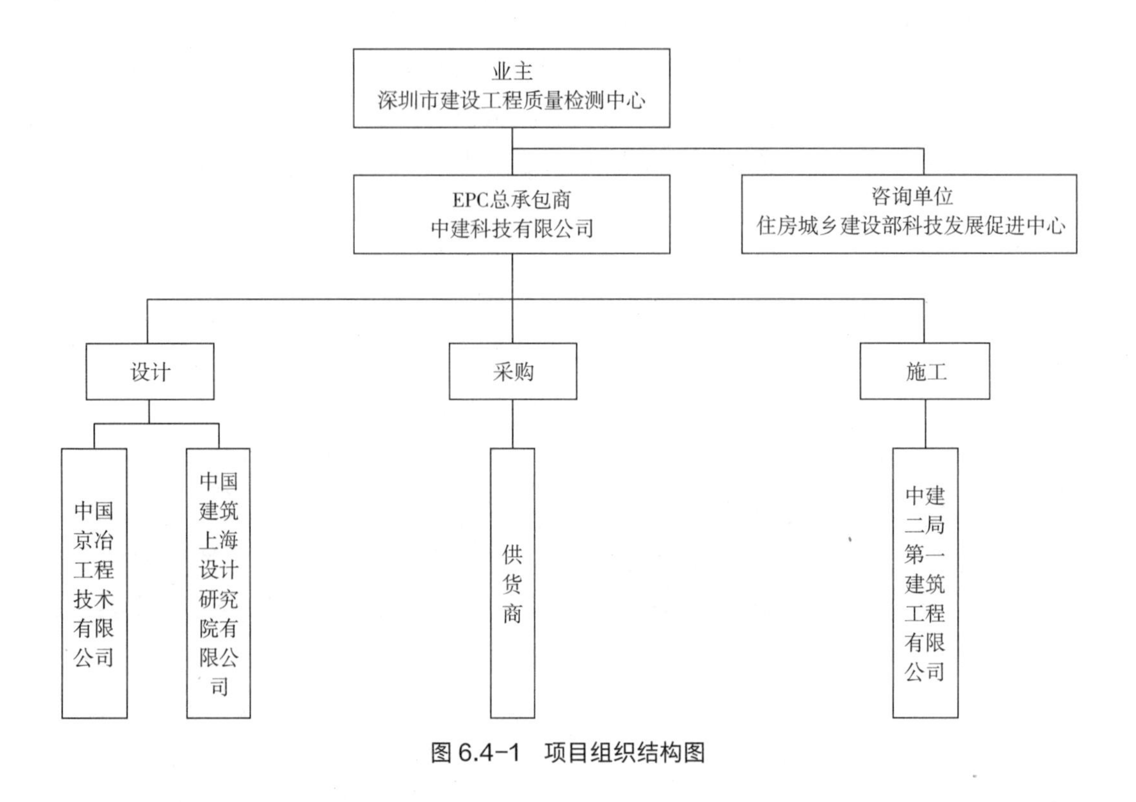

图 6.4-1　项目组织结构图

分析：在既有建筑改造项目中采用 EPC 管理模式具有减轻政府负担、推动行业市场化发展、提高项目管理质量、全方面提升风险管理能力等优势。结合该模式在既有建筑改造项目中应用实际案例，基于 EPC 总承包模式固有的特点，将其应用在既有建筑改造项目中，在质量管理、费用管理、进度管理以及集成管理方面均有较好效果。

可改进点：由案例可以发现商业类建筑节能改造总承包模式是可行的，但在实际推广中也存在一些弊端，例如融资较困难，另外该模式减少了业主直接投资的风险，减缓了企业的财政负担。可是从投资公司来看，投资公司承担了较高风险，因此大多数投资公司不愿与业主合作投资改造既有公共建筑。

（4）天津某医院改造项目（BOT 模式）

天津市某医院锅炉房有 12 台 Hoval 热水锅炉，每台出力 1.4MW，此热水锅炉为全院提供全年生活热水和部分大楼的冬季采暖，冬季采暖主要是门诊大楼 2 万 m^2 面积的采暖和其余大楼集中供热过渡季 30 天的采暖。由于该医院锅炉房的热水锅炉和蒸汽锅炉使用年数较长，已经接近锅炉使用年限，锅炉效率较低，燃气的消耗相对较多，且很多零配件达到使用年限，经常出现故障，每年零配件费用上升。从长期发展和节能方面考虑，该院将采用合同能源管理模式由承包方将原来老旧的燃气热水锅炉更换为冷凝热水锅炉。直燃机仅承担医院内 4.6 万 m^2 夏季冷负荷，蒸汽锅炉仍继续使用。根据该医院提供的数据计算锅炉房总热负荷约 7MW，因此选择 7 台 1MW 的冷凝锅炉即可满足用热负荷需求，考虑到供热的安全可靠性拟采用 8 台 1MW 冷凝热水锅炉。

本次改造中该医院不需资金投入，由承包方负责施工，并承担锅炉房设备改造费用，包括锅炉设备部分管道改造、材料及辅件的采购、安装、施工及调试工作，以及司炉工招聘和培训工作。工程竣工后，在合同期间，承包方负责锅炉房的运营、日常维护和售后服务工作，以及锅炉房内一次网设备和锅炉的运行以及维护保养，并承担相应的费用，每月向院方支付 8 台冷凝锅炉消耗的天然气费。院方只负责原 3 台直燃机的大修和零配件费用，2 台蒸汽锅炉的大修费用，原有附属设备及系统的维修及零配件费用，以及锅炉房水、电消耗支出及蒸汽锅炉的天然气费用。通过使用冷凝锅炉，充分利用其负荷越低效率越高、供水温度越低效率越高特性，将热水锅炉一次网热源分为两套互为备用的独立热力系统，分别为采暖和生活热水，因为生活热水系统要求全年二次网供水温度恒定 45 ~ 55℃，而采暖系统则根据室外温度设定二次网供水温度，一般低于生活热水温度，且随时间和季节变化，采暖和生活热水两套独立热力系统充分发挥了冷凝锅炉的优势。整体锅炉房将成为全新的高效、节能、环保、自动化控制水平较高的锅炉房，并由承包方运营此锅炉房。

分析：BOT 模式发展时间较长，其模式已经非常成熟，应用对象已经由开始的政府逐渐推广到各类建筑工程行业，已有 BOT 模式案例说明，在业主财政方面困难的情况下采用 BOT 模式是可行性的，具备非常广阔的市场前景。

可改进点：我们可以发现医院改造仅采用合同能源管理模式进行，医院方不需要资金投入，全部风险及投资部分由相关能源公司承担。但此类型合作模式收益方式较单一，且投资收益期长，对于改造企业来说，承担风险较大，吸引力有限。因此仅采用 EPC 模式会在一定程度上限制公益类建筑改造推广速度。因此，可以引入新的融资方，采取新的推广模式以大范围快速推广相关改造。

（5）北京白云时代大厦项目（BOT+EPC 模式）

北京白云时代大厦项目于 2002 年 5 月 28 日开工建设，项目总占地面积 10411.02m^2，建筑面积 66450m^2，项目分为地下室、裙房、A 栋（西塔）及

B 栋（东塔）四部分。大厦的能源消耗主要来源于供暖、制冷、新风和生活热水等四个系统。其中，供暖系统的主机包括 2 台 3t 和 1 台 2t 的无压燃气热水锅炉，辅机包括锅炉循环水泵、高低区采暖气压罐等多种设备，系统供应整个大厦的供暖，分三个区运行。空调系统的主机有 2 台凯利 600RT 离心式冷水机组、2 台冷却塔，辅助设备有冷冻水泵、空调系统气压罐等多种设备。空调系统主要负责整个西塔和裙房餐饮部分的制冷工作。北京源深节能技术有限责任公司（以下简称“源深公司”）于 2006 年 8 月正式与白云时代大厦项目的单位签订合作协议，由源深公司投资改造白云时代大厦的供暖以及空调系统，并通过 BOT 的运营模式，与业主以及用户直接签订供暖以及中央空调服务协议，自主运营。分析其实际运营效果看出，该项目达到了源深公司的节能改造期望效益，实现了业主、用户和节能公司的多赢局面。目前，源深公司正积极推广类似项目，并称其为“能源站 BOT”模式。

分析：显然，该案例中源深公司采取的“能源站 BOT”模式，其实质就是由能源改造公司独立出资进行节能改造特许经营的实例，属于 BOT+EPC 的特殊情况。

可改进点：在改造领域，已经有省市开始尝试进行模式创新融合，且取得了不错的成效。这说明我们对于由已有模式衍生出来的创新模式进行尝试是可行的，但仍需要进一步实践可行性。

（6）绿色金融发行推广案例（绿色债券 + 绿色信贷）

朗诗绿色集团：2018 年 4 月，朗诗绿色集团成功发行总额 1.5 亿美元，票息为 9.625 厘的绿色优先票据。此次绿色票据发行所得全部款项专门用于为中国新建绿色住宅建设进行融资或再融资。

领展房地产：2016 年 7 月，领展房地产投资信托基金发行 5 亿美元 10 年期定息债券，利率仅为 2.875%，募集资金用于旗下位于香港的绿色项目。

龙湖集团：2017 发改委核准发行人公开发行规模不超过人民币 40.4 亿元（含 40.4 亿元）的绿色债券，平均票面利率 4.6%，债券期限为 7 年。

珠海华发：2018 年 4 月，珠海华发发行总规模不超过 30 亿元人民币（含 30 亿元）、期限不超过 5 年的募投项目共 4 个，其中 3 个为绿色建筑项目。

太古地产：2018 年 1 月，太古地产首次发行绿色债券，该十年期绿色债券将于 2028 年到期，并在香港交易所上市，票面利率为 3.5%，合共集资 5 亿美元。

当代置业：2018 年 3 月，发行 3.5 亿美元绿色债券。当代置业会将全部发债筹资专门用于为中国新建绿色住宅建设进行融资或再融资，包括但不限于为此类项目相关的现有债务进行再融资。

恒隆地产：2018 年 8 月，恒隆地产有限公司在中国银行间债券市场发行了 10 亿人民币（1.5 亿美元），为期 3 年的绿色熊猫债券。

分析：分析 2016 ~ 2018 年房地产企业绿色债券发行情况，在房地产调控和去杠杆愈演愈烈的背景下，绿色金融为发展商的融资提供了一种创新替代方案。尤其是随着房地产领域可持续观念和绿色建筑需求的不断提升，进行绿色融资已逐步形成一种市场常态。绿色建筑的普及和绿色金融的发展将形成相互促进的良性循环。因此，既有公共建筑在改造阶段引入绿色债券模式是一种新的尝试。

可改进点：绿色金融均将绿色建筑纳入其支持范围，但目前绿色信贷或绿色债券多半均投放于绿色能源和交通领域，房地产仅占据其中很小的一部分。以绿色信贷为例，21 家主要银行于 2016 年年中的绿色信贷余额为 7.26 万亿元，其中投放于建筑节能及绿色建筑领域的约为 1060 亿元，占比仅为 1.5%。因此，加大绿色金融在建筑业的投放和推广是非常有必要的。

（7）广州市 LED 路灯节能改造项目（N-EPC 模式）

广州市城市建设投资集团有限公司作为节能改造研究项目——“N-EPC 模式在城市公共服务设施节能改造投资管理方法研究”的主要承担单位，以广州市 LED 路灯节能改造项目为对象，成功完成了广州市路灯节能改造工作约 1 万盏高压钠路灯的节能改造试点工作，开展了相关的研究和实践，建立起创新的 N-EPC 模式，为日后其他公共节能改造建设项目的实施奠定了基础。

分析：已有“N-EPC”模式案例说明，广州市采用 N-EPC 模式，供应链管理公司不仅可以通过示范工程争取银行的低息贷款，而且 EPC 公司以供应链管理公司为后盾，有效降低工程的融资风险，增强了这一模式的可操作性。在大型企业建筑、大型公共建筑等既有公共建筑改造中也是可行的，具备非常广阔的市场前景。

可改进点：在改造领域，已经有省市开始尝试进行模式创新融合，且取得了不错的成效。这说明我们对于由已有模式衍生出来的创新模式进行尝试是可行的，但仍需要进一步实践。

6.4.2 衍生创新推广模式可行性分析

（1）ROST 模式推广可行性分析

ROT 模式即重构—运营—移交，对过时、陈旧的基础设施项目的设施、设备进行更新改造，在此基础上，由特许经营者经营约定年限后再转让给政府。但改造工程的急迫性所带来的资金问题往往是政府改造项目开展的核心障碍，使既有公共建筑进行节能改造的项目难以进行。因此，在原有 ROT 模式的基础上提出针对政府类办公建筑进行节能改造的 ROST 模式，此模式为项目的实施提供投资、部分投资等多种灵活的资金解决方案，有效地缓解政府改造的财政压力，且能够借助政府职能采取政策补贴等多种鼓励手段，吸引更多的项目公司参与完成改造项目。项目公司利用社会资本的专业化水平为升级、改造提供高效的技术保障，根据公司自身的条件和政府单位的需求，灵活制定个性化的方案，达到改造目的。这对政府和项目公司而言是一种双赢的局面，同时有利于我国既有公共建筑节能改造市场持续、长远、健康的发展。由此实例可以得出对政府类办公建筑采取 ROST 模式进行节能改造的推广方案是可行的。

（2）EPC+ 绿色信贷模式推广可行性分析

由宝山区政府改造项目案例分析可以知道，虽然 EPC 可行但也存在一些弊端，如果像我们在推广模式中引入绿色信贷，那么情况会大有改观，首先来讲，绿色信贷体系较为成熟，改造方易完成贷款，且利息较低，可降低改造方初期改造成本，且贷款利率较低的融资模式鼓励了大量企业进行绿色化改造。建筑改造的成功实施带动整个社会节能意识的增强，为其他建筑节能改造充当表率。再者来说，业主有足够的改造资金时，降低了施工方资金回收的风险，这样才会有大量的施工方愿意改造。

（3）能源费用托管型 EPC+ 政策激励模式推广可行性分析

由宝山区政府改造项目案例分析可以知道，既有建筑节能改造中采用 EPC 可以取得成功，但是针对不同的环境，该模式使用起来可能会面临一些问题，比如在积极推进地区（10 省：湖北、福建、内蒙古、辽宁、黑龙江、河北、安徽、江西、湖南、陕西），这些地区经济发展水平不高，融资方式有限，业主改造积极性不高，所以需要政府提供一些激励政策来鼓励业主进行改造，例如降低税收、提供技术补贴、出台低息贷款等。并且采用能源费用托管型 EPC 在项目合同结束后，节能服务公司改造的设备无偿移交给用户使用，以后所产生的节能收益全归用户，这极大提高了业主参与改造的积极性。

（4）融资租赁型 EPC+ 政策激励模式推广可行性分析

由宝山区政府改造项目案例分析可以知道，宝山区政府机关大院采用 EPC 模式进行节能改造取得了成功，因此可借鉴该模式并结合具体的改造环境有针对性地进行建筑改造。在鼓励推进地区（13 省市自治区：山西、吉林、海南、青海、宁夏、河南、广西、四川、贵州、云南、西藏、甘肃、新疆）实行建筑改造尤为困难，因为这些地区经济发展落后，融资比较困难，业主改造积极性较低，所以需要政府提供政策激励来激发业主的改造积极性。除了提供政策支持外还要考虑到改造设备的问题，部分地区经济水平有限，难以支付昂贵的改造设备费用，因此可以实行融资租赁型EPC，融资公司投资购买节能服务公司的设备和服务，并租赁给用户使用。项目合同结束后，设备由融资公司无偿移交给用户使用，以后所产生的收益归用户所有。

（5）交钥匙总承包+绿色债券模式推广可行性分析

由深圳市业务楼改造总承包项目案例分析可知，采用总承包模式具有减轻政府负担、推动行业市场化发展、提高项目管理质量、全方面提升风险管理能力等优势。但是无论是业主还是改造方总是会受到融资难问题的困扰，商业类建筑改造推广模式中提出了一种新的融资模式，即投资公司在融资时可以发行绿色债券。绿色债券融资成本较低，因其特有的“绿色”标签受到国际资本的青睐，发行利率较普通债券有一定优势，且可以避免或减少改造方投资可能带来的各种收益风险。因此，采用交钥匙总承包+绿色债券模式能弥补仅采用总承包模式融资困难的问题。

（6）交钥匙总承包+绿色信贷模式推广可行性分析

由深圳市业务楼改造总承包项目案例分析可知采用总承包模式可行，但也存在一些弊端，主要是融资比较困难。在商业类建筑改造进行到第二阶段时，积极推进地区业主改造积极性会相对较高，融资方式也较为宽泛，可引入绿色信贷解决融资问题。由6.4.1节案例（6）可知，绿色金融为发展商的融资提供了一种创新替代方案，绿色建筑的普及和绿色金融的发展将形成相互促进的良性循环。

（7）政策激励+绿色信贷+交钥匙总承包模式推广可行性分析

由深圳市业务楼改造总承包项目案例分析可知深圳市业务楼改造采用EPC总承包模式并取得成功，因此我们可以借鉴该模式并结合具体的改造环境灵活运用。鼓励推进地区的经济发展不均衡，融资模式单一，业主改造意识参差不齐，因此仅采用EPC总承包模式会出现融资困难的问题，我们可以引入绿色金融进行融资并且额外提供适当的政策激励去充分调动业主的改造积极性，例如降低税收、提供技术补贴、出台低息贷款等。

（8）ROST+多种模式融合模式推广可行性分析

ROST模式是由BOT模式衍生而来。BOT模式核心在于解决资金投入不足的问题，实现基础设施建设资金筹措渠道的多元化。但由于当前我国既有建筑综合提升改造与基础设施建设有着相似的投融资环境，改造资金筹措的多元化渠道仍有待完善，因此，在BOT模式基础上引入政府激励政策及绿色金融等机制，以EPC模式推动资金筹措途径的多元化，能够有效降低风险。由案例可以看出已有初步融合的BOT+EMC模式较单纯合同能源管理模式的优势，在于其融资能力强，并能够实现强效风险分担，在有效融资的同时促进改造项目快速成长。除此以外，充足的资金支持使整个改造项目工期缩短，投资回收期缩短。这对业主方及改造公司来说是双赢的局面，有利于我国既有公共建筑综合性能提升改造工作的持续、长远、健康发展。由此可以得出使用“ROST+多种模式”融合模式对既有公益类建筑进行节能改造的方法是可行的。

（9）N-EPC 模式推广可行性分析

传统的 EPC 是从西方发达国家发展起来的一种基于市场运作的改造模式。EPC 公司的经营机制是提供一种节能投资服务管理，在业主获得改造效益后，EPC 公司才与业主共享改造产生的效益。但是传统的合同能源管理模式在中国特有的环境中难以有效开展，普通的节能服务公司面临融资困难、信用机制不完善和财政税收配套缺失等一系列困难，不利于推动建筑改造工作。因此，在原有 EPC 模式的基础上创新增加“国有企业背景的供应链管理公司”一环，形成全新的“EPC+ 供应链管理 + 金融”的 N-EPC 模式。由案例可知 N-EPC 模式较 EPC 模式差异在于参与主体包含供应链管理公司，从而有效解决了之前 EPC 在中国市场所遇到的瓶颈问题，是对 EPC 模式机制上的促进。N-EPC 模式能够刺激各方主体参与积极性，提升业主单位改造动力，有利于我国既有公共建筑改造的持续、长远、健康发展。由此我们可以得出对公益类建筑采取 N-EPC 模式进行节能改造的推广方案是可行的。

总结：我国既有公共建筑改造是一个庞大的工程，综合改造也不是一蹴而就的，而作为社会标杆的政府、学校、医院、大型企业等既有公共建筑理应率先践行。当然，要全面推广与实施 ROST+ 策权激励模式、ROST+EPC 模式等诸多模式还有许多操作细节有待进一步探索。但是，作为新型的既有建筑综合改造模式，本章所述推广模式能够较好地适应不同时期既有公共建筑综合改造需要，值得试点与推广。

第七章
重点工作及相关建议

第一节 政策建设

（1）健全政策保障体系

一是建议国家建设行政主管部门针对既有公共建筑综合改造出台相关的保障政策，通过颁布工作通知、指导意见、实施方案等文件，对综合改造工作涉及的主体责任、权利义务予以明确，对改造活动主体行为予以规范；对涉及的改造前、改造中、改造后全过程的报批流程、质量控制等予以明确，以保障综合改造活动规范化进行、流程化管理。

二是鼓励地方建设行政主管部门做好上级政策的贯彻落实，以国家政策文件精神为导向，结合地方实际出台配套性的地方政策、管理文件、地方工作实施方案等；鼓励地方政府政策创新，因地制宜地提出特色化的引导政策、工作推进机制等，以政策创新引入社会资本、行业组织等政府以外的其他力量，形成自下而上的地方“突破力量”和多方合力，为国家整体工作推进和政策制定提供典型范本。

专栏 7.1-1 地方政策机制创新与探索典型实践

在绿色建筑领域，江苏省人大常委会公告第 23 号指出，《江苏省绿色建筑发展条例》已由江苏省第十二届人民代表大会常务委员会第十五次会议于 2015 年 3 月 27 日通过，自 2015 年 7 月 1 日实施，标志着江苏省在全国率先以立法的形式推动绿色建筑发展。

此后，天津市于 2015 年 4 月发布《天津市绿色建筑设计标准》BD 29—205—2015，要求新建建筑 100% 执行绿色建筑标准。河北省加强绿色建筑立法，河北省十三届人大常委会第七次会议于 2018 年 11 月 23 日表决通过了《河北省促进绿色建筑发展条例》，填补了河北省绿色建筑缺乏法律规制的空白。内蒙古自治区借鉴立法推动绿色建筑发展的经验，第十三届人民代表大会常务委员会第十三次会议于 2019 年 5 月 31 日通过了《内蒙古自治区民用建筑节能和绿色建筑发展条例》，自 2019 年 9 月 1 日起施行。

截至目前，天津、山东、江苏、浙江等省市以及厦门等地以立法、强制性地方标准等形式，全面落实新建城镇民用建筑 100% 执行绿色建筑标准的要求。

借鉴绿色建筑发展的经验，既有公共建筑综合性能提升改造工作也可以采用绿色建筑工作中鼓励典型地方先行先试、进一步扩大推广的工作开展思路，鼓励重点推广地区或三类区域中条件较好的 1 ~ 2 个省市积极探索工作推广机制，鼓励“自下而上”的基层“突破力量”发展壮大。

（2）创新激励政策方式

一是从激励政策本身角度：建议制定多元化的激励政策，综合运用财政补贴、税收优惠、减免税息、信贷优惠、绿色金融保险、绿色通道、改造基金等多种财政、经济激励手段；同时建立系统评估与梯度奖励机制，将激励政策力度与改造项目规模、复杂程度等挂钩，激励力度由改造工作量、改造内容、节能效果、绿色改造效果综合确定。

专栏 7.1-2

在增强约束性、强制性政策保障性的同时，激励性政策是内化改造活动外部性、激发改造动力的重要途径。通过调研既有公共建筑综合改造实际工作中制约发展的障碍因素发现，"国家层面缺乏针对性强的激励政策体系""中央财政补贴不足""缺乏对金融机构的激励"被认为是三项最主要的制约因素，而现阶段并没有非常完善的针对综合改造的市场机制设计，无法发挥市场自发作用，因此，政府的激励政策至关重要。

（一）"十二五"期间我国既有建筑改造激励机制

《财政部 住房和城乡建设部关于进一步推进公共建筑节能工作的通知》（财建〔2011〕207号）[41]规定：实施重点城市公共建筑节能改造。对改造重点城市，中央财政将给予财政资金补助，补助标准原则上为20元/m^2，并综合考虑节能改造工作量、改造内容及节能效果等因素确定。重点城市节能改造补助额度，根据补助标准与节能改造面积核定，当年拨付补助资金总额的60%，待完成竣工验收，财政部、住房和城乡建设部对实际工作量及节能效果审核确认后，拨付后续补助资金。

（二）"十三五"期间我国既有建筑改造激励机制

《住房和城乡建设部办公厅 银监会办公厅关于深化公共建筑能效提升重点城市建设有关工作的通知》（建办科函〔2017〕409号）[42]中提出金融支持政策：

（1）建立信息共享与产融合作机制。重点城市住房和城乡建设主管部门与银监会派出机构要构建公共建筑节能改造项目共享机制，建立节能改造项目储备库，定期向金融机构等主体公开拟近期实施的公共建筑节能改造项目的建筑信息、改造计划、实施企业信息等。省级住房和城乡建设主管部门要推进全省公共建筑节能改造项目库的建立，并逐步形成重点企业和重点项目融资需求清单，切实推动项目相关方与金融机构对接。

（2）积极创新金融产品和金融服务。银监会各级派出机构要积极引导银行业金融机构完善绿色信贷机制，按照风险可控、商业可持续原则加大对公共建筑节能改造的融资支持。重点支持长期从事节能服务且有竞争力、有市场、有效益的优质企业的合理融资需求。支持民间资本参与公共建筑节能改造投资。鼓励银行业金融机构依法合规创新相关金融产品和服务，规范合同能源管理未来收益权质押融资服务。

二是从激励政策对象角度：

1）建议针对不同改造组合制定差异化的激励政策。对同时进行节能和环境两项综合改造的业主及改造服务公司，按照一定的标准给予财政补贴、信贷优惠等激励政策。节能和环境两项综合改造的组合方式类似于我国以往改造实践中的绿色化节能改造，建议财政补贴标准借鉴我国“十二五”全国节能改造示范城市、“十三五”能效提升重点城市的成功做法，对符合改造目标要求的建筑按单位面积给予一定的资金补贴，按改造建筑规模给予一定程度的税收优惠补贴。对同时进行安全、节能、环境三项改造的建筑业主及改造服务公司，相比开展节能和环境两项综合改造进一步加大补贴力度或给予信贷优惠，以补偿安全性能提升带来的较高的增量成本。同时进一步提高税收优惠力度，对改

专栏 7.1-3

不同改造组合：第一类——节能和环境两项综合改造，第二类——安全、节能、环境三项综合改造。两者具有本质差别，第二类综合改造相比第一类，技术复杂程度更高，改造实施难度更大，改造增量成本更高，因此应给予更高强度的激励政策。

“十二五”期间我国差异化激励机制：《关于加快推动我国绿色建筑发展的实施意见》（财建〔2012〕167 号）[43] 规定，对高星级绿色建筑给予财政奖励，对按照国家相关文件要求经过审核、备案及公示程序，且满足相关标准要求的二星级及以上的绿色建筑给予奖励，其中 2012 年奖励标准为二星级绿色建筑 45 元 /m^2（建筑面积，下同），三星级绿色建筑 80 元 /m^2。奖励标准将根据技术进步、成本变化等情况进行调整。

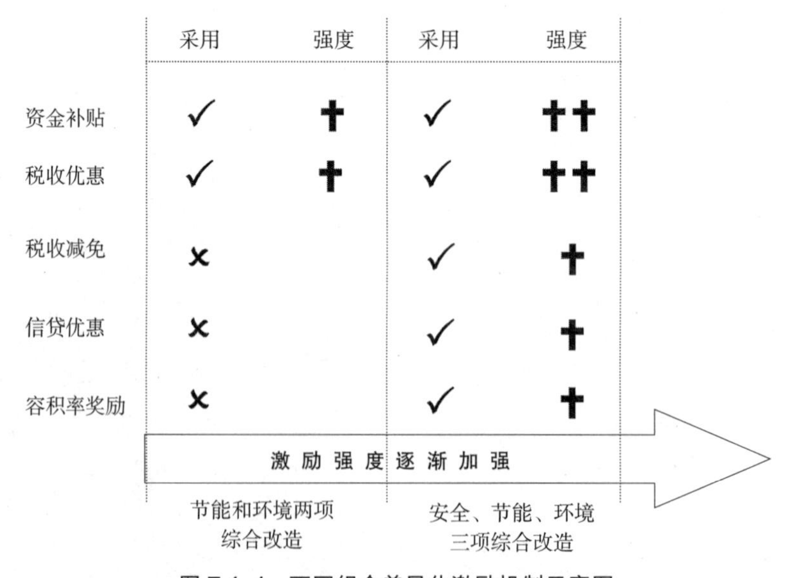

图 7.1-1 不同组合差异化激励机制示意图

造后综合性能水平提升明显的建筑，可在一定时间内适当给予建筑业主及改造服务公司容积率奖励，并实施税收减免，从而更大地消除业主安全改造的顾虑，进一步激发业主的改造意愿和改造热情。

2）建议针对不同类型建筑制定差异化的激励政策。各级机关办公建筑及学校、医院、行政中心等各级财政拨款的公益性建筑，建议重点采用政府采购政策。政府作为政府办公建筑、公益类建筑的产权人，综合改造需求易于挖掘，应率先垂范，发起政府对综合改造的服务及产品的采购，带头创建综合改造精品项目及示范项目，进一步以点带面促进改造工作全面开展。对于商业类建筑，如酒店、商场，建议侧重税收优惠、信贷优惠政策，辅助采用低程度的财政补贴政策；对于大型商务区、办公区等建筑集聚区，可试点采用政府和社会资本合作（PPP）方式实施集中的节能运行管理与改造。

专栏 7.1-4

（一）政府办公类建筑及公益类建筑——政府采购政策

我国于 2004 年颁布了《财政部　国家发展改革委关于印发<节能产品政府采购实施意见>的通知》(财库〔2004〕185 号），同时发布了《节能产品政府采购实施意见》《节能产品政府采购清单》，但并没有对节能服务进行采购。发达国家的成功经验之一是政府身先士卒进行改造服务采购。

（二）商业类建筑——财税、经济激励政策

虽然国家于 2015 年 5 月正式废止了包括《合同能源管理财政奖励资金管理暂行办法》在内的五个有关财政奖励的管理办法，标志着以补贴刺激产业发展的方式将不再是主要手段，但是合同能源管理方式（EPC）是经过我国“十二五”“十三五”多地实践验证的成功模式总结，在未来综合改造工作中，尤其是对于以节能＋环境改造为主的商业类建筑，应对以合同能源管理模式为基点进行的“ROST+EPC+ 绿色信贷”“ROST+EPC+ 政策激励”模式创新制定相关的激励政策，如税收优惠、信贷优惠等，经济基础好的地区可以配合地方财政补贴政策，国家视整体统筹安排可以对部分地区配置低程度的财政补贴或不补贴。

三是从激励政策制定主体角度：鼓励地方政策制定兼顾地区差别性与可操作性的激励政策。地方政策制定中，建议根据地方财政支持能力，在中长期推广过程的试点期，对特定改造组合、特定建筑类型设置适当的财政补贴政策，以最直接的财政补贴形式化解改造的资金制约瓶颈；在推广时期，考虑中央政府与地方政府的财政压力，同时考虑试点示范带动已形成的整体改造氛围，市场化的改造机制逐渐完善，补贴类激励政策力度逐渐减弱，逐渐增强对改造服务单位、金融机构的税收优惠、信贷优惠等激励强度。此外，鼓励设立综合改造行政审批“绿色通道”，并贯穿改造推动工作全过程，以节约业主改造活动的时间成本与资金成本。

专栏 7.1−5

综合改造工作受地区城镇化率、地区经济发展水平、气候条件等多方面的影响，国家层面的政策体系只能发挥引领与示范作用，并不能面面俱到。鼓励地方政府立足各地区实际，因地制宜地建立针对性强、契合度高、可操作性强的地方政策，从而形成中央政策 + 地方政策互通有无的政策体系，完善国家政策贯彻与落实机制，打通政策落实渠道，真正确保政策发挥实效。

典型地方政府激励政策制定经验：

天津市建委关于印发《天津市既有公共建筑节能改造项目奖补办法（暂行）》的通知（津建发〔2018〕3 号）[44] 对实施既有公共建筑节能改造的项目制定明确的奖补标准：

（一）公共建筑改造后综合节能率超过 15%（含）的，按每平方米建筑面积 15 元进行奖励或补助；综合节能率超过 20%（含）以上的，按每平方米建筑面积 20 元进行奖励或补助。采用合同能源管理模式实施改造的，且节能服务公司投资改造资金不少于 50 元 /m^2 的，在满足上述条件基础上，每平方米建筑面积奖励或补助标准增加 5 元。

（二）节能改造应用可再生能源技术的项目，综合节能率超过 20%（含）的，且可再生能源改造部分节能量占总节能量 40%（含）以上的，按每平方米建筑面积 25 元进行奖励或补助。

（三）公共建筑改造后综合节能率超过 20%（含）的，且同步开展绿色化改造，并按照《既有建筑绿色改造评价标准》GB/T 51141—2015 获得标识的项目，按每平方米建筑面积 50 元进行奖励或补助。

（四）单个改造项目奖补上限为 300 万元。对公益性项目，奖补资金不超过改造工程结算投资的 50%；对非公益性项目，奖补资金不超过改造工程结算投资的 30%。

（3）加大政策执行力度

一是完善组织架构。按照国家深化机构改革要求，以国家建设行政主管部门为牵头部门和归口管理单位，协同国家自然资源部及其下属部门，生态环境部及其下属部门，财政部，银监会等多个单位，成立工作领导小组，建立部门联动与协同配合机制，统筹管理既有公共建筑综合性能提升改造工作的市场化机制、激励政策等的落地与具体执行，确保财政补贴及其他经济激励政策落地，使改造业主及服务公司真正享受到激励政策。各级地方建设行政主管部门作为地方逐级管理部门，负责上位政策的执行、本级政策制定及区位内综合改造工作的具体落实。同时加强负责人员目标责任考核，加强执行人员执行能力建设和工作成果考核，以政策执行主体组织能力的提升优化政策执行环境，增强政策执行效果。

专栏 7.1-6

前期政策的制定需要经过深入的论证，后期政策的执行也同样重要，是保障政策发挥实际效果的重要影响因素。因此，需要从多个环节采取措施，尤其要在政策的执行环节多下功夫，让政策在执行中走向细化，在执行中深化落实。保障政策执行好最重要的一步是完善好工作开展的组织架构。组织建立要密切结合党和国家机构改革的最新要求。

2018 年 3 月，中共中央印发《深化党和国家机构改革方案》，改革机构设置，优化职能配置。在“深化国务院机构改革”篇章中，提出组建自然资源部，不再保留国土资源部、国家海洋局、国家测绘地理信息局;提出组建生态环境部，不再保留环境保护部。

结合国家深化机构改革要求，进一步发挥部门职能配置，建立既有公共建筑综合性能提升改造工作领导小组，将日常中需要建设行政主管部门负责的予以明确，压实主管、主控责任;将需要财政部门、银监会、自然资源部等部门协同配合的工作，尤其是涉及财政补贴、改造涉及的其他部门的行政审批，同样做好沟通协调，打通合作通道，形成合力，共同推进综合改造工作开展。

二是加强过程管控。结合国家工程建设项目审批制度改造趋势，建议在重点推进区域的省市建立综合改造“联合审图和联合验收”工作试点，制定施工图设计文件联合审查和联合竣工验收管理办法，将综合改造中涉及的消防、人防、技防等技术审查并入施工图设计文件审查，相关部门不再进行技术审查;并进一步探索取消施工图审查（或缩小审查范围）、实行告知承诺制和设计人员终身负责制方面的典型经验;在验收环节，实行规划、土地、消防、人防、档案等事项限时联合验收，统一竣工验收图纸和验收标准，统一出具验收意见。

在改造项目实施过程中，强化监督检查和信息披露制度。建设行政主管部门在施工过程中组织开展不定期的督导检查，以过程监管强化改造工程质量。将施工过程中的检查结果、竣工验收结果及项目改造后的效果（改造后的安全性能、节能性能及环境性能由专业机构检测、评估确定）与项目改造补贴资金及可享受的激励政策进行挂钩，并将改造情况及效果、享受政策情况等向社会公示，对于改造效果较好的项目业主及改造服务公司在后期市场形成中给以一定的优先政策，对改造效果不好甚至骗取政府补贴等主体实施一定的惩罚机制，如将服务机构退出改造服务机构名录等，形成倒逼与监管机制。

专栏 7.1-7

《国务院办公厅关于全面开展工程建设项目审批制度改革的实施意见》（国办发〔2019〕11号）提出要进一步精简设计施工图审批环节，要求“试点地区在加快探索取消施工图审查（或缩小审查范围）、实行告知承诺制和设计人员终身负责制等方面，尽快形成可复制可推广的经验”。

在统一审批流程中，提出一系列举措，包括精简审批环节、规范审批事项、合理划分审批阶段、分类制定审批流程、实行联合审图和联合验收、推行区域评估、推行告知承诺制等，代表了未来工程建设项目审批环节的发展方向。既有公共建筑综合性能提升改造工作也应当在顺应这一趋势下制定合理的管控机制和流程，从而确保政策执行好、落实好，真正发挥政策效果。

第二节　规划统筹

（1）发挥规划的顶层引领作用

注重发挥规划文件的前瞻性、引领性、导向性作用，建议以住房和城乡建设部作为既有公共建筑综合性能提升改造工作的推动主体，统筹整体工作推进，在建筑节能和绿色建筑五年发展规划制定中将既有公共建筑综合性能提升改造工作作为五年内既有建筑改造领域的一项重点任务。在即将到来的“十四五”规划中，针对既有公共建筑的改造工作，建议在以往节能绿色化改造工作重心的基础上进行提升，向以安全、节能、环境为主的综合提升改造方向侧重，并开始工作探索。在具体工作目标制定及实施举措上可以包含以下方面：

一是明确提出“十四五”期间（2021 ~ 2025年）全国既有公共建筑综合性能提升改造工作的推广目标——2亿m^2，并作为约束性指标，以明确的、量化的、自上而下的目标制定作为导向约束。同时要求各省市政府承接上位规划的目标要求，结合地方实际，因地制宜地制定地区发展规划及发展目标，从而将2亿m^2的综合改造目标逐级分解落实。

专栏 7.2-1

（一）国家发展规划制定实践

《住房和城乡建设部关于印发建筑节能与绿色建筑发展“十三五”规划的通知》（建科〔2017〕53号）[45]中，明确“十三五”时期，建筑节能与绿色建筑发展的总体目标及具体目标。

总体目标：建筑节能标准加快提升，城镇新建建筑中绿色建筑推广比例大幅提高，既有建筑节能改造有序推进，可再生能源建筑应用规模逐步扩大，农村建筑节能实现新突破，使我国建筑总体能耗强度持续下降，建筑能源消费结构逐步改善，建筑领域绿色发展水平明显提高。

既有建筑改造工作具体目标：既有居住建筑节能改造面积5亿m^2以上，公共建筑节能改造1亿m^2，全国城镇既有居住建筑中节能建筑所占比例超过60%。并将其作为约束性指标。

（二）地方政府发展规划制定实践

“十三五”期间，各省市根据国家建筑节能与绿色建筑“十三五”规划要求，纷纷制定了地方建筑节能和绿色建筑工作的五年发展规划，针对既有公共建筑改造工作，结合地方实际提出了地方发展目标，以四个直辖市为例，整理如下表所示：

各省市建筑节能和绿色建筑十三五规划目标汇总

序号	区域	建筑节能和绿色建筑“十三五”规划——发展目标	
		总体目标	既有建筑改造具体目标
1	北京市	到2020年，北京市民用建筑能源消费总量要控制在4100万吨标准煤以内，2020年新建城镇居住建筑单位面积能耗比“十二五”末城镇居住建筑单位面积平均能耗下降25%，建筑能效达到国际同等气候条件地区先进水平	既有建筑节能改造：在公共建筑节能绿色化改造方面，完成600万m^2公共建筑节能改造，改造后的普通公共建筑能耗下降15%，大型公共建筑能耗下降20%
2	天津	到2020年，天津市建筑能耗总量控制在2000万吨标煤，建筑碳排放总量控制在5500万吨。实现绿色生态城区建设有序推进，建筑能效稳步提升，建筑产业化水平明显提高，建筑领域绿色供应链基本形成，绿色建筑理念进一步普及。使建筑节能和绿色建筑工作成为城市建设的新亮点，并继续保持全国领先水平	既有建筑绿色节能改造：争创节能宜居综合改造试点城市，既有居住建筑绿色节能改造面积达到2000万m^2，具备改造价值的既有非节能居住建筑全面完成节能改造，既有公共建筑绿色节能改造面积达到300万m^2
3	上海	/	探索既有建筑绿色化改造。结合老城区旧房改造探索绿色改造；鼓励有条件的按照绿色建筑标准实施改造，争取完成一批既有建筑绿色改造示范工程，整体完成改造面积不低于1000万m^2
4	重庆	/	既有建筑节能改造：累计实施既有建筑节能改造770万m^2

二是建议启动“既有公共建筑综合性能提升改造示范城市”的申报及创建工作，鼓励前期条件较好的城市申报创建，作为前期试点发挥示范作用。通过先行先试，鼓励先行探索，破解改造难题，总结成功经验。

专栏 7.2-2

（一）“十二五”期间，国家启动“全国公共建筑节能改造重点城市”建设

北京、天津、重庆、厦门等城市积极申报创建，并顺利通过国家验收。其中重庆市在完成第一批重点城市建设的基础上，申报第二批国家公共建筑节能改造重点城市，改造面积突破 1000 万 m^2。

国家确立的“全国公共建筑节能改造重点城市”的建设目标为：改造重点城市在批准后两年内应完成改造建筑面积不少于 400 万 m^2。

（二）“十三五”期间，国家启动“公共建筑能效提升重点城市建设”

《住房城乡建设部办公厅 银监会办公厅关于深化公共建筑能效提升重点城市建设有关工作的通知》（建办科函〔2017〕409 号）[42] 规定：“十三五”时期，各省、自治区、直辖市建设不少于 1 个公共建筑能效提升重点城市（以下简称重点城市），树立地区公共建筑能效提升引领标杆。直辖市、计划单列市、省会城市直接作为重点城市进行建设。重点城市应完成以下工作目标：新建公共建筑全面执行《公共建筑节能设计标准》GB 50189。规模化实施公共建筑节能改造，直辖市公共建筑节能改造面积不少于 500 万 m^2，副省级城市不少于 240 万 m^2，其他城市不少于 150 万 m^2，改造项目平均节能率不低于 15%，通过合同能源管理模式实施节能改造的项目比例不低于 40%；完成重点城市公共建筑节能信息服务平台建设，确定各类型公共建筑能耗限额，开展基于限额的公共建筑用能管理；建立健全针对节能改造的多元化融资支持政策及融资模式，形成适宜的节能改造技术及产品应用体系；建立可比对的面向社会的公共建筑用能公示制度。

（2）规划统筹促进不同区域均衡推进

基于规划整体统筹并建立空间梯队推进机制。在不同推进地区针对自身特点制定差异化的改造推进策略。

重点推进地区主要集中在东部沿海地区，包含 8 个省份，区域内既有公共建筑总量占全国既有公共建筑存量的比例为 41%。这些省市多为“十二五”“十三五”时期全国公共建筑节能改造重点城市、全国公共建筑能效提升重点城市以及经济水平发达等地区。这些省市城镇化率水平较高，城市建筑密度大，未来新建建设量小，既有公共建筑尤其是大型公共建筑体量相对较大，具有良好的前期改造基础，在城市更新战略发展下具有较大的改造空间和需求。这类地区应发挥“领头羊”的示范引领作用，形成以点带面的工作推进

机制，率先出台地方鼓励政策，做好与国家政策的衔接；探索市场化推进机制，扶持综合改造服务企业，培育综合改造服务市场；建立完善技术、标准规范，为国家相关技术规范制定提供支撑。整体形成可复制、可推广的政策、技术、标准、市场推广机制，带动积极推进区域、鼓励推进区域工作开展。

积极推进地区主要集中在中部地区及东北地区，包含10个省份，区域内既有公共建筑总量占全国既有公共建筑存量的比例为34%，在既有公共建筑综合性能提升改造总目标中承担重要角色。这类地区在改造工作开展所需的政策支撑、技术支撑、市场及社会公众支撑方面相比重点推进地区基础较差，因此在改造目标制定方面应更加关注可落地性、可操作性与可实现性，承担的改造任务量相对降低。但由于积极推动地区地方标准尤其是节能标准出台及更新缓慢，节能、环境相关标准的执行率也并不是很高，因而既有公共建筑综合性能具有较大的改造提升潜力。因此，国家在相关鼓励及扶持政策制定中可以给予适当的倾斜，在积极推进区域享受政府政策红利的同时，激发其积极承担更多的改造任务，激发改造工作活力。

鼓励推进地区包含13个省份，区域内既有公共建筑总量占全国既有公共建筑存量的比例为25%，具有地域广袤、人烟稀少、建筑密度低的显著特征。这些省份主要集中在我国西部地区，经济发展水平和城镇化率不高，综合改造活动受技术、经济等综合条件的制约较大。近年来受“西部大开发”“一带一路”倡议影响，这些区域推动生态文明建设、促进绿色低碳发展的政策力度很大。既有公共建筑综合性能提升改造作为建筑领域一项重要工作抓手，建议予以重点鼓励。在目标制定上相比另外两个区域进一步降低，但在政策倾斜上应进一步加大。同时，促进鼓励推进地区与重点推进地区的交流合作，制定“一帮一·帮扶计划”，以“一帮一·结对子”的形式促进区域间技术、产品、典型案例经验分享、工作经验分享等。

专栏7.2-3

（一）梯队推进机制必要性分析

在全国范围工作推进中，不能制定“一刀切”“整齐划一”似的区域发展思路，而是既要统筹规划，制定总体目标，又要进行空间布局优化，协调资源分布，制定差异化的具体地区目标。

在统筹规划及地区目标制定中要综合考虑地方经济基础、既有建筑改造工作基础、既有公共建筑存量及性能水平、区域特色、改造服务市场发展基础等多方面因素。

基于第三章影响因素分析及关键因素筛选，应重点考虑地区经济发展水平、城镇化率两项主要因素。在空间推进机制中，依据城镇化率和经济发展水平两项重要因素，对全国各个省、自治区、直辖市划分为三个发展梯队，分为重点推进地区、积极推进地区和鼓励推进地区，分别制定差异化的发展目标和推进策略。

（二）国家以往类似工作推进经验借鉴

国家在推进装配式建筑发展中坚持分区推进、逐步推广的原则。《国务院办公厅关于大力发展装配式建筑的指导意见》(国办发〔2016〕71号)[46]提出：根据不同地区的经济社会发展状况和产业技术条件，划分重点推进地区、积极推进地区和鼓励推进地区，因地制宜、循序渐进，以点带面、试点先行，及时总结经验，形成局部带动整体的工作格局。在具体工作目标制定中，明确“以京津冀、长三角、珠三角三大城市群为重点推进地区，常住人口超过300万的其他城市为积极推进地区，其余城市为鼓励推进地区，因地制宜发展装配式混凝土结构、钢结构和现代木结构等装配式建筑。力争用10年左右的时间，使装配式建筑占新建建筑面积的比例达到30%。同时，逐步完善法律法规、技术标准和监管体系，推动形成一批设计、施工、部品部件规模化生产企业，具有现代装配建造水平的工程总承包企业以及与之相适应的专业化技能队伍。”

第三节　标准完善

（1）完善既有公共建筑改造标准体系

明确标准体系目标定位：要结合国家标准化改革要求，针对目前既有公共建筑改造相关标准缺位及尚需完善的领域，建立涵盖不同内容、不同标准层次、多个改造环节、系统成套的标准体系。

专栏 7.3-1

标准体系是改造工作的重要支撑，建立科学、完善、系统的既有公共建筑综合改造标准体系，能发挥标准的杠杆支撑作用，从技术支持的角度保障改造工作顺利开展。

我国标准化改革趋势：

2018年1月，《中华人民共和国标准化法》颁布，第一次正式确认团体标准的法律地位。明确了团体标准的制定原则、重要作用等：一是满足市场和创新需要；二是遵循开放、透明、公平的制定原则；三是实行团体标准自我声明公开和监督制度；四是鼓励团体标准制定，对在标准化工作中作出显著成绩的单位和个人，按照国家有关规定给予表彰和奖励。

《监管总局关于印发贯彻实施〈深化标准化工作改革方案〉重点任务分工（2019～2020年）的通知》（国市监标技〔2019〕88号）[47]提出2019～2020年重点工作之一是：引导规范团体标准健康发展。推进团体标准良好行为评价和第三方评估，合理应用评价评估结果，促进团体标准制定范围更加合理、程序更加规范。进一步健全团体标准相关管理制度，加强团体标准化工作的指导和监管，加大对违法违规制定团体标准的查处力度。深化团体标准试点和应用示范，促进团体标准更好满足市场和创新的需要，多措并举培育一批有国际知名度和影响力的团体标准制定机构。

一是标准体系覆盖强制规范＋政府标准＋团体标准多个层级。强制规范划定“最低红线”，设定改造活动必须遵照的最低要求，这是标准体系的核心。政府标准主要指政府推荐性标准，为政府强制性规范所必须的配套标准，内容上涵盖安全改造标准、节能改造标准、环境改造标准三个方面，内容更广泛、标准范围更广、标准数目更多。社团标准是顺应国家标准化改革趋势，在制定原则及范围上应填补政府标准空白、细化支撑政府标准、承接政府标准转化、满足市场更高要求、推动科技成果转化等，同时从长远来讲促进标准国际化实现。

二是标准体系覆盖检测与鉴定、改造与加固、维护与修缮等多个阶段。调研发现，在对既有建筑实施改造之前的检测鉴定阶段，现有工程建设标准以各类结构检测及现场检测为主；实施改造或加固阶段，现有标准以结构加固为准；在改造之后的维护修缮及运行管理阶段，以围护结构和机电系统修缮及运行管理居多。因此，在标准体系建议表编制中，应以更长远的视角，面向未来新形势下标准编制需求，从更长时间范畴，从改造前检测鉴定，改造中改动较大的结构改造、改动较小的维护修缮，以及后期运行阶段中定期维护修缮（如每3～5年）多个环节完善标准体系。

（2）编制既有公共建筑改造重点标准

在既有公共建筑综合性能提升领域内，针对三个改造领域，提出多项工程建设标准、产品标准的编制建议。简要梳理针对目前需求最为急迫的领域，建议编制以下重点标准。

针对国家强制性规范，《住房和城乡建设部关于印发2019年工程建设规范和标准编制及相关工作计划的通知》（建标函〔2019〕8号）中，明确列入了《既有建筑维护与改造通用规范》。在这一规范的基础上，建议未来编制出台涵盖更多性能改造与提升内容的《既有建筑综合改造规范》，将既有公共建筑综合改造内容纳入全文强制规范中予以明确。此外，在具体的专项改造规范中，安全性能方面建议不断完善既有建筑鉴定与加固通用规范、建筑防火通用规范、建筑安全防范通用规范；环境性能改造规范中，在现有的《建筑环境通用规范》中纳入环境改造内容。

专栏 7.3-2

2018年8月28～29日，由中国建筑科学研究院有限公司牵头承担的全文强制规范《建筑环境通用规范》和《建筑节能与可再生能源利用技术规范》研编工作验收会议在北京召开。

经过与会专家的认真审查，两项全文强制规范的研编工作顺利通过验收。

专家们一致认为，研编工作为《建筑环境通用规范》和《建筑节能与可再生能源利用技术规范》的正式编制打下了坚实基础，为建筑节能与环境领域强制性技术制约体系建立提供了依据。下一步应尽快开展两项规范的立项编制工作。

针对团体标准，遵循填补政府标准空白、满足市场更高要求的原则和目标定位，建议编制出台以下标准。一是基于典型项目中安全性能、节能性能、环境性能提升改造技术的实际情况，依托实际测试数据、相关模拟优化结果等，开展技术应用效果后评价研究工作，建立适宜的评价指标和评分标准，编制出台《既有公共建筑综合性能提升技术应用效果评价标准》。二是考虑《既有公共建筑综合性能提升技术规程》T/CECS 600—2019的颁布虽然填补了目前国内既有公共建筑综合性能提升改造领域技术标准的空白，但由于综合改造涉及的改造领域及内容十分广泛，对性能评定技术、改造技术等要求较高，技术规程不可能面面俱到，因此，建议在技术规程的基础上，出台配套的综合性能评估细则、综合改造技术细则，具体指导评估工作和改造技术应用。三是具体专项性能标准方面，安全标准应针对当前实际中技术空白环节及幕墙安全隐患等突出问题，尽快修订《超声回弹综合法检测混凝土强度技术规程》CECS 02，制定《幕墙维护维修技术规程》；节能方面，尽快制定《既有公共建筑功能转换改造标准》《建筑设备系统运行维护统一标准》《建筑通风系统净化改造技术规程》等。

专栏 7.3-3

《既有公共建筑综合性能提升技术规程》T/CECS 600—2019介绍（以下简称《规程》）

（一）编制历程

编制过程历时约9个月，其间召开了多次编制组全体工作会议，邀请多位行业专家对《规程》编制质量进行严格把关。编制组成立暨第一次工作会议于2017年12月19日在北京召开，《规程》于2018年8月形成征求意见稿，通过定向发送、网站发布等形式广泛征求行业主管部门、国内知名专家及从业人员的意见；于2019年4月8日召开审查会并顺利通过审查，2019年9月12日批准发布。

（二）编制目的

《规程》针对量大面广的既有公共建筑受建设时期技术水平与经济条件等因素制约，安全防灾性能差、能耗高、室内环境品质低等突出问题，以提升我国既有公共建筑综合性能为根本目标，给出既有公共建筑综合性能评估与分级方法，并从建筑安全性能提升、建筑环境性能提升、建筑能效性能提升三个方面提出改造技术措施，为既有公共建筑综合性能提升改造提供标准支撑与技术指导，整体实现既有公共建筑综合性能提升改造工作量质齐升。

（三）主要技术创新点

《规程》填补了既有公共建筑综合性能评价领域与提升技术领域空白，首次提出了涵盖既有公共建筑安全性能、环境性能、能效性能在内的综合性能的评估标准与等级划分，并创新集成性地提出了建筑安全性能提升、环境性能提升、能效性能提升技术体系，对我国既有公共建筑综合性能提升改造工作有重要推动作用。

第四节　技术创新

（1）制定不同类型建筑差异化的改造技术策略

技术策略目标定位：明确不同类型建筑差异化的改造特点，以技术适宜为原则，制定针对性的改造技术策略。

专栏 7.4-1

（一）差异化改造策略建立的必要性分析

同一种改造技术在不同类型建筑中应用效果不同，以建筑外墙节能改造技术为例，调查研究表明[48]：

玻璃幕墙在各建筑类型中的应用统计表

序号	建筑类型	应用率	序号	建筑类型	应用率
1	宾馆饭店	17.57%	5	写字楼	39.84%
2	国家机关办公建筑	17.52%	6	综合体	43.18%
3	商场	33.04%	7	医疗卫生	0%
4	文化教育	10.34%	8	其他类型	32.61%

玻璃幕墙在不同建筑类型中使用率不同，大量使用玻璃幕墙的建筑类型有商场建筑、办公建筑、综合体建筑等，玻璃幕墙以其超越现代化的美感成为众多公共建筑的首选，成为城市标志性的素材。而文化教育类型建筑和医疗建筑主要是以教学楼为主，多是传统型建筑，窗墙比较小，玻璃幕墙运用较少，且这类建筑多以分体空调为主，自主控制，比较方便。玻璃幕墙作为一种新型外墙形式，有美观的突出优点，但是玻璃幕墙存在光污染以及能耗大等问题，因此在不同类型的既有公共建筑改造中，应用情况及效果有很大差别。

在同样的建筑类型中、不同地区节能改造技术的应用效果也不尽相同。以围护结构节能改造技术为例，相关研究表明[49]，不同气候区围护结构节能改造技术优先级如下：

沈阳：外墙保温 > 外窗类型 > 屋顶保温 > 遮阳形式

天津：屋顶保温 > 外墙类型 > 外窗保温 > 遮阳形式

宁波：外窗类型 > 屋顶保温 > 外墙保温 > 遮阳形式

深圳：遮阳形式 > 外窗类型 > 外墙保温 ≈ 屋顶保温

综合以上两方面分析，在改造技术选用方面，应关注不同类型公共建筑的差异化，尤其是在使用功能、综合性能、突出性改造需求方面区别于其他建筑的特殊性；基于类型差异明确改造侧重点，制定差异化改造技术策略，创新并推广适宜改造技术。

对于政府类办公楼，现今大力推行廉政集约政策，应在综合改造中避免过分装修，满足经济性的要求，技术体系中应包含低成本本地技术及产品体系，追求简洁大方，杜绝浮夸奢华的改造装修风气；而商业类办公建筑则相反，在改造技术、产品、装修材料选用中应较多关注使用者的视觉冲击与使用体验，更加关注建筑使用舒适性。酒店和商场类建筑对建筑室内环境具有更高的要求，如普遍采用照度较高的灯具展示商品，以此吸引顾客，刺激消费，同时经常进行常规性的室内专修活动，对产品的耐久性等没有较高要求，对产品的美观度反而要求更高。

专栏 7.4-2

中共中央办公厅、国务院办公厅《关于党政机关停止新建楼堂馆所和清理办公用房的通知》[50]明确要求，自2013年起5年内各级党政机关停止改建党政机关楼堂馆所和清理办公用房，是加强党风廉政建设的重要内容，是密切党群干群关系、维护党和政府形象的客观要求，各级党政机关要高度重视，领导干部要率先垂范。各地区各部门各单位要结合实际，抓紧制定相关制度标准和实施办法，切实加强领导，严格落实责任制，确保本通知精神落到实处。

严格控制办公用房维修改造项目，办公用房因使用时间较长、设施设备老化、功能不全、存在安全隐患，不能满足办公要求的，可进行维修改造。维修改造项目要以消除安全隐患、恢复和完善使用功能为重点，严格履行审批程序，严格执行维修改造标准，严禁豪华装修。

（2）推广适宜的技术体系和产品目录

一是关注综合改造技术的适宜性及实际应用效果，编制在本章第三节提及的《既有公共建筑综合性能提升技术应用效果评价标准》或建立应用效果综合评价体系，开展综合改造提升技术应用效果后评估，分析技术适宜性及对既有公共建筑综合性能水平提升的贡献度、经济性。二是依托应用效果后评价，筛选形成系统、科学、适宜的综合改造技术体系，进行通用性技术和非通用性技术分类，非通用性技术类别内进一步梳理形成针对不同类型建筑、不同气候区的适宜技术体系，并进一步筛选产品体系。三是通过加强产学研合作，以行业协会等相关组织为主体，密切关注行业发展前沿；以政府建设行政主管部门牵头发布综合改造技术及产品目录，对综合性能提升改造涉及的推广、禁止、限制技术及产品进行明确规定，进一步规范行业发展。

第五节 市场推动

（1）正确处理改造活动中政府和市场的关系

首先应明确当前市场经济条件下，政府与市场在既有公共建筑综合性能提升改造工作推进中的角色定位：政府的角色定位应该是主导而不是操刀，是掌舵而不是划船，是间接调控而不是直接管理[51]。市场经济是一种有效的资源配置方式，能充分激发主体积极性。政府与市场之间各有分工、互相补充，不能互相超越自身角色底线，更不能互相代替。其次在具体推进中，对于可以市场自发调节的，如部分项目（私营商场、酒店等商业类建筑）的节能改造、节能+环境改造，政府应当放开管理；而对于关乎人民群众生命财产安全的安全改造工程或以安全改造为前提的三项综合改造，政府应当肩负更多的监督、管理职能，但同时允许私人资本及外资参与，鼓励满足国家相关要求下的市场机制建立。正确处理好政府和市场的关系，做到政府和市场两种制度安排并存，实现整体改造利益最大化。

专栏 7.5-1

综合改造服务不同于一般消费品，本身具有外部性等公共物品属性和特殊性，正因如此，在推动这项工作开展的过程中，要正确处理好政府和市场的关系，政府管理应当起到基础保障与约束作用，但不能管理过宽；市场机制应当发挥撬动和润滑作用，但又不能完全依靠市场，因为市场本身具有缺陷，需要政府宏观调控予以应对并形成合理补充。因此，争取处理好政府和市场的关系十分重要，是发挥好政府“有形之手”和市场“无形之手”协同作用的重要前提。

（2）动态完善市场约束与规范机制

在促进安全改造、节能改造、环境改造服务体系高度融合的同时，培育市场机制，并动态地完善市场的约束机制与规范机制。一是在工作前期积极培育综合改造服务市场，建立市场激励机制，针对服务主体设置适当的激励制度，如采取财政补贴、资金奖励、税息减免、贷款优惠等多元化激励措施，刺激服务主体的逐利性，激发服务主体参与积极性；二是建立市场准入机制，明确综合改造服务标准和市场准入条件，严格把控服务企业的服务标准，并采用信息共享平台公布服务企业资质，以加强市场管理，从源头上保证改造质量；三是建立行业监管机制，发挥专业机构的作用，从改造过程中对改造质量进行严格把控，并进行公示，引导全社会参与和监督综合改造实施与服务工作；四是在市场发育的中后期不断建立市场规范与清出机制，加大对违规违法行为打击力度，对严重违反市场规范的企业进行驱逐，遵循“优胜劣汰”原则，增强执法力度，从而保障综合改造服务市场健康稳定发展。

专栏 7.5-2

2016 年 12 月 1 日，《国家认监委关于发布 2016 年第四批认证认可行业标准的通知》（国认科〔2016〕73 号）[52] 发布《合同能源管理服务认证要求》RB/T 302—2016，该标准自 2017 年 6 月 1 日实施。

合同能源管理服务认证是对服务公司所做项目的整个过程进行审核并打分评级，对合同能源管理服务公司建立了系统的评价指标体系和权重划分，如表所示。

合同能源管理服务公司评分表

一级指标	二级指标	二级指标权重	三级指标	三级指标权重
合同能源管理服务	服务能力	33%	技术提供能力	28%
			人力资源配置	26%
			组织管理水平	22%
			资金保障能力	13%
			风险防控能力	11%
	服务过程	26%	用能状况诊断	12%
			项目设计	29%
			合同管理	7%
			生产与采购	10%
			改造 / 施工	20%
			运行与维护	8%
			节能量测量与验证	14%
	服务绩效	41%	累计项目数	24%
			累计节能量	34%
			平均投资回收期	12%
			客户满意测量与结果	11%
			资质和口碑	19%

该标准的颁布实施标志着以科学的指标体系规范节能服务公司专业化能力及服务水平。在未来既有公共建筑综合性能提升改造中，也应进一步出台明确的能力认证体系、行业准入标准，以此保证综合改造服务水平和市场的良性发展。

（3）针对关键市场主体加强能力体系建设

在未来的综合改造中，综合改造服务机构作为改造市场中的关键主体，应当对其加强能力体系建设与考核，以保障综合改造服务质量与水平。一是要加强其技术能力、服务能力建设，不断提升综合改造技术应用水平；政府主管部门应当搭建行业交流及技术促进平台，进行定期培训与新技术、新标准等的宣贯。二是增强综合改造服务机构的风险控制能力，借鉴北京朝阳区绿色建筑保险试点经验，在既有公共建筑综合改造中，引入综合改造保险机制，对综合改造后的建筑质量达标、性能提升等进行合理的风险共担，运用保险的社会管理属性、经济补偿功能和市场杠杆作用，辅助政府进行改造质量管理，实现从一元管理向多元共治转变。三是针对综合改造服务机构、金融主体、业主等多主体，建立参与成员的担保机制、项目合伙机制以及利益共享机制；同时完善信用体系建设，制定信用认定标准及必要的奖惩措施，为信用体系提供法律保障，规范建筑改造市场秩序及主体行为。

第六节　产业发展

（1）发挥产业联盟协同带动作用

一是借助全联房地产商会城市更新和既有建筑改造分会、中国既有建筑改造产业联盟等行业组织的平台优势，充分发挥平台及联盟融合改造上下游各个环节、贯通整个产业链的协同带动作用，培育在以往改造实践中成长起来的节能服务企业快速成长并跨越转型为综合改造服务机构，将既有公共建筑综合性能提升改造工作作为未来一项重点工作在平台及联盟内服务综合改造工作推进。二是依托联盟开展行业交流与信息共享，带动不同服务企业在资源分布上打破地区局限，形成优势互补；鼓励行业内龙头改造服务机构积极承担复杂改造项目，总结关键改造技术及多元化运营管理手段，进一步与产业内部的其他企业、机构加强交流合作，实现优势互补。三是构筑产业联盟平台，利用产业联盟集合政府主管部门、改造服务机构、建筑业主、金融机构、技术产品设备研发单位、第三方质量监督管理单位等多元主体参与的平台优势，促进多主体共同学习以开发新知识，提升管理能力，搭建社会关系网络，以产业的力量推动工作开展。

专栏 7.6-1

已建立的行业平台及联盟介绍

（一）全联房地产商会城市更新和既有建筑改造分会[53]

全联房地产商会（原名全国工商联房地产商会）是在民政部注册的国家一级社团法人，主管部门是中华全国工商业联合会（简称“全国工商联”）。全联房地产商会拥有企业会员5000多家，以房地产企业会员为主，还包括建筑设计、金融投资、网络、信息、新闻媒体及相关行业的会员。同时，还有30多个省、市房地产商会团体会员。

全联房地产商会城市更新和既有建筑改造分会致力于为政府制定政策法规提供智力支持，为企业参与市场竞争营造公平环境，为行业打造争优向上氛围制定规范准则，为城市实现可持续更新提供公共服务。

分会立足高起点、高标准，以打造具有行业影响力的产业协作组织为发展愿景，聚焦城市转型，配合国家主管部门，以平台智库为先导，以全产业链优质资源为基础，以资本为依托，以高效的市场机制和融洽的合作模式为纽带，联合社会各界对城市更新进行理论研究和实践，推动行业标准的制定和完善，探索城市更新发展模式，树立城市更新典范，推动乃至引领整个行业健康、快速发展。

（二）中国既有建筑改造产业联盟[54]

为了推动我国既有建筑改造工作健康快速发展，中国既有建筑改造产业联盟的筹备发起单位在2015年5月28日于北京召开“2015既有建筑改造政策法规与市场机制创新研讨会暨中国既有建筑改造产业联盟筹备会”。

通过会议讨论交流，与会代表认为，为了突破和解决我国既有建筑改造目前所面临的困难和发展瓶颈，行业需要一个能整合融合既有建筑改造上下游各个环节、贯通整个产业链的专业机构平台来推动整个行业的健康快速发展。大家认为，中国既有建筑改造产业联盟的筹备和成立，是行业的需要，是大势所趋。

（2）以“产+学+研”合作提升改造技术实力

自主技术及新产品研发是提升改造企业技术实力的根本，而企业实力的提升是促进建筑改造产业发展，进而推进综合性能提升改造工作的关键。建筑改造是技术密集型行业，改造企业单纯依靠进口集成产品和常用技术引进不足以确立自身竞争优势，有必要通过技术创新迭代实现这一目标。目前，建筑改造产业内部存在众多中小型改造企业，其发展受制于自身的资源局限性。在自身资金不足和技术不过硬的情况下，企业有必要通过与高校及科研院所合作，形成“产+学+研”或者“产+学+研+金”的合作模式，在新时代背景下应用BIM、大数据等新兴技术，加速科研成果转化，促进企业取得重大技术突破及关键技术集成，注重综合技术的整合与应用，提升改造项目实施效果与综合效益，实现以技术创新增强企业实力、树立品牌形象，进一步促进行业持续发展能力提升。

（3）以完善产业体系提高行业生产效率与利润率

首先，应从优化建筑改造产业组织结构出发，构建产业内部企业间良性竞争、合作共赢的市场秩序，形成产业内部分层化竞争格局，避免过度竞争导致的资源浪费与资源低效，同时减少产业分化现象发生，促进企业之间产业联盟，增强产业内部分工协作，提高产业集中度，发挥规模经济效应。其次，加速产业集群化发展，放宽建筑改造产业相关政策，有针对性地实行税收优惠、贷款优惠、资金补贴等优惠政策，鼓励并引导企业进入建筑改造市场以及相关行业领域，增强企业与政府、相关机构、其他有合作关系的企业之间的互动，促进我国建筑改造产业集群化发展。最后，在人工智能、大数据、城市更新等政策引领下，促进产业融合发展成为趋势，推动建筑改造产业与其他产业间的相互渗透，有助于拓宽产业发展边界，提高企业利润空间，降低企业改造成本，以提升企业积极性。

第七节　公众参与

（1）加大综合性能提升改造工作宣传推广

从推动主体的角度，建议政府建设行政主管部门、行业协会、产业联盟、相关标准主编单位等开展多种形式的宣传推广工作，普及既有公共建筑综合改造的必要性，增强社会多主体的参与意识。一是政府行政主管部门组织辖区内典型既有公共建筑业主，尤其是大型公共建筑、有一定改造意愿的业主，改造服务企业、大型施工企业、金融机构等参加综合改造活动宣传会；二是依托既有公共建筑综合性能提升改造行业协会、产业联盟，定期组织联盟内、协会内会员单位开展技术研讨、产品交流会议；三是由既有公共建筑综合性能提升改造相关标准的主编单位开展标准的宣贯活动，如在2020年及试点阶段初期开展中国工程建设标准化协会标准《既有公共建筑综合性能提升技术规程》T/CECS 600—2019的宣贯活动，对既有公共建筑安全、能效、环境专项性能及综合性能的评价分级标准三方面的改造技术进行宣传推广；四是在试点阶段初期，对前期成功的典型改造案例、地方政府工作实践经验进行宣传。通过多种形式的宣传推广活动，总体提升既有公共建筑综合性能，提升改造活动涉及的多主体的参与意识和感知程度。

（2）提升综合性能增强改造多主体的参与度

从参与主体的角度，对既有公共建筑综合性能提升改造活动涉及的建筑业主、改造服务企业、施工单位、金融机构、产品供应商等进行参与动力挖掘与积极性培育。一是从经济效益的角度，向改造服务企业展示我国国家“十二五”“十三五”期间节能改造典型案例、综合改造典型案例带来的合作模式中直接的经济效益，以及良好的品牌口碑。二是向金融机构、社会资本展示BOT模式、EMC模式、PPP模式以及绿色信贷业务所带来的经济效益，以利益驱动刺激其参与改造的积极性。三是向既有商场、酒店、医院等建筑业主展示节能+环境改造等综合改造形式所带来的建筑内环境改善、舒适度提升、建筑运行水电费用降低与销售额增长，医院环境提升可带来的医疗环境改善，以提升其改造意愿。四是在北京等经济发达、新建建设量较小的省市，向国有企业等公产建筑产权人进行“新改造模式与效益分享机制”宣贯；所谓的“新改造模式与效益分享机制”重点是对涉及使用功能转换的综合类改造，如老旧废弃厂房改建为商场、酒店，闲置的老旧建筑以增大容积率等方式实施综合改造，在改造过程中引入金融资本，改造后以长期运营收益或销售收益实现收益分享，从而拓展综合性能提升改造的范围，进一步推动改造大面积推广。

既有公共建筑的综合性能提升改造是一项复杂的系统工程，不同于既有居住建筑的节能改造以及绿色化改造，改造决定权集中在特定产权人手中，但特定产权人又由于建筑多出租、个人不居住且并不直接使用的关系，利益诉求千差万别，与既有居住建筑改造多业主共享改造收益存在根本区别。因此，对既有公共建筑改造涉及的多主体重点集中在建筑产权业主、长期租赁商业类建筑的商家、改造服务机构、金融机构等，以这些特定业主感知度、参与度、认可度的提升，撬动综合性能提升改造工作整体推进。

参考文献

[1] 国家统计局 . 中国统计年鉴 [J]. 北京：中国统计出版社，2000 ~ 2018.

[2] 范菲菲 . 中国建筑业发展与经济增长的关系研究 [D]. 郑州：郑州大学 .

[3] 刘菁，董迎春，殷帅 . 去库存及建筑总量控制政策对三四线城市能源消耗的影响效应研究 [J]. 城市发展研究，2018，25（07）：154-160.

[4] 中国建筑节能协会能耗统计专业委员会 . 中国建筑能耗研究报告 2017[R]. 上海：中国建筑节能协会能耗统计专委会，2017：1-15.

[5] 住房和城乡建设部标准定额研究所 . 中国民用建筑能耗总量控制策略——民用建筑节能顶层设计 [M]. 北京：中国建筑工业出版社，2016.

[6] Qin L. Explore the Energy-Saving Comprehensive Renovation of Existing Residential Buildings in Cold Areas -Taking Taiyuan University of Technology Changfeng Residential Area as an Example[J]. Advanced Materials Research, 2014, 838-841: 2865-2869.

[7] 王俊，李晓萍，李洪凤 . 既有公共建筑综合改造的政策机制、标准规范、典型案例和发展趋势 [J]. 建设科技，2017（11）：12-15.

[8] GBPN. 既有建筑节能改造政策比较 [EB/OL]. www.gbpn.org/china/ 数据库和工具 / 节能改造政策工具 / 英国 #，2013.

[9] 董勤 . 美国 2005 年《能源政策法》“气候变化”篇评析——兼论对我国制定《能源法》的启示 [J]. 前沿，2011（6）：76-79.

[10] Han-Ding G, Yin-Xian Z, Yi-Lin W, et al. Promoting energy efficiency reconstruction for existing buildings based on comprehensive benefit evaluation[J]. 生态经济（英文版），2017.

[11] 范一鹏 . 既有公共建筑绿色改造的决策分析 [D]. 武汉：武汉科技大学，2016.

[12] 李晓萍，王俊，魏兴，杨彩霞，尹波 . 我国既有公共建筑综合性能提升改造路线图研究 [J]. 南方建筑，2018（02）：19-23.

[13] 李二晓 . 陕西省建筑能效提升体系研究 [D]. 西安：长安大学，2017.

[14] 杨鸿玮 . 基于性能表现的既有建筑绿色化改造设计方法与预测模型 [D]. 天津：天津大学，2016.

[15] 谢骆乐，李德英，王野 . 既有公共建筑综合性改造利益相关者分析 [J]. 建设科技，2017（09）：40-42.

[16] 王俊 . 既有公共建筑综合性能提升与改造关键技术 [J]. 城市住宅，2016，23（11）：32-34.

[17] 梅早康 . 公共建筑绿色改造方案设计评价探究 [J]. 绿色环保建材，2017（07）：26-27.

[18] 尹波，王清勤 . 既有建筑综合改造研究方向与发展趋势 ——“十一五”国家科技支撑计划重大项目系列课题内容 [J]. 建设科技，2008（06）：83-88.

[19] 高云菲 . 辽宁省既有建筑节能改造问题研究 [D]. 沈阳：沈阳建筑大学，2013.

[20] 黄渝兰 . 重庆市既有公共建筑节能改造效果分析 [D]. 重庆：重庆大学，2016.

[21] 邹瑜，郎四维，徐伟，李正，汤亚军，张婧，王东旭 . 中国建筑节能标准发展历程及展望 [J]. 建筑科学，2016，32（12）：1-5+12.

[22] 王国庆 . 沈阳市既有建筑节能改造对策研究 [D]. 沈阳：沈阳建筑大学，2011.

[23] 董国锋 . 基于融资租赁的合同能源管理在小水电更新改造中的应用初探 [J]. 小水电，2009（06）：15-16.

[24] 孙怡 . 中国成达工程公司印尼巨港电站 BOOT 工程承包方式及其风险分析 [D]. 成都，西南财经大学，2008.

[25] 陆卫 . EPC 总承包模式下的施工技术管理 [J]. 居舍，2019（26）：132+159.

[26] 魏钰颖，王小江 . 绿色金融债券的绿色状况评价 [J]. 河北金融，2019（08）：16-21.

[27] 王健 . 老龄化背景下旧厂区的改造更新研究 [D]. 绵阳：西南科技大学，2019.

[28] 田杰，刘志刚 . 我国建筑抗震加固的回顾与建议 [J]. 工程抗震与加固改造，2006，28（6）：16-19.

[29] 北京市住房和城乡建设委员会 . 趋势：大型公建主动节能改造变舒适建筑　北京：能耗限额重落实　奖罚并重有手段　节能改造奖励多 [EB/OL]. http://www.beijing.gov.cn/zfxxgk/110016/xwfb52/2018-01/19/content_6660f76de4e5418dac00a6fcac065172.shtml，2017-9-28/2019-10-16.

[30] 北京日报 . 北京 664 万平方米公共建筑完成节能改造申报 [EB/OL]. http://beijing.qianlong.com/2019/0525/3290808.shtml，2019-5-25/2019-10-16.

[31] 上海市住房和城乡建设管理委员会 . 上海市绿色建筑“十三五”专项规划 [EB/OL]. htt: //zjw.sh.gov.cn/zjw/gztz/20181102/35511.html, 2012-10-26/2019-10-16.

[32] 重庆市城乡建设委员会 . 重庆市建筑节能和绿色建筑“十三五”规划 [EB/OL]. http://huanbao.bjx.com.cn/news/20160530/737858.shtml, 2016-5-19/2019-10-16.

[33] 杨修明，杨丽莉，杨友 . 重庆市公共建筑节能改造工作实践 [J]. 建筑节能与绿色建筑，2016，42-43.

[34] 北京市住房和城乡建设委员会 . 北京住房和城乡建设发展白皮书（2019）[EB/OL]. http://zjw.beijing.gov.cn/bjjs/xxgk/zwdt/53599902/index.shtml, 2019-8-2/2019-10-16.

[35] 清华大学建筑节能研究中心 . 中国建筑节能年度发展研究报告（2011 ~ 2017）[M]. 北京：中国建筑工业出版社，2018.

[36] 彭琛，江亿 . 中国建筑节能路线图 [M]. 北京：中国建筑工业出版社，2016.

[37] 住房和城乡建设部标准定额研究所 . 中国民用建筑能耗总量控制策略 [M]. 北京：中

国建筑工业出版社，2016.
[38] 马卓越 . 基于灰色系统理论的公共建筑能耗预测 [D]. 长沙：湖南大学，2014.
[39] 新华网 . 北京市今年将全部完成中小学校舍安全改造任务 [EB/OL]. http://news.hexun.com/2011-07-20/131609928.html, 2011-7-20/2019-10-16.
[40] 唐浩，丁勇，刘学 . 公共建筑节能改造技术途径与效果分析 [J]. 暖通空调，2018，48（12）：126-133.
[41] 中华人民共和国中央人民政府 . 财政部　住房城乡建设部关于进一步推进公共建筑节能工作的通知 [EB/OL]. http://www.gov.cn/gongbao/content/2011/content_2010622.htm, 2011-05-04/2019-10-16.
[42] 中华人民共和国住房和城乡建设部 . 住房城乡建设部办公厅　银监会办公厅关于深化公共建筑能效提升重点城市建设有关工作的通知 [EB/OL]. http://www.mohurd.gov.cn/wjfb/201706/t20170621_232302.html, 2017-06-14/2019-10-16.
[43] 中华人民共和国住房和城乡建设部 . 关于加快推动我国绿色建筑发展的实施意见 [EB/OL]. http://www.mohurd.gov.cn/fgjs/xgbwgz/201205/t20120510_209831.html, 2012-04-27/2019-10-16.
[44] 天津市住房和城乡建设委员会 . 天津市既有公共建筑节能改造项目奖补办法（暂行）[EB/OL]. http://zfcxjs.tj.gov.cn/ztzl/jnkjc_3241/201807/t20180719_53585.html, 2018-4-25/2019-10-16.
[45] 中华人民共和国住房和城乡建设部 . 住房城乡建设部关于印发建筑节能与绿色建筑发展“十三五”规划的通知 [EB/OL]. http://www.mohurd.gov.cn/wjfb/201703/t20170314_230978.html, 2017-03-01/2019-10-16.
[46] 中华人民共和国中央人民政府 . 国务院办公厅关于大力发展装配式建筑的指导意见 [EB/OL]. http://www.gov.cn/zhengce/content/2016-09/30/content_5114118.htm, 2016-09-30/2019-10-16.
[47] 国家市场监督管理总局 . 监管总局关于印发贯彻实施《深化标准化工作改革方案》重点任务分工（2019 ~ 2020 年）的通知 [EB/OL]. http://gkml.samr.gov.cn/nsjg/bzjss/201904/t20190419_293018.html, 2019-04-19/2019-10-16.
[48] 张继军 . 夏热冬暖公共建筑被动式节能共性技术研究 [D]. 哈尔滨：哈尔滨工业大学，2013.
[49] 沈仁君 . 不同气候区办公建筑围护结构节能效果的分析及优化 [D]. 天津：天津大学，2014.
[50] 中华人民共和国中央人民政府 . 关于党政机关停止新建楼堂馆所和清理办公用房的通知 [EB/OL]. http://www.gov.cn/gongbao/content/2013/content_2462992.htm, 2013/2019-10-16.
[51] 赵书山 . 旧城改造过程中应正确处理的几个关系——以东莞“三旧改造”为例 [J]. 南

方论刊，2011（05）：20-22.

[52] 中国国家认证认可监督管理委员会 . 国家认监委关于发布 2016 年第四批认证认可行业标 准 的 通 知 [EB/OL]. http://www.cnca.gov.cn/xxgk/gwxx/2016/201612/t20161205_52930.shtml, 2016-12-01/2019-10-16.

[53] 全联房地产商会 . 全联房地产商会城市更新和既有建筑改造分会成立 [EB/OL].http://www.sohu.com/a/117282541_105819?qq-pf-to=pcqq.c2c, 2016-10-26/2019-10-16.

[54] 中国既有建筑改造产业联盟 . 2015 既有建筑改造政策法规与市场机制创新研讨会暨中国既有建筑改造产业联盟筹备会 [EB/OL]. https: //news.qichacha.com/postnews_26199ea9cad9522e9c82b13bf77b0cd1.html, 2015-05-31/2019-10-16.

图书在版编目（CIP）数据

既有公共建筑综合性能提升改造路线图研究 / 王俊，李晓萍，尹波主编 .— 北京：中国建筑工业出版社，2019.12
ISBN 978-7-112-24503-1

Ⅰ . ①既… Ⅱ . ①王… ②李… ③尹… Ⅲ . ①公共建筑—旧房改造—研究—中国 Ⅳ . ① TU242

中国版本图书馆 CIP 数据核字（2019）第 283617 号

责任编辑：张幼平　费海玲
责任校对：赵听雨

既有公共建筑综合性能提升改造路线图研究
王俊　李晓萍　尹波　主编
*
中国建筑工业出版社出版、发行（北京海淀三里河路9号）
各地新华书店、建筑书店经销
北京点击世代文化传媒有限公司制版
北京建筑工业印刷厂印刷
*
开本：787 × 1092毫米　1/16　印张：14½　字数：266千字
2020年4月第一版　2020年4月第一次印刷
定价：78.00 元
ISBN 978-7-112-24503-1
（35081）